U0387027

系 统 与 控 制 丛 书

时滞系统稳定性分析与应用

孙 健　陈 杰　刘国平　著

科学出版社

北 京

内 容 简 介

本书结合作者近年来的研究工作,详细介绍了时滞系统稳定性的理论与方法及其在时滞神经网络、网络化控制等领域的应用。主要内容包括:中立时滞系统的稳定性分析与镇定控制器设计、时变时滞系统的时滞范围相关稳定性条件和时滞变化率范围相关稳定性条件、分布式时滞系统的时滞相关稳定性条件、不确定时滞系统的 H_∞ 滤波、离散时滞系统的稳定性分析与镇定控制器设计、时滞神经网络的时滞范围相关稳定性条件和时滞变化率范围相关稳定性条件、网络化控制系统的分析与综合等。

本书可作为高等院校自动化及相关专业的高年级本科生、研究生、教师以及从事控制科学与工程相关工作的科研人员、工程技术人员的参考用书。

图书在版编目(CIP)数据

时滞系统稳定性分析与应用/孙健,陈杰,刘国平著. —北京:科学出版社,2012.6
(系统与控制丛书)
ISBN 978-7-03-034858-6

I. ①时⋯ II. ①孙⋯ ②陈⋯ ③刘⋯ III. ①时滞系统-稳定性-分析 IV. ①TP13

中国版本图书馆 CIP 数据核字 (2012) 第 128709 号

责任编辑:朱英彪 汤 枫/责任校对:宋玲玲
责任印制:赵 博/封面设计:耕者设计工作室

科学出版社 出版
北京东黄城根北街 16 号
邮政编码:100717
http://www.sciencep.com

北京富资园科技发展有限公司印刷
科学出版社发行 各地新华书店经销

*

2012 年 6 月第 一 版 开本:720×1000 1/16
2024 年 7 月第四次印刷 印张:13 1/2
字数:256 000

定价: 118.00元
(如有印装质量问题, 我社负责调换)

"十一五"国家重点图书出版规划项目

《系统与控制丛书》编委会

主　　编：

郭　雷　　院　士　　中国科学院数学与系统科学研究院

副 主 编：

程代展　　研究员　　中国科学院数学与系统科学研究院

林宗利　　教　授　　University of Virginia, USA

陈　杰　　教　授　　北京理工大学

编　　委：

黄　捷　　教　授　　香港中文大学

谈自忠　　教　授　　Washington University, USA

Prof. Hassan K. Khalil　　Michigan State University, USA

Prof. Frank Lewis　　University of Texas at Arlington, USA

编者的话

我们生活在一个科学技术飞速发展的信息时代，诸如宇宙飞船、机器人、因特网、智能机器及汽车制造等高新技术对自动化提出了更高的要求。系统与控制理论也因此面临着更大的挑战。它必须要能够为设计高水平的物理或信息系统提供原理和方法，使得设计出的系统能感知并自动适应快速变化的环境。

为帮助系统控制专业的专家、工程师以及青年学生迎接这些挑战，科学出版社和中国自动化学会控制理论专业委员会合作，设立了《系统与控制丛书》的出版项目。丛书分中、英文两个系列，目的是出版一些具有创新思想的高质量著作，内容既可以是新的研究方向，也可以是至今仍然活跃的传统方向。研究生是本丛书的主要读者群，因此，我们强调内容的可读性和表述的清晰。我们希望丛书能达到这些目的，为此，期盼着大家的支持和奉献！

《系统与控制丛书》编委会

2007 年 4 月 1 日

前　言

现实中许多系统的变化趋势不仅与当前状态有关，还取决于过去的状态，这种现象称为"时滞"。时滞广泛存在于各类实际系统中，如生物系统、社会系统、经济系统、机械传动系统、化工过程控制系统、冶金工业过程、航空航天系统以及网络化控制系统。时滞产生的原因多种多样，如传感器测量过程存在时滞、信号传输过程存在时滞等。时滞往往会导致控制系统性能恶化甚至破坏系统的稳定性。时滞的存在也给控制系统的分析与综合造成了很大的困难。近年来，时滞系统的分析与综合成为国际控制理论和控制工程领域的研究热点。在许多国际期刊及会议中，每年均有大量关于时滞系统的研究文章出现。

近年来，作者在时滞系统稳定性分析、镇定控制器设计、鲁棒滤波等领域进行了较为深入的研究。本书是作者近年来研究成果的系统总结。本书以时滞系统的稳定性分析为主线，辅以镇定控制器设计、鲁棒滤波、网络化控制系统的分析与综合等内容，力求自成体系，旨在向读者详细介绍时滞系统稳定性分析的常见方法和最新研究成果。

本书由 11 章构成，大体上可分为三个部分。其中前两章为基础知识部分，介绍了时滞系统的基本概念、时滞系统稳定性分析的研究现状以及本书用到的一些基础知识和引理。第 3~8 章为时滞系统的稳定性分析部分，着重介绍了一些保守性较小的时滞相关稳定性判据以及一些常见的时滞系统稳定性分析方法，比如自由权矩阵方法、积分不等式方法等。其中又包含了一些新的 Lyapunov 泛函构造方法和处理方法，如引入三重积分项、充分利用时滞下界信息、引入时滞变化率的下界信息等。其中第 3~6 章主要以连续时滞系统为研究对象，第 7 章和第 8 章则主要考虑离散时滞系统。特别是第 8 章应用切换系统的相关理论与方法解决离散时滞系统的稳定性分析与控制器设计问题。第 9~11 章是本书的第三部分，主要应用第二部分提出的方法解决时滞神经网络的稳定性问题以及网络化系统的稳定性分析与控制器设计问题。

本书得到了国家杰出青年科学基金项目 (60925011)、国家自然科学基金海外青年学者合作研究基金项目 (60528002)、国家自然科学基金重大国际合作研究项目 (61120106010)、国家自然科学基金项目 (61104097)、教育部博士点基金项目 (20111101120027)、中国博士后科学基金项目 (20080440308) 的资助，在此表示衷心的感谢。作者还要感谢中南大学何勇教授、澳大利亚中央昆士兰大学 (Central Queensland University) 韩清龙教授、英国格拉摩根大学 (University of Glamorgan) David Rees 教授、哈尔滨工业大学高会军教授等给予的大力帮助和指导。

　　由于作者水平有限，书中疏漏和不妥之处在所难免，敬请读者批评指正。

作　者

2012 年 3 月 30 日

目　　录

第1章 绪   论

1.1 时滞系统概述

对于一些实际的物理过程和社会现象, 通常可以用微分方程来描述。如图 1.1 所示的电路, 它由电阻 R、电感 L 和电源 E 组成。设 $t = 0$ 时电路中的电流 $I = 0$, 当开关 K 合上后, 电路中的电流可由如下微分方程描述:

$$\begin{cases} \dot{I}(t) = -\dfrac{R}{L}I(t) + \dfrac{E}{L} \\ I(0) = 0 \end{cases}$$

从上式可以看出: $\dot{I}(t)$ 只与系统当前时刻的状态 $I(t)$ 有关, 而与以前时刻的状态无关。然而现实中许多系统的变化趋势不仅与当前状态有关, 还取决于过去的状态, 这种现象称为 "时滞"。时滞广泛存在于各类实际系统中, 如生物系统、社会系统、经济系统、机械传动系统、化工过程控制系统、冶金工业过程、航空航天系统以及网络化控制系统。下面是几个实例。

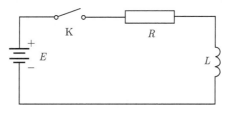

图 1.1 RL 电路

例 1.1 随着科学技术的进步, 对带钢产品的质量要求越来越高。板厚是带钢产品质量的主要技术指标之一。厚度自动控制 (automatic gauge control, AGC) 是提高带钢产品质量的重要方法[1]。在厚度自动控制系统中, 由于测厚仪与轧机之间必须保持一定的距离, 如图 1.2 所示, 故厚度检测信号与控制信号之间必然存在一定的时滞

$$\tau = \frac{L}{v}$$

其中, v 为轧制速度, L 为检测点到调整点的距离。可见, AGC 系统是一个典型的时滞系统。

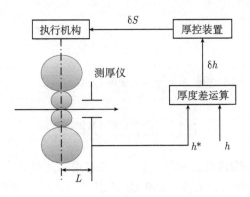

图 1.2   AGC 系统

例 1.2   氧化铝碳分过程是烧结法生产氧化铝过程中非常重要的一环。通过向铝酸钠溶液中通入二氧化碳气体使氢氧化铝析出，氢氧化铝再经焙烧后得到氧化铝[2]。从工艺上来讲，碳分过程可以分为间断碳分和连续碳分。间断碳分往往难以满足对产品粒度的要求，而连续碳分过程分解温度更高，分解时间更长，从而使氢氧化铝粒度变粗、强度提高。连续碳分过程一般由多个分解槽串联而成，在每个分解槽设置二氧化碳气体流量控制点。在反应过程中，通过调节阀门的开度来控制铝酸钠溶液的进料容量和二氧化碳的通气量以达到对分解率进行精确控制的目的。连续碳分过程的工艺流程如图 1.3 所示。由于各个控制点到碳分过程工序出口存在一定的距离，物料传送和化学反应往往需要相当长的时间，故整个碳分过程是一个具有多重时滞的复杂系统。其数学模型参见文献 [2]。

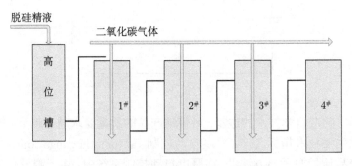

图 1.3   连续碳分过程的工艺流程

例 1.3   随着计算机技术与网络技术的飞速发展与广泛应用，控制系统的结构也正在发生变化。一种新型的控制结构 —— 网络化控制系统正逐渐取代原有的具有点对点结构的控制系统，并在工业生产、航空航天、国防等领域中发挥越来越大的作用。常见的网络化控制系统结构如图 1.4 所示，从图中可以看出，无论是从传感器到控制器还是从控制器到执行器，它们之间的信息传递都是通过网络来实现的。由于网络通信带宽有限、资源竞争以及网络拥塞等原因，数据在网络传输过程中不可避免地存在延时。根据网络协议的不同，延时的性质也会有所不同。一般情况下，网络延时是时变甚至是随机的。网络延时往往会降低系统的控制性能甚至引起系统不稳定。在目前的文献中，网络化控制系统经常被建模成时滞系统。网络化控制系统的稳定性分析和控制器设计问题是非常重要的研究课题，本书第 10 章及第 11 章将对此进行深入的讨论。

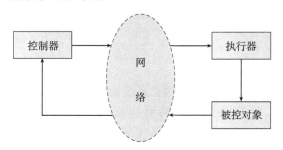

图 1.4　网络化控制系统

例 1.4　　连续型 Hopfield 神经网络可由模拟电子元件实现。每一个神经元可由一个运算放大器实现，运算放大器的输入、输出电压分别模拟生物神经元的输入和输出；放大器输入端的电阻和电容模拟生物神经元的时间常数；与放大器输出端相连接的电导模拟生物神经元的突触特性。假设所有的神经元均具有相同的结构和参数，Hopfield 神经网络的结构如图 1.5 所示。

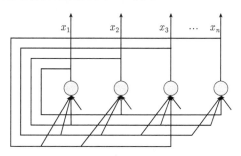

图 1.5　Hopfield 神经网络

在神经网络的具体实现中由于信息传输等原因难免会存在一定的时滞，下面的模型可以较好地刻画连续型 Hopfield 神经网络：

$$\dot{x}_i(t) = -x_i(t) + \sum_{j=1}^{n} a_{ij} f(x_j(t-\tau)), \quad 1 \leqslant i \leqslant n$$

研究时滞对神经网络稳定性的影响是十分有意义的工作，本书第 9 章将对此进行深入的讨论。

1.2　时滞系统稳定性的研究概况

近年来, 时滞系统的研究取得了十分丰富的成果[3~8]。稳定性问题是时滞系统的一个重要问题, 它是分析与设计时滞系统的基础。在时滞系统稳定性分析方面已经取得了大量成果。粗略地讲, 时滞系统稳定性分析方法主要有两种: 频域法和时域法。下面对这两种方法进行简单的总结。由于本书的主要结果基于时域法, 故本节侧重于对时域法进行总结。

1.2.1　频域法

对于连续线性时不变系统可以根据系统的特征根是否位于复平面的左半平面判定系统是否稳定。对于时滞系统, 特别是滞后型时滞系统, 系统的稳定性依然可以通过判断系统的特征根是否均具有负实部来判定。但时滞系统的特征方程是一个超越方程, 求解往往十分困难。

对于一个具有单重时滞或多重时滞的线性系统, 其特征方程可以写成如下的形式:

$$H(\lambda, \mathrm{e}^\lambda) = \sum_{i=0}^{m}\sum_{k=0}^{n} a_{ik}\lambda^i \mathrm{e}^{k\lambda}$$

将 $\lambda = \mathrm{j}\omega$ 代入上式, 分离实部和虚部可得 $H(\lambda, \mathrm{e}^\lambda) = E(\omega) + \mathrm{j}F(\omega)$。应用 Pontryagin 定理[3, 9], 可以判别 $H(\lambda, \mathrm{e}^\lambda)$ 的零点是否皆有负实部。当处理高阶系统时, 这种方法将变得十分复杂, 不便于推广应用。

对于时滞系统

$$\dot{x}(t) = Ax(t) + \sum_{k=1}^{p} A_k x(t - k\tau)$$

其特征方程为

$$\det\left(\mathrm{j}\omega I - A - \sum_{k=1}^{p} A_k \mathrm{e}^{-\mathrm{j}\omega k\tau}\right) = 0$$

该特征方程可以看做是两个独立变量 $\mathrm{j}\omega$ 和 $z = \mathrm{e}^{-\mathrm{j}\omega\tau}$ 的多项式方程。为此, 系统时滞无关渐近稳定的充要条件是 $A + \sum_{k=1}^{p} A_k$ 为 Hurwitz 稳定, 且

$$\det\left(\mathrm{j}\omega I - A - \sum_{k=1}^{p} A_k z^k\right) \neq 0, \quad \omega \in \mathbb{R}^* = \mathbb{R} - \{0\}, \ |z| = 1$$

上述二元多项式方法及其推广参见文献 [10]~[16]。

对于系统中的时滞，可将之视为一种虚拟的"不确定性"[7]。为此，可以将时滞系统转化为具有不确定性的系统。以如下单重时滞系统为例：

$$\dot{x}(t) = Ax(t) + A_1 x(t - \tau) \tag{1.1}$$

系统 (1.1) 可以改写为

$$\begin{cases} \dot{x}(t) = Ax(t) + A_1 u(t) \\ y(t) = x(t) \\ u(t) = \Delta y(t) \end{cases} \tag{1.2}$$

算子 Δ 定义为 $\Delta x(t) = x(t - \tau)$。对于系统 (1.2) 可以应用小增益定理分析其鲁棒稳定性。

类似地，系统 (1.1) 还可改写为

$$\dot{x}(t) = (A + A_1)x(t) - A_1 \int_{t-\tau}^{t} \dot{x}(s)\mathrm{d}s \tag{1.3}$$

进一步改写为

$$\begin{cases} \dot{x}(t) = (A + A_1)x(t) + A_1 u(t) \\ u(t) = \Delta \dot{x}(t) \end{cases}$$

此时，算子 Δ 定义为 $\Delta \eta = -\int_{t-\tau}^{t} \eta(s)\mathrm{d}s$。同样地，应用小增益定理可以分析系统 (1.3) 的鲁棒稳定性。

与以往基于特征根分布的方法不同，上面的方法也适用于时变时滞的情况。上述方法的细节参见文献 [7]、[17]~[20]。

与上面的方法类似，将时滞系统转换为反馈互联的形式后，应用 IQC(integral quadratic constraint) 理论同样可以分析系统的鲁棒稳定性，详见文献 [21]~[24]。

除了上述的频域法外，还有基于辐角原理的方法[9, 25]、"伪时滞"方法[26, 27]、矩阵束方法[28~31] 等，有兴趣的读者请参阅文献 [6] 和 [32] 及其参考文献。

1.2.2　时域法

时域法主要有 Krasovskii 泛函方法和 Razumikhin 函数方法，并已成为时滞系统稳定性分析和镇定控制器设计的主要方法。尤其是 20 世纪 90 年代初，随着求解凸优化问题的内点法的提出，线性矩阵不等式受到了控制界的广泛关注。应用 Krasovskii 泛函方法或 Razumikhin 函数方法，将时滞系统的稳定性转化为线性矩阵不等式的可行性问题或者具有线性矩阵不等式约束的凸优化问题成为分析时滞系统稳定性以及镇定控制器设计的常见方法。

对于现有的稳定性结果,根据是否与时滞大小有关,可以分为时滞相关条件和时滞无关条件。时滞无关条件不对时滞作任何限制,因此得到的结论对任意的时滞都适用。当时滞比较小时,这种方法会产生很大的保守性。因此目前时滞系统稳定性的研究多集中在时滞相关条件。

目前,时滞相关条件的研究多集中在时域法,频域法的结果还鲜有报导。因为 Lyapunov 函数方法只能得到充分性条件,所得结果的保守性与 Lyapunov 函数的选取有很大关系,所以如何选取合适的 Lyapunov 函数以及应用数学技巧对 Lyapunov 函数的导数进行必要的缩放以降低所得结果的保守性是目前时滞系统稳定性研究的一个主要内容。下面对一些常见方法进行简要的介绍。

1. 模型变换方法

模型变换方法主要包括确定性模型变换和参数化模型变换。以系统 (1.1) 为例,常见的确定性模型变换主要有如下四种[33]。

1) 模型变换 I

$$\dot{x}(t) = (A + A_1)x(t) - A_1 \int_{t-\tau}^{t} Ax(s) + A_1 x(s-\tau) \mathrm{d}s \tag{1.4}$$

文献 [34] 已经证明:系统 (1.4) 会引入额外的动态,故与原系统 (1.1) 不等价。应用模型变换 I 会在 Lyapunov 函数的导数中产生一些诸如 $-2\int_{t-\tau}^{t} x^{\mathrm{T}}(t)PA_1 Ax(s)\mathrm{d}s$ 的交叉项。为了得到时滞相关条件,必须通过不等式对这些交叉项进行界定。界定后往往会产生一些二次型一重积分项,这些二次型一重积分项恰好可以与 Lyapunov 函数导数中的一些项相互抵消。

2) 模型变换 II

$$\frac{\mathrm{d}}{\mathrm{d}t}\left[x(t) + A_1 \int_{t-\tau}^{t} x(s)\mathrm{d}s\right] = (A + A_1)x(t) \tag{1.5}$$

应用上述模型变换,一般需要假设算子 $\mathcal{D}(x_t) = x(t) + A_1 \int_{t-\tau}^{t} x(s)\mathrm{d}s$ 稳定,即方程 $\mathcal{D}(x_t) = 0$ 渐近稳定[35]。但这种假设条件难于验证,一些充分性条件难免会引入额外的保守性。此外,模型变换 II 会产生一些交叉项。

3) 模型变换 III

$$\dot{x}(t) = (A + A_1)x(t) - A_1 \int_{t-\tau}^{t} \dot{x}(s)\mathrm{d}s \tag{1.6}$$

值得注意的是,经模型变换 III 得到的系统 (1.6) 与原系统 (1.1) 等价。但这种模型变换也会产生一些交叉项,需要应用不等式技巧进行界定。

4) 模型变换IV

$$\begin{cases} \dot{x}(t) = y(t) \\ y(t) = (A + A_1)x(t) - A_1 \int_{t-\tau}^{t} y(s)\mathrm{d}s \end{cases} \tag{1.7}$$

经模型变换IV (又称为 Descriptor 系统方法) 所得到的系统与原系统 (1.1) 等价。同样地, 这种模型也会引入一些交叉项。

可见, 上述四种模型变换均会产生交叉项, 需要对其进行界定。为了减小界定的保守性, 国内外学者进行了深入研究, 得到了一些结果。例如, 韩国学者 Park[36] 提出了如下的 Park 不等式:

Park 不等式　对于任意向量 $a \in \mathbb{R}^n$, $b \in \mathbb{R}^n$, 正定矩阵 $R \in \mathbb{R}^{n \times n}$ 以及任意矩阵 $M \in \mathbb{R}^{n \times n}$, 如下不等式成立:

$$-2a^{\mathrm{T}}b \leqslant \begin{bmatrix} a \\ b \end{bmatrix}^{\mathrm{T}} \begin{bmatrix} R & RM \\ M^{\mathrm{T}}R & (M^{\mathrm{T}}R + I)R^{-1}(RM + I) \end{bmatrix} \begin{bmatrix} a \\ b \end{bmatrix}$$

在 Park 不等式的基础上, Moon 等又进一步提出了如下的 Moon 不等式[37]:

Moon 不等式　对于任意向量 $a \in \mathbb{R}^{n_a}$, $b \in \mathbb{R}^{n_b}$, 正定矩阵 $X \in \mathbb{R}^{n_a \times n_a}$, $Z \in \mathbb{R}^{n_b \times n_b}$ 以及任意矩阵 $N \in \mathbb{R}^{n_a \times n_b}$, $Y \in \mathbb{R}^{n_a \times n_b}$, 如下不等式成立:

$$-2a^{\mathrm{T}}Nb \leqslant \begin{bmatrix} a \\ b \end{bmatrix}^{\mathrm{T}} \begin{bmatrix} X & Y - N \\ Y^{\mathrm{T}} - N^{\mathrm{T}} & Z \end{bmatrix} \begin{bmatrix} a \\ b \end{bmatrix}$$

Park 不等式或 Moon 不等式与上述的模型变换IV结合可以得到一系列保守性较小的稳定性判据[33,38~40]。

参数化模型变换方法是通过引入新的参数矩阵 C 将系统 (1.1) 变换为

$$\dot{x}(t) = Ax(t) + (A_1 - C)x(t - \tau) + Cx(t - \tau) \tag{1.8}$$

将 $(A_1 - C)x(t - \tau)$ 视为时滞无关部分, 将 $Cx(t - \tau)$ 视为时滞相关部分。对于时滞相关部分应用确定性模型变换方法对其进行处理。可见, 参数化模型变换方法需要和确定性模型变换方法相结合, 故仍存在一定的局限性。

2. 自由权矩阵方法

文献 [41] 指出, 应用模型变换III或模型变换IV对时滞系统进行稳定性分析时, 为得到时滞相关条件而采取的处理方法在本质上是应用牛顿–莱布尼茨公式替换 Lyapunov 泛函导数中的某些时滞项。例如, 文献 [37] 中的处理方法等价于在 Lyapunov 泛函导数中加入下面等于零的项:

$$2x^{\mathrm{T}}(t)PA_1\left[x(t) - x(t - \tau) - \int_{t-\tau}^{t} \dot{x}(s)\mathrm{d}s\right]$$

类似地，文献 [33]、[39] 和 [40] 中的处理方法等价于在 Lyapunov 泛函导数中加入如下为零的项：

$$2\left[x^{\mathrm{T}}(t)P_2^{\mathrm{T}}A_1 + \dot{x}^{\mathrm{T}}(t)P_3^{\mathrm{T}}A_1\right]\left[x(t) - x(t-\tau) - \int_{t-\tau}^{t}\dot{x}(s)\mathrm{d}s\right]$$

可见，应用模型变换III或模型变换IV对时滞系统进行稳定性分析时，相当于应用牛顿–莱布尼茨公式引入一些权矩阵，只不过这些权矩阵本质上是固定的，比如 PA_1、$P_2^{\mathrm{T}}A_1$，从而会引入一些保守性。为了进一步减小所得结果的保守性，何勇等提出一种自由权矩阵方法[42~47]。通过牛顿–莱布尼茨公式构建恒等式，引入一些自由权矩阵，具体形式如下：

$$2\left[x^{\mathrm{T}}(t)N_1 + x^{\mathrm{T}}(t-\tau)N_2\right]\left[x(t) - \int_{t-\tau}^{t}\dot{x}(s)\mathrm{d}s - x(t-\tau)\right] = 0 \tag{1.9}$$

由于权矩阵 N_1、N_2 是可以自由选取的，其最优值可以通过线性矩阵不等式的解来确定，这样就避免了采取固定权矩阵的保守性。

除了用牛顿–莱布尼茨公式引入自由权矩阵外，还可以应用系统的状态方程引入自由权矩阵

$$2\left[x^{\mathrm{T}}(t)T_1 + x^{\mathrm{T}}(t-\tau)T_2\right]\left[\dot{x}(t) - Ax(t) - A_1x(t-\tau)\right] = 0 \tag{1.10}$$

把式 (1.9) 和式 (1.10) 的左侧加入到 Lyapunov 函数的导数中，可以得到一种时滞相关稳定性条件[44]。该条件自然地实现了 Lyapunov 矩阵与系统矩阵的分离，因此特别适合处理具有凸多面体不确定性的时滞系统。

3. 离散化 Lyapunov 函数方法

离散化 Lyapunov 函数方法[7,48~50] 最早由美国 Southern Illinois 大学的 Keqin Gu 教授提出。考虑时滞系统 (1.1)，选择如下的二次 Lyapunov-Krasovskii 泛函：

$$V(\phi) = \phi^{\mathrm{T}}(0)P\phi(0) + 2\phi^{\mathrm{T}}(0)\int_{-\tau}^{0}Q(s)\phi(s)\mathrm{d}s$$
$$+ \int_{-\tau}^{0}\int_{-\tau}^{0}\phi^{\mathrm{T}}(\theta)R(\theta,s)\phi(s)\mathrm{d}s\mathrm{d}\theta + \int_{-\tau}^{0}\phi^{\mathrm{T}}(s)S(s)\phi(s)\mathrm{d}s \tag{1.11}$$

系统 (1.1) 渐近稳定的充要条件是：对于某个 $\varepsilon > 0$，上述泛函及其导数满足 $V(\phi) \geqslant \varepsilon\|\phi(0)\|^2$ 和 $\dot{V}(\phi) \leqslant -\varepsilon\|\phi(0)\|^2$。

离散化 Lyapunov 函数方法的基本思想是将矩阵函数 Q、R、S 分割成小的离散区域，并将这些矩阵函数选择为线性分段连续的形式，从而将 Lyapunov-Krasovskii 泛函的选取转变成有限个参数的选取。对于定常时滞的线性系统这种方法求出的

最大时滞上界十分接近理论值。但这种方法非常复杂，对于时变时滞系统也不是十分有效，并且较难应用于时滞系统的综合问题。后来，Fridman 将这种方法与 Descriptor 系统模型变换方法相结合，成功地将离散化 Lyapunov 函数方法用于时滞系统的综合问题[51]。

4. 积分不等式方法

在应用 Lyapunov 泛函方法分析时滞系统稳定性时，在泛函的导数中往往会存在形如 $-\int_{t-\tau}^{t} \dot{x}^{\mathrm{T}}(s) R \dot{x}(s) \mathrm{d}s$ 的项。如何处理这些项呢？在模型变换方法中，对交叉项进行界定后产生的项会与之相消。在自由权矩阵方法中，牛顿–莱布尼茨公式在引入自由权矩阵的同时，也会引入自由权矩阵与积分项的乘积，如 $-2\left[x^{\mathrm{T}}(t) N_1 + x^{\mathrm{T}}(t-\tau) N_2\right] \int_{t-\tau}^{t} \dot{x}(s) \mathrm{d}s$。对于这类乘积项往往选择简单的不等式 $-2a^{\mathrm{T}}b \leqslant a^{\mathrm{T}} R a + b^{\mathrm{T}} R^{-1} b$ 对其进行处理，处理得到的二次型积分项，如 $\int_{t-\tau}^{t} \dot{x}^{\mathrm{T}}(s) R \dot{x}(s) \mathrm{d}s$，会与 Lyapunov 泛函导数中的一些项相消。可见：无论是模型变换方法还是自由权矩阵方法都是应用一定的技巧将 Lyapunov 泛函的导数中形如 $-\int_{t-\tau}^{t} \dot{x}^{\mathrm{T}}(s) R \dot{x}(s) \mathrm{d}s$ 的项消去。而另一种思路是直接对形如 $-\int_{t-\tau}^{t} \dot{x}^{\mathrm{T}}(s) R \dot{x}(s) \mathrm{d}s$ 的项进行界定。这时往往采取一些积分不等式对其进行处理，如下面的 Jensen 不等式：

$$-\int_{t-\tau}^{t} \varrho^{\mathrm{T}}(s) Z \varrho(s) \mathrm{d}s \leqslant -\frac{1}{\tau} \int_{t-\tau}^{t} \varrho^{\mathrm{T}}(s) \mathrm{d}s \, Z \int_{t-\tau}^{t} \varrho(s) \mathrm{d}s \qquad (1.12)$$

这种方法的一个突出优点是不引入任何自由权矩阵，因此具有较少的决策变量。应用投影定理[52] 可以证明：对于标称时滞系统，在选取相同 Lyapunov 泛函的情况下，应用 Jensen 不等式方法得到结果与应用自由权矩阵方法得到的结果完全等价。但是当处理具有凸多面体不确定性的时滞系统时，Jensen 不等式方法得到的结果含有 Lyapunov 矩阵与系统矩阵的乘积项，因此会有一些保守性。

Zhang 等提出了另一种形式的积分不等式[53]：

$$-\int_{t-\tau}^{t} \dot{x}^{\mathrm{T}}(s) Z \dot{x}(s) \mathrm{d}s \leqslant \xi^{\mathrm{T}}(t) \begin{bmatrix} M_1 + M_1^{\mathrm{T}} & M_2 - M_1^{\mathrm{T}} \\ * & -M_2 - M_2^{\mathrm{T}} \end{bmatrix} \xi(t)$$

$$+ \tau \xi^{\mathrm{T}}(t) \begin{bmatrix} M_1^{\mathrm{T}} \\ M_2^{\mathrm{T}} \end{bmatrix} X^{-1} \begin{bmatrix} M_1 & M_2 \end{bmatrix} \xi(t) \qquad (1.13)$$

上面的积分不等式与自由权矩阵方法在本质上是一致的，在此不再赘述。

5. 其他方法

为了降低稳定性结果的保守性，许多研究人员从不同角度进行探索，提出了各式各样的方法。例如，Gouaisbaut 与 Peaucelle 针对具有恒定时滞的线性系统提出了"时滞分割"的方法，通过将时滞分割成若干等分，构造了一种新的 Lyapunov 泛函，减小了结果的保守性，并且所得结果的保守性随着等分次数的增加而减小[54, 55]。Park 与 Ko 在求取 Lyapunov 泛函的导数时应用了凸组合的思想，从而减小了结果的保守性[56]。目前文献中还有其他关于时滞系统稳定性分析的方法，在这里不再一一介绍。

1.3 本 书 内 容

全书的主要内容如下：

第 1 章是绪论，概述了时滞系统稳定性的研究现状，简介了本书的主要内容。

第 2 章介绍了本书所需的基础知识，包括 Lyapunov 稳定性的基本理论与基本概念、时滞系统稳定性的基础理论与方法、网络化控制系统的基本知识、线性矩阵不等式方法以及在本书中用到的引理。

第 3 章针对中立时滞系统通过引入三重积分项，构造了新的 Lyapunov 泛函，在此基础上分别应用自由权矩阵方法和积分不等式方法得到了两种稳定性判据。应用投影定理，证明了这两种稳定性判据的等价性，指出引入自由权矩阵并不是减小稳定性判据保守性的根本原因。应用"时滞分割"的思想，进一步降低了所得稳定性条件的保守性。在此基础上，分别考虑了系统参数存在范数有界不确定性和凸多面体不确定性时系统的鲁棒稳定性问题。最后考虑了中立时滞系统的镇定控制器设计问题。

第 4 章考虑了时变时滞线性连续系统的稳定性问题。在 Lyapunov 泛函中充分利用了时滞的下界信息，得到了时滞范围相关稳定性判据。考虑到时滞变化率下界信息对系统稳定性的影响，得到了时滞变化率范围相关稳定性判据。

第 5 章针对具有分布式时滞的线性连续系统，通过构造新的 Lyapunov 泛函，应用积分不等式方法，得到了既与分布式时滞相关又与离散时滞相关的稳定性判据。在此基础上，考虑了系统参数存在范数有界不确定性时系统的鲁棒稳定性问题。

第 6 章考虑了具有凸多面体不确定性的时滞系统的鲁棒 H_∞ 滤波问题。应用自由权矩阵方法分析了系统的 H_∞ 性能，得到了 H_∞ 滤波器的存在条件。在此基础上，给出了滤波器参数的设计方法。

第 7 章应用 Lyapunov 泛函方法分析了具有时变时滞的离散系统的稳定性。将前面提出的连续域 Lyapunov 泛函构造方法推广到离散域。得到了时滞范围相关稳定性判据，考虑了系统参数矩阵存在范数有界不确定性时系统的鲁棒稳定性问题。

第 8 章通过"lifting"技术将具有时变时滞的离散系统转换成切换系统。将时变时滞离散系统的稳定性问题转换为切换系统在任意切换情形下的稳定性问题。根据切换系统的现有结论得到了时变时滞离散系统稳定的充分必要条件，但这些充要条件不便于检验。应用切换 Lyapunov 函数方法得到了便于检验的充分条件，并且考虑了系统镇定控制器的设计问题。考虑到在实际系统中会出现某一时刻或某一段时间内的时滞突然超过系统时滞上界的情况，如果这种大时滞现象发生的比率比较小，那么系统仍然可以保持稳定。应用平均驻留时间方法分析了这种情形下系统的稳定性，给出了系统镇定控制器的设计方法。

第 9 章考虑了时滞神经网络的稳定性问题。通过构造新的 Lyapunov 泛函，得到了系统时滞范围相关稳定性判据和时滞变化率范围相关稳定性判据。

第 10 章考虑了一类非线性网络化系统的状态反馈与输出反馈控制问题。通过构造 Lyapunov-Krasovskii 泛函，得到了状态反馈控制器和输出反馈控制器存在的充分条件。在此基础上给出了求解控制器增益的方法。

第 11 章考虑了网络化预测控制系统的实现与分析问题。通过提前预测系统未来时刻的控制量并打包发送至执行器节点，由执行器节点根据实际网络延时选择合适的控制量执行，从而实现了对网络延时的主动补偿。将闭环系统建模成切换系统或切换时滞系统，应用切换 Lyapunov 函数方法分析了闭环系统的稳定性。仿真和实验均表明这种方法具有良好的控制效果。

第 2 章　基 础 知 识

2.1　系统稳定性理论

从实用的角度讲, 不稳定的控制系统是无用的。确保稳定性是设计控制系统的核心内容之一。稳定性大体上刻画了系统相对初始条件变化的保持能力[57]。运动稳定性理论自俄国著名学者 Lyapunov 在 19 世纪 90 年代提出以来受到了广泛的关注, 产生了深远的影响。尤其是随着科学技术的迅速发展以及工程应用的需求, 控制系统的规模日益庞大结构日益复杂, 传统的稳定性判别方法受到了严峻的挑战。这也促使运动稳定性理论的研究产生了巨大的发展, 得到了广泛的应用。

2.1.1　Lyapunov 稳定性

考虑如下自治系统:

$$\dot{x} = f(t, x), \quad x(t_0) = x_0, \quad t \geqslant t_0 \tag{2.1}$$

其中, $x \in \mathbb{R}^n$ 为状态向量, $f(t, x)$ 为向量函数。假设系统 (2.1) 满足解的存在唯一性条件, 则可将由初始状态 x_0 所引起的受扰运动表示为

$$x(t) = \phi(t; x_0, t_0), \quad t \geqslant t_0 \tag{2.2}$$

对于自治系统 (2.1), 如果存在某个状态 x_e 使

$$\dot{x}_e = f(t, x_e) = 0, \quad t \geqslant t_0 \tag{2.3}$$

则称 x_e 为系统的一个平衡点或平衡状态。由于通过坐标变换可以将孤立平衡点转换化坐标原点, 故经常假定系统的平衡状态 x_e 为原点。

定义 2.1 (Lyapunov 意义下的稳定)　如果对于任意给定的实数 $\varepsilon > 0$, 都存在实数 $\delta(\varepsilon, t_0)$ 使得满足

$$\|x_0 - x_e\| \leqslant \delta(\varepsilon, t_0) \tag{2.4}$$

的任一初始状态 x_0 出发的受扰运动都有

$$\|\phi(t; x_0, t_0) - x_e\| \leqslant \varepsilon, \quad \forall t \geqslant t_0 \tag{2.5}$$

则称系统 (2.1) 的一个平衡状态 x_e 为 Lyapunov 意义下稳定。

在上述定义中，如果 δ 的选取只与 ε 有关而与初始时刻 t_0 的选取无关，则称平衡状态 x_e 为 Lyapunov 意义下一致稳定。对于定常系统，Lyapunov 意义下的稳定与一致稳定等价。对于时变系统则不然，Lyapunov 意义下的稳定并不意味着一致稳定。

定义 2.2 (Lyapunov 意义下的渐近稳定)　系统 (2.1) 的一个平衡状态 x_e 为 Lyapunov 意义下渐近稳定，如果

(1) x_e 是 Lyapunov 意义下稳定；

(2) 对于 $\delta(\varepsilon, t_0)$ 和任意给定的实数 $\mu > 0$，存在实数 $T(\mu, \delta, t_0) > 0$，使得满足式 (2.4) 的任一初始状态 x_0 出发的受扰运动都有

$$\|\phi(t; x_0, t_0) - x_e\| \leqslant \mu, \quad \forall t \geqslant t_0 + T(\mu, \delta, t_0) \tag{2.6}$$

从工程应用的角度来看，渐近稳定比 Lyapunov 意义下的稳定更有意义。Lyapunov 意义下的稳定在本质上等同于工程意义上的临界不稳定，而渐近稳定才是工程意义下的稳定。

定义 2.3 (指数稳定)　如果对于任意给定的实数 $\varepsilon > 0$，都存在实数 $\delta(\varepsilon) > 0$ 和 $\alpha > 0$ 使得满足

$$\|x_0 - x_e\| \leqslant \delta(\varepsilon) \tag{2.7}$$

的任一初始状态 x_0 出发的受扰运动都有

$$\|\phi(t; x_0, t_0) - x_e\| \leqslant \varepsilon e^{-\alpha(t-t_0)}, \quad \forall t \geqslant t_0 \tag{2.8}$$

则称系统 (2.1) 的一个平衡状态 x_e 为指数稳定。

Lyapunov 在其具有里程碑意义的论文"运动稳定性的一般问题"中提出和创立了运动稳定性的理论体系，把动力系统的稳定性分析方法归纳为两种本质上不同的方法，现在称之为 Lyapunov 第一方法和 Lyapunov 第二方法。其中 Lyapunov 第二方法通过构造一种 Lyapunov 函数，通过分析它的正定性及其导数的负定性来判别系统的稳定性。这种方法避免了求解微分方程，且物理意义清楚，具有一般性，适用于分析线性、非线性、定常、时变系统的稳定性。下面介绍 Lyapunov 第二方法的主要定理。

定理 2.1　对于系统 (2.1)，如果存在一个标量函数 $V(x, t)$ 且 $V(x, 0) = 0$，对所有非零状态点 $x \in \mathbb{R}^n$ 满足如下条件：

(1) $V(x, t)$ 正定有界，即存在两个连续的非减标量函数 $\alpha(\|x\|)$ 和 $\beta(\|x\|)$ 且 $\alpha(0) = \beta(0) = 0$，使对于任何 $t \geqslant t_0$ 和非零状态点 x 有

$$0 < \alpha(\|x\|) \leqslant V(x, t) \leqslant \beta(\|x\|)$$

(2) $\dot{V}(x, t)$ 负定且有界, 即存在一个连续的非减标量函数 $\gamma(\|x\|)$ 且 $\gamma(0) = 0$, 使对于任何 $t \geqslant t_0$ 和非零状态点 x 有

$$\dot{V}(x, t) \leqslant -\gamma(\|x\|) < 0$$

(3) 当 $\|x\| \to \infty$ 时, 有 $\alpha(\|x\|) \to \infty$, 即 $V(x, t) \to \infty$。
则系统的平衡点 $x = 0$ 全局一致渐近稳定。

定理 2.2　对于系统 (2.1), 如果存在一个标量函数 $V(x, t)$ 且 $V(x, 0) = 0$, 和包含原点的邻域 Ω, 使得对所有非零状态点 $x \in \Omega$ 如下条件成立:

(1) $V(x, t)$ 正定有界;

(2) $\dot{V}(x, t)$ 负半定 (或负定) 且有界。
则系统的平衡点 $x = 0$ 在 Ω 域内一致稳定 (或一致渐近稳定)。

2.1.2　时滞系统稳定性

1. 基本概念

设 $\tau > 0$ 为给定实数, 代表系统的最大时滞。$C := C([-\tau, 0], \mathbb{R}^n)$ 表示将区间 $[-\tau, 0]$ 映射到 $\mathbb{R}^n$ 的所有连续函数所组成的空间。若 $x(t)$ 为 $[t_0 - \tau, +\infty]$ 上的连续函数, 定义 $x_t(\theta) = x(t + \theta)$, $\theta \in [-\tau, 0]$, $t \geqslant t_0$。时滞系统一般由泛函微分方程描述, 因此考虑如下的滞后型泛函微分方程:

$$\begin{cases} \dot{x}(t) = f(t, x_t) \\ x_{t_0}(\theta) = \phi(\theta), \quad \forall \theta \in [-\tau, 0] \end{cases} \tag{2.9}$$

假设 $\phi \in C$, 函数 $f(t, \phi) : \mathbb{R} \times C \to \mathbb{R}^n$ 连续且对 ϕ 满足 Lipschitz 条件且 $f(t, 0) = 0$。

设 $x(t_0, \phi)$ 为泛函微分方程 (2.9) 的解; 对于一个函数 $\phi \in C([a, b], \mathbb{R}^n)$, 定义范数 $\|\cdot\|_c = \max\limits_{a \leqslant \theta \leqslant b} \|\phi(\theta)\|$, 其中向量范数 $\|\cdot\|$ 为 2-范数。

定义 2.4　如果对于任意 $t_0 \in \mathbb{R}$ 和 $\varepsilon > 0$, 都存在 $\delta = \delta(t_0, \varepsilon) > 0$ 使得当 $\|\phi\|_c < \delta$ 时都有 $\|x(t, \phi)\| < \varepsilon$, 则称泛函微分方程 (2.9) 的零解稳定。

定义 2.5　如果泛函微分方程 (2.9) 的零解稳定, 且对于任意 $t_0 \in \mathbb{R}$ 都存在 $b_0 = \delta(t_0) > 0$ 使得当 $\|\phi\|_c < b_0$ 时都有 $\lim\limits_{t \to \infty} x(t, \phi) = 0$, 则称泛函微分方程 (2.9) 的零解渐近稳定。

定义 2.6　如果泛函微分方程 (2.9) 的零解稳定, 且 δ 的选择不依赖于 t_0, 则称泛函微分方程 (2.9) 的零解一致稳定。

定义 2.7　如果泛函微分方程 (2.9) 的零解一致稳定, 且存在 $b_0 > 0$ 使对于任意的 $\eta > 0$, 都存在 $T = T(\eta)$ 使得当 $\|\phi\|_c < b_0$ 时对于任意的 $t \geqslant t_0 + T$ 都有 $\|x(t, \phi)\| < \eta$, 则称泛函微分方程 (2.9) 的零解一致渐近稳定。

定义 2.8　如果对于任意 $t_0 \in \mathbb{R}$，存在 $H > 0$，$B > 0$，$\alpha > 0$，使得当 $\|\phi\|_c < H$ 时有 $\|x(t, \phi)\| \leqslant B\|\phi\|_c \mathrm{e}^{-\alpha(t-t_0)}$，则称泛函微分方程 (2.9) 的零解指数稳定。

2. 稳定性定理

将 Lyapunov 第二方法推广到泛函微分方程，有两种常见的方法。第一种是 Lyapunov-Krasovskii 泛函方法，另一种是 Lyapunov-Razumikhin 函数方法。

定理 2.3 (Krasovskii 稳定性定理)　假设 $f : \mathbb{R} \times C \to \mathbb{R}^n$ 把 $\mathbb{R} \times (C$ 的有界子集) 映射入 $\mathbb{R}^n$ 的有界子集，$u(s)$、$v(s)$ 与 $\omega(s)$ 为连续非负非减函数且当 $s > 0$ 时 $u(s) > 0$、$v(s) > 0$ 以及 $u(0) = v(0) = 0$。如果存在连续函数 $V : \mathbb{R} \times C \to \mathbb{R}^n$ 使

$$u(\|\phi(0)\|) \leqslant V(t, \phi) \leqslant v(\|\phi(0)\|_c)$$

且

$$\dot{V}(t, \phi) \leqslant -\omega(\|\phi(0)\|)$$

则泛函微分方程 (2.9) 的零解一致稳定。如果当 $s > 0$ 时有 $\omega(s) > 0$，则泛函微分方程 (2.9) 的零解一致渐近稳定。

定理 2.4 (Razumikhin 稳定性定理)　假设 $f : \mathbb{R} \times C \to \mathbb{R}^n$ 把 $\mathbb{R} \times (C$ 的有界子集) 映射入 $\mathbb{R}^n$ 的有界子集，$u(s)$、$v(s)$ 与 $\omega(s)$ 为连续非负非减函数且当 $s > 0$ 时 $u(s) > 0$，$v(s) > 0$ 以及 $u(0) = v(0) = 0$。如果存在连续函数 $V : \mathbb{R} \times \mathbb{R}^n \to \mathbb{R}$，使

$$u(\|x\|) \leqslant V(t, x) \leqslant v(\|x\|), \quad t \in \mathbb{R}, x \in \mathbb{R}^n$$

且如果 $V(t + \theta, \phi(\theta)) \leqslant V(t, \phi(0))$，$\theta \in [-\tau, \theta]$ 有

$$\dot{V}(t, \phi(0)) \leqslant -\omega(\|\phi(0)\|) \tag{2.10}$$

则泛函微分方程 (2.9) 的零解一致稳定。如果当 $s > 0$ 时有 $\omega(s) > 0$，且存在一个连续非减函数 $p(s) > s$ $(s > 0)$ 使式 (2.10) 加强为如果 $V(t + \theta, \phi(\theta)) < p(V(t, \phi(0)))$，$\theta \in [-\tau, \theta]$ 有

$$\dot{V}(t, \phi(0)) \leqslant -\omega(\|\phi(0)\|) \tag{2.11}$$

则泛函微分方程 (2.9) 的零解一致渐近稳定。

2.2　网络化控制系统

2.2.1　网络化控制系统简介

网络化控制系统是一种完全分布化、网络化的控制系统，是通过实时通信网络实现控制系统中各个组成部分 (如传感器、控制器、执行器等) 之间的信息交换、资

源共享的一类反馈控制系统。与传统的具有点对点结构的控制系统相比，网络化控制系统具有资源共享、便于实现远程操作、故障诊断能力强、易于安装与维护、系统布线简单、灵活可靠等特点[58]。正是由于这些特点网络化控制系统在航空航天系统、汽车控制系统、机器人遥操作、电力系统和工业过程控制等领域都得到了广泛的应用。

由于网络化控制系统中各个节点之间的数据传输是通过基于数据包的网络来实现的，那些建立在定时数据采集和定时计算基础上的传统控制技术与方法均不再适用[59]，必须建立与网络化控制系统特点相适应的新方法、新理论。网络化控制系统的概念一经提出便迅速得到了国内外众多研究人员的广泛关注，目前已经成为国际控制领域的一个研究热点。在许多重要的国际控制期刊及控制会议中，每年均有大量关于网络化控制系统的研究文章出现。

网络化控制系统是控制技术、网络技术以及通信技术等诸多领域不断融合、相互影响、相互促进的产物，是计算机网络技术在控制领域的延伸与更深层次的应用，代表了下一阶段信息科学发展的趋势[60]。网络化控制系统的出现与蓬勃发展顺应了时代发展的需要，是学科交叉与融合的大势所趋。发展和完善网络化控制理论一方面在实践中可以解决一些重大的工程问题，另一方面在理论上可以促进学科融合，使控制理论进入一个崭新的发展阶段。虽然目前对于网络化控制系统的研究取得了较为丰富的成果，研究方法呈现出"百花齐放、百家争鸣"的局面，但还远未形成完整、成熟的理论体系。许多的研究仍然处于探索阶段，还存在大量的理论与应用问题等待着广大的研究人员去解决。

2.2.2 网络化控制系统的基本问题

由于网络化控制系统具有不同于以往控制系统的特点，产生了一些独特的问题。为此，本节对网络化控制系统的基本问题进行简要的总结与概括。

1. 节点驱动方式

在网络化控制系统中，节点的驱动方式有两种：一种是时间驱动，另一种是事件驱动[61]。所谓时间驱动是指节点在采样时钟的作用下定时采样信号，然后对数据进行处理与发送。而事件驱动是指信号一到达节点，节点立即被激活，对数据进行处理和发送，即"信号到达"这个事件"驱动"节点执行相应的动作，因此叫事件驱动[62]。一般来说，网络化控制系统中的传感器节点大多采用时间驱动方式，而控制器节点与执行器节点则可以采用两种方式中的任意一种。时间驱动方式在一定程度上人为地增大了网络延时，并且当延时大于一个采样周期时会出现"数据拒绝"和"空采样"的现象。

2. 网络延时

网络通信带来的延时是研究网络化控制系统的关键因素,既要减小延时降低其不确定性,又要克服延时对控制系统的不利影响。 网络化控制系统中的延时大致由以下三部分组成:传感器到控制器的延时 τ_{sc}、控制器运算所消耗的时间 τ_c 和控制器到执行器的延时 τ_{ca}。通常我们都忽略 τ_c 或者将它并入 τ_{sc} 或 τ_{ca} 中考虑。传感器到控制器的延时和控制器到执行器的延时都是由于数据在网络上传输造成的,因而具有相似的特点。通常这两种延时都是时变的,但在不同的网络结构和协议下又会有不同的特性。轮流访问网络 (如令牌传递网络、Profibus 等) 上的延时变化通常具有周期性和确定性。随机访问网络 (如以太网、CAN 总线等) 上的延时是随机变化的。关于 τ_{sc} 和 τ_{ca} 的具体组成以及不确定性分析请参见文献 [63]~[65]。

常见的网络延时建模方法有以下几种:

(1) 恒定延时。将网络延时建模成常值,可大大降低系统分析的难度。常见的将时变网络延时转换成恒定延时的方法是在源节点和目标节点设置一定长度的缓冲区[66]。

(2) 相互独立的随机延时。 假设延时服从某一确定的概率分布并且相邻延时变量之间相互独立[67]。

(3) 随机延时,其概率分布由 Markov 链调节。例如,将网络负载的三种情况 (高、中、低) 建模为 Markov 链的三个状态,并且每个状态对应一个具有确定概率分布的随机延时[67]。

(4) 延时服从 Markov 链。在离散时间域内,将延时建模成 Markov 链的状态,不同状态间的转移概率由一已知的矩阵决定[68]。

(5) 时变延时,除了在有限个点不可导外,延时导数均为 1。这种建模方法常见于将网络化控制系统建模成时滞系统[69, 70]。

3. 单包传输与多包传输

网络化控制系统中的数据传输有两种形式:一种是单包传输,另一种是多包传输。单包传输是指将数据封装在一个数据包内传送; 多包传输则是指将数据封装在多个不同的数据包内传送。采用多包传输主要是受到数据包大小的限制。此外,在网络化控制系统中传感器和执行器通常分布较广泛, 也不可能把所有数据放入一个包中[62]。 由于不同的数据包可能通过不同的路径到达目标节点,因而不能保证到达的同时性。 这也会对系统的控制性能产生一定的影响。数据以包的方式传输是网络化控制系统区别于传统控制系统的一个显著特点,由此而产生的一些控制问题值得关注。

4. 数据包丢失与时序错乱

由于网络拥塞、连接中断、带宽限制、信道争用等原因，网络化控制系统中会存在数据包丢失的现象。丢包会对系统的控制性能产生不利的影响。在实时反馈控制系统中尝试重传丢失的数据包也不是一个好方法。相反地，丢弃过时的数据，始终发送最新的数据，不进行信息的重发更有利于利用最新的信息，保证信息的实时性。此外，主动丢弃一定比例的数据往往可以既保证系统的控制性能又增强系统的可调度性[71]。可见，丢包对控制系统的影响具有两面性：一方面，它可能降低系统的性能，严重的丢包可能造成系统不稳定；另一方面，主动的、有目的性的丢包可以保证系统的实时性和可调度性。在目前文献中，丢包过程往往被建模成 Bernoulli分布[72] 或有限状态的 Markov 过程[73]。

由于数据包在传输过程中路径不唯一，传输的延时也会存在差异，因此会产生"后发先至，先发后至"的时序错乱现象。时序错乱会对系统的控制性能产生不良影响，甚至引起系统不稳定。

5. 网络调度

影响网络化控制系统性能的因素除了控制方法之外，还有系统对网络资源的调度。通过对有限的网络资源进行优化，可以减小网络延时，提高实时性，从根本上改善控制性能。简单说来，网络化控制系统中的调度问题就是为网络中的每个传输实体 (如传感器、控制器、执行器等) 制定一个传输策略，以决定网络中每个信息传输的先后次序[71]。目前常见的关于网络调度的研究包括：如何有效分配有限的网络带宽、采样周期调度、静态与动态调度算法等。

6. 时钟同步

时钟同步一直是分布式控制系统中的一个关键技术。在网络化控制系统中，当网络节点采用时间驱动方式时，就必然涉及时钟同步的问题。由于在网络化控制系统中，节点的位置往往比较分散，采用硬件时钟同步的方法往往不太现实。所以软件时钟同步的方法更切合实际、更有效。随着控制系统规模越来越大，控制性能要求越来越高，对主机之间时钟同步精度的要求也越来越高，所以需要研究具有更高精度的时钟同步算法。

7. 通信约束

在网络化控制系统中，由于网络带宽受限，网络的通信速率有界，产生了通信约束下的控制问题。这类研究主要集中在如何确定保持系统稳定及一定控制性能的网络传输速率下界、如何在考虑通信约束的情况下进行系统状态估计和控制器设计等[74, 75]。

8. 数据通信安全

由于通信网络 (尤其是因特网和无线网) 的开放性、共享性和分散性等特点,网络化控制系统面临着网络攻击的危险。如何保证数据在网络中的安全传输,不发生泄漏,不被篡改是非常重要的研究课题。这类研究包括构建安全的网络化系统、网络攻击检测方法以及相应的补偿策略与容侵容错控制等。

2.3 线性矩阵不等式方法

线性矩阵不等式 (LMI) 方法受到了国内外控制界的广泛关注,因为许多控制问题,如最优控制、H_∞ 控制等,都可以转化成线性矩阵不等式的可行性问题或具有线性矩阵不等式约束的凸优化问题。最早的线性矩阵不等式可以追溯到 Lyapunov 稳定性理论。例如,动态系统 $\dot{x}(t) = Ax(t)$ 稳定的充要条件为:存在一个正定矩阵 $P > 0$ 使 $A^{\mathrm{T}}P + PA < 0$。上述条件便是线性矩阵不等式。特别是随着求解凸优化问题的内点法的提出以及 MATLAB 线性矩阵不等式工具箱的推出,线性矩阵不等式得到了更蓬勃的发展和更广泛的应用。

2.3.1 线性矩阵不等式

线性矩阵不等式具有如下形式:

$$F(x) = F_0 + x_1 F_1 + \cdots + x_m F_m < 0 \tag{2.12}$$

其中, $x \in \mathbb{R}$ 为决策变量, $F_i(i = 1, 2, \cdots, m)$ 为给定的对称矩阵。$F(x) < 0$ 是指矩阵 $F(x)$ 负定,即对于所有非零向量 $\xi \in \mathbb{R}^n$ 有 $\xi^{\mathrm{T}} F(x)\xi < 0$。如果将式 (2.12) 中的 $<$ 替换成 $\leqslant$,线性矩阵不等式 (2.12) 将变为非严格线性矩阵不等式。可以证明,通过去除隐含的等式约束,任意可行的非严格线性矩阵不等式均可以转换成等价的严格线性矩阵不等式。

记 $\Phi = \{x : F(x) < 0\}$,对于任意 x_1、$x_2 \in \Phi$ 和 $\alpha \in (0, 1)$,由于 $F(x)$ 是一个仿射函数,故

$$F(\alpha x_1 + (1 - \alpha)x_2) = \alpha F(x_1) + (1 - \alpha)F(x_2)$$

因此 $\Phi = \{x : F(x) < 0\}$ 是一个凸集,即线性矩阵不等式 (2.12) 定义了一个关于 x 的凸集。

值得注意的是,合同变换不改变线性矩阵不等式的可行性,即

$$F(x) < 0 \Leftrightarrow M^{\mathrm{T}} F(x)M < 0, M \text{非奇异}$$

在 MATLAB 的 LMI 工具箱中,可由命令 lmivar 和 lmiterm 创建线性矩阵不等式。lmivar 用于定义线性矩阵不等式中的矩阵变量,它定义了矩阵变量的类型

及结构。矩阵变量的类型主要有三类：第一类是对称块对角结构；第二类是长方型结构；第三类结构更加灵活，可以用来描述更加复杂的矩阵和矩阵变量之间的关系。lmiterm 用于描述线性矩阵不等式中各项的内容。这些项包括常数项、变量项和外因子。

2.3.2　一些标准线性矩阵不等式问题

下面介绍一些标准线性矩阵不等式问题。假设 $G(x)$、$F(x)$、$H(x)$ 为变量 x 的仿射函数。

(1) 可行性问题 (LMIP)：给定一个线性矩阵不等式 $F(x)$，寻找可行解 x 使 $F(x) < 0$ 成立。如果找不到可行解，则该线性矩阵不等式不可行。这样的问题称为线性矩阵不等式的可行性问题。在 LMI 工具箱中，可行性问题可以通过 feasp 命令求解。

(2) 特征值问题 (EVP)：在线性矩阵不等式约束下，最小化矩阵 $F(x)$ 的最大特征值，或者确定该问题在此约束下不可行。它具有如下的一般形式：

$$\min\ \lambda$$
$$\text{s.t.}\ \ F(x) - \lambda I < 0,\ G(x) < 0$$

特征值问题还可以写成线性矩阵不等式约束下最小化线性函数的问题，即

$$\min\ c^{\mathrm{T}}x$$
$$\text{s.t.}\ \ F(x) < 0,\ G(x) < 0$$

在 LMI 工具箱中，可以通过 mincx 命令求解该问题。

(3) 广义特征值问题 (GEVP)：在线性矩阵不等式约束下，最小化一对矩阵的广义特征值。这类问题的一般形式如下：

$$\min\ \lambda$$
$$\text{s.t.}\ \ G(x) - \lambda F(x) < 0,\ G(x) > 0,\ H(x) > 0$$

在 LMI 工具箱中，可以通过 gevp 命令求解该问题。

2.3.3　$\mathcal{S}$–procedure

在控制系统的分析与综合中，往往有一些条件不能被直接描述成线性矩阵不等式形式。$\mathcal{S}$–procedure 可以将非线性矩阵不等式条件转化为线性矩阵不等式。虽然有时会引入一些保守性，但它扩展了线性矩阵不等式的应用范围。因此，$\mathcal{S}$–procedure 得到了比较广泛的应用。

以如下的二次型函数为例，介绍 $\mathcal{S}$–procedure：

$$H_i(x) = x^{\mathrm{T}} Q_i x + 2 u_i^{\mathrm{T}} x + v_i \tag{2.13}$$

其中, Q_i 为对称矩阵 $(i = 1, 2, \cdots, p)$。

考虑如下条件:

C1: 对于任意的 $x \in \mathbb{R}^n$, 存在标量 $\alpha_1 \geqslant 0, \cdots, \alpha_p \geqslant 0$ 使

$$H_0(x_0) - \sum_{i=1}^{p} \alpha_i H_i \geqslant 0 \tag{2.14}$$

可见条件C1隐含着如下条件:

C2: 对于任意的 $x \in \mathbb{R}^n$, 如果 $H_1(x) \geqslant 0, \cdots, H_p(x) \geqslant 0$, 则

$$H_0(x_0) \geqslant 0 \tag{2.15}$$

条件C1可以表示成

$$\left[\begin{array}{c} x \\ 1 \end{array} \right]^{\mathrm{T}} \left[\begin{array}{cc} Q_0 - \sum\limits_{i=1}^{p} \alpha_k Q_k & u_0 - \sum\limits_{i=1}^{p} \alpha_k u_k \\ u_0^{\mathrm{T}} - \sum\limits_{i=1}^{p} \alpha_k u_k^{\mathrm{T}} & v_0 - \sum\limits_{i=1}^{p} \alpha_k v_k \end{array} \right] \left[\begin{array}{c} x \\ 1 \end{array} \right] \geqslant 0$$

上式等价于

$$\left[\begin{array}{cc} Q_0 & u_0 \\ u_0^{\mathrm{T}} & v_0 \end{array} \right] - \left[\begin{array}{cc} \sum\limits_{i=1}^{p} \alpha_k Q_k & \sum\limits_{i=1}^{p} \alpha_k u_k \\ \sum\limits_{i=1}^{p} \alpha_k u_k^{\mathrm{T}} & \sum\limits_{i=1}^{p} \alpha_k v_k \end{array} \right] \geqslant 0$$

可见, 条件C1表示成一个线性矩阵不等式的可行性问题, 应用现有的 LMI 工具箱可以判断其是否存在可行解。因此, 利用 $\mathcal{S}$–procedure 可以通过检验上面的线性矩阵不等式来检验条件C2是否成立, 而直接检验条件C2是否可行往往要困难得多。在本书第 9 章将应用 $\mathcal{S}$–procedure 分析时滞神经网络的稳定性, 从而得到了便于检验的线性矩阵不等式条件。

2.4 相 关 引 理

本节将集中介绍本书中用到的一些引理。

引理 2.1 (Schur 补) 对于给定的对称矩阵 $S = \left[\begin{array}{cc} S_{11} & S_{12} \\ S_{12}^{\mathrm{T}} & S_{22} \end{array} \right]$, 下面三个条件等价:

(1) $S < 0$;

(2) $S_{11} < 0$，$S_{22} - S_{12}^{\mathrm{T}} S_{11}^{-1} S_{12} < 0$；

(3) $S_{22} < 0$，$S_{11} - S_{12} S_{22}^{-1} S_{12}^{\mathrm{T}} < 0$。

引理 2.2 [76]   对于适维矩阵 $Q = Q^{\mathrm{T}}$、M、E、F 且满足 $F^{\mathrm{T}} F \leqslant I$，那么

$$Q + MFE + E^{\mathrm{T}} F^{\mathrm{T}} M^{\mathrm{T}} < 0$$

成立的充分必要条件是：存在标量 $\varepsilon > 0$ 使

$$Q + \varepsilon^{-1} M M^{\mathrm{T}} + \varepsilon E^{\mathrm{T}} E < 0$$

引理 2.3 [53]   设 $x(k) \in \mathbb{R}^n$，对于任意适维矩阵 $X > 0$、M_1、M_2 和标量函数 $h := h(k) \geqslant 0$，下面的不等式成立：

$$- \sum_{i=k-h}^{k-1} y^{\mathrm{T}}(i) X y(i) \leqslant \xi^{\mathrm{T}}(k) \varLambda \xi(k) + h \xi^{\mathrm{T}}(k) \begin{bmatrix} M_1^{\mathrm{T}} \\ M_2^{\mathrm{T}} \end{bmatrix} X^{-1} \begin{bmatrix} M_1 & M_2 \end{bmatrix} \xi(k)$$

其中，$\varLambda = \begin{bmatrix} M_1^{\mathrm{T}} + M_1 & -M_1^{\mathrm{T}} + M_2 \\ * & -M_2^{\mathrm{T}} - M_2 \end{bmatrix}$，$\xi(k) = \begin{bmatrix} x(k) \\ x(k-h) \end{bmatrix}$，$y(i) = x(i+1) - x(i)$。

引理 2.4   设给定行满秩矩阵 $C \in \mathbb{R}^{p \times n}$ 的奇异值分解为：$C = U \begin{bmatrix} \varSigma & 0 \end{bmatrix} V^{\mathrm{T}}$，则存在矩阵 $S \in \mathbb{R}^{p \times p}$ 使 $CR = SC$ 成立的充分必要条件是

$$R = V \begin{bmatrix} R_{11} & 0 \\ R_{21} & R_{22} \end{bmatrix} V^{\mathrm{T}}$$

其中，$U \in \mathbb{R}^{p \times p}$ 和 $V \in \mathbb{R}^{n \times n}$ 是正交矩阵，$\varSigma = \mathrm{diag}\{\sigma_1, \sigma_2, \cdots, \sigma_p\}$，$\sigma_i$ $(i = 1, 2, \cdots, p)$ 是 C 的非零奇异值，且 $R_{11} \in \mathbb{R}^{p \times p}$，$R_{22} \in \mathbb{R}^{(n-p) \times (n-p)}$，$R_{21} \in \mathbb{R}^{(n-p) \times p}$。特别是，若 $R \in \mathbb{R}^{p \times p}$ 为对称矩阵，则使 $CR = SC$ 成立的充分必要条件是

$$R = V \begin{bmatrix} R_{11} & 0 \\ 0 & R_{22} \end{bmatrix} V^{\mathrm{T}}$$

证明   该引理是文献 [77] 中引理 3 的推广。按照文献 [77] 中的方法，不失一般性，假设 $p < n$，由 C 的奇异值分解及 $CR = SC$ 可得 $U \begin{bmatrix} \varSigma & 0 \end{bmatrix} V^{\mathrm{T}} R = SU \begin{bmatrix} \varSigma & 0 \end{bmatrix} V^{\mathrm{T}}$，即

$$U \begin{bmatrix} \varSigma & 0 \end{bmatrix} V^{\mathrm{T}} R V = SU \begin{bmatrix} \varSigma & 0 \end{bmatrix}$$

假设

$$R = V \begin{bmatrix} R_{11} & R_{12} \\ R_{21} & R_{22} \end{bmatrix} V^{\mathrm{T}}$$

可得

$$[U\Sigma R_{11} \quad U\Sigma R_{12}] V^{\mathrm{T}} RV = [SU\Sigma \quad 0]$$

可见只有当 $R_{12} = 0$ 时上式才可解。当 R 为对称矩阵时，可得 $R_{12} = R_{21} = 0$。□

引理 2.5 (投影定理)[52]　给定对称矩阵 $Q \in \mathbb{R}^{n \times n}$ 与任意 n 列矩阵 V、L，如果存在适维矩阵 G 使下列不等式成立：

$$Q + V^{\mathrm{T}} G^{\mathrm{T}} L + L^{\mathrm{T}} GV < 0$$

当且仅当下面的关于矩阵 G 的投影不等式成立：

$$\mathcal{N}_V^{\mathrm{T}} Q \mathcal{N}_V < 0, \quad \mathcal{N}_L^{\mathrm{T}} Q \mathcal{N}_L < 0$$

其中，$\mathcal{N}_V$ 与 $\mathcal{N}_L$ 分别代表 V 与 L 零空间的任意基底。

引理 2.6　对于任意恒定适维矩阵 $Z > 0$ 及标量 $\tau_2 > \tau_1 > 0$，下面的积分不等式成立：

$$(1) \quad -\int_{t-\tau_2}^{t-\tau_1} \varrho^{\mathrm{T}}(s) Z \varrho(s) \mathrm{d}s \leqslant -\frac{1}{\tau_{12}} \int_{t-\tau_2}^{t-\tau_1} \varrho^{\mathrm{T}}(s) \mathrm{d}s\, Z \int_{t-\tau_2}^{t-\tau_1} \varrho(s) \mathrm{d}s;$$

$$(2) \quad -\int_{-\tau_2}^{-\tau_1} \int_{t+\theta}^{t} \varrho^{\mathrm{T}}(s) Z \varrho(s) \mathrm{d}s \mathrm{d}\theta \leqslant -\frac{1}{\tau_s} \int_{-\tau_2}^{-\tau_1} \int_{t+\theta}^{t} \varrho^{\mathrm{T}}(s) \mathrm{d}s \mathrm{d}\theta\, Z \int_{-\tau_2}^{-\tau_1} \int_{t+\theta}^{t} \varrho(s) \mathrm{d}s \mathrm{d}\theta。$$

其中，$\tau_{12} = \tau_2 - \tau_1$，$\tau_s = (\tau_2^2 - \tau_1^2)/2$。

证明　不等式 (1) 在文献 [78] 中已经给出，现证明不等式 (2)。易知

$$\begin{bmatrix} \varrho^{\mathrm{T}}(s) Z \varrho(s) & \varrho^{\mathrm{T}}(s) \\ \varrho(s) & Z^{-1} \end{bmatrix} \geqslant 0 \tag{2.16}$$

对式 (2.16) 由 $t + \theta$ 到 t 进行积分，其中 $-\tau_2 \leqslant \theta \leqslant -\tau_1$，可得

$$\begin{bmatrix} \int_{t+\theta}^{t} \varrho^{\mathrm{T}}(s) Z \varrho(s) \mathrm{d}s & \int_{t+\theta}^{t} \varrho^{\mathrm{T}}(s) \mathrm{d}s \\ \int_{t+\theta}^{t} \varrho(s) \mathrm{d}s & -\theta Z^{-1} \end{bmatrix} \geqslant 0 \tag{2.17}$$

对式 (2.17) 由 $-\tau_2$ 到 $-\tau_1$ 进行积分，可得

$$\begin{bmatrix} \int_{-\tau_2}^{-\tau_1} \int_{t+\theta}^{t} \varrho^{\mathrm{T}}(s) Z \varrho(s) \mathrm{d}s \mathrm{d}\theta & \int_{-\tau_2}^{-\tau_1} \int_{t+\theta}^{t} \varrho^{\mathrm{T}}(s) \mathrm{d}s \mathrm{d}\theta \\ \int_{-\tau_2}^{-\tau_1} \int_{t+\theta}^{t} \varrho(s) \mathrm{d}s \mathrm{d}\theta & -\int_{-\tau_2}^{-\tau_1} \theta Z^{-1} \mathrm{d}\theta \end{bmatrix} \geqslant 0 \tag{2.18}$$

由 Schur 补引理可知，式 (2.18) 与不等式 (2) 等价。　□

引理 2.7 对于任意恒定适维矩阵 $Z > 0$ 及标量 $\tau_2 > \tau_1 > 0$，下面的不等式成立：

$$(1) -\sum_{i=k-\tau_2}^{k-\tau_1-1} \varrho^{\mathrm{T}}(i)Z\varrho(i)\mathrm{d}s \leqslant -\frac{1}{\tau_{12}}\sum_{i=k-\tau_2}^{k-\tau_1-1}\varrho^{\mathrm{T}}(i)Z\sum_{i=k-\tau_2}^{k-\tau_1-1}\varrho(i);$$

$$(2) -\sum_{j=-\tau_2}^{-\tau_1-1}\sum_{i=k+j}^{k-1}\varrho^{\mathrm{T}}(i)Z\varrho(i) \leqslant -\frac{1}{\tau_d}\sum_{j=-\tau_2}^{-\tau_1-1}\sum_{i=k+j}^{k-1}\varrho^{\mathrm{T}}(i)Z\sum_{j=-\tau_2}^{-\tau_1-1}\sum_{i=k+j}^{k-1}\varrho(i)。$$

其中，$\tau_{12} = \tau_2 - \tau_1$，$\tau_d = (\tau_2^2 - \tau_1^2 + \tau_{12})/2$。

证明 引理 2.7 是引理 2.6 在离散域内的直接推广，有兴趣的读者可以自己证明。本书中将引理 2.7 称为"有限和不等式"。   □

2.5 小 结

本章介绍了本书所需的基本概念和基础知识，包括 Lyapunov 稳定性概念及其基本定理、时滞系统稳定性的概念及其常用方法、网络化控制系统的简介及基本问题、线性矩阵不等式方法以及本书后续章节用到的一些引理。

第3章 中立时滞线性连续系统稳定性分析与镇定设计

3.1 引　　言

许多实际系统都可以建模成中立时滞系统, 如无损传输的分布式网络[79]、人口系统[80] 等。因此, 近年来中立时滞系统的稳定性与镇定设计受到了广泛的关注。应用 Lyapunov-Razumikhin 函数或 Lyapunov-Krasovskii 泛函方法, 得到许多时滞无关条件[81, 82] 与相滞相关条件[35,83~88]。基于模型变换与 Park 不等式, 文献 [89] 得到了不确定中立时滞系统的时滞相关稳定性判据。文献 [33]、[38] 和 [39] 基于 Descriptor 系统模型变换方法给出了中立时滞系统的稳定性条件。He 等[43, 44] 应用自由权矩阵方法给出了中立时滞系统的时滞相关稳定性条件。这种方法没有引入任何的模型变换, 因此具有较小的保守性。为了进一步减小结果的保守性, He 等又提出了一种增广 Lyapunov 泛函方法[45], 给出两种等价的中立时滞系统稳定性判据。

从目前文献可以看出: 现有文献中的 Lyapunov 泛函只包含一重积分项和二重积分项, 例如

$$\int_{t-\tau}^{t} x^{\mathrm{T}}(s)Qx(s)\mathrm{d}s, \qquad \int_{-\tau}^{0}\int_{t+\theta}^{t} \dot{x}^{\mathrm{T}}(s)Z\dot{x}(s)\mathrm{d}s\mathrm{d}\theta$$

而没有三重积分项。如果在 Lyapunov 泛函中引入三重积分项会得到什么样的结果呢? 结果的保守性会不会进一步降低?

对于上述问题, 本章的结论是: 在 Lyapunov 泛函中引入三重积分项且在增广向量中引入一重积分项会降低所得稳定性判据的稳定性。本章提出一种全新的 Lyapunov 泛函构造方法, 即在 Lyapunov 泛函中引入三重积分项[90~92]。在此基础上分别应用自由权矩阵方法、积分不等式方法给出中立时滞系统的两种稳定性判据。利用投影定理, 证明这两种稳定性判据是等价的。在此基础上, 采用 "时滞分割" 方法进一步降低所得稳定性判据的保守性。本章还将讨论当系统参数存在不确定性时, 系统的鲁棒稳定性问题。本章主要考虑两类不确定性, 一类是范数有界不确定性, 另一类是凸多面体不确定性。在稳定性判据的基础上, 给出中立时滞系统镇定控制器的设计方法。最后, 通过一些数值仿真的例子来验证本章提出方法的正确性和有效性。

3.2   系 统 描 述

考虑如下的中立时滞系统:

$$\begin{cases} \dot{x}(t) - C\dot{x}(t-\tau) = Ax(t) + A_1 x(t-\tau) + Bu(t), \quad t > 0 \\ x(t) = \phi(t), \quad t \in [-\tau,\, 0] \end{cases} \tag{3.1}$$

其中, $x(t) \in \mathbb{R}^n$ 为状态变量; $u(t) \in \mathbb{R}^m$ 为控制输入; $\tau > 0$ 为系统恒定时滞; 初始条件 $\phi(t)$ 为连续可微向量函数; A、A_1、$C \in \mathbb{R}^{n \times n}$, $B \in \mathbb{R}^{n \times m}$ 为恒定系统矩阵。

本章假设矩阵 C 的所有特征根均在单位圆内, 以保证算子 $\mathcal{D}: ([-\tau,\, 0], \mathbb{R}^n)$ 稳定。算子 $\mathcal{D}$ 定义如下:

$$\mathcal{D}x_t = x(t) - Cx(t-\tau)$$

3.3   时滞相关稳定性判据 —— 自由权矩阵方法

对于系统 (3.1), 应用自由权矩阵方法[43~45], 有如下的稳定性定理。

定理 3.1   对于给定标量 $\tau > 0$, 如果存在适维矩阵

$$P = \begin{bmatrix} P_{11} & P_{12} & P_{13} \\ * & P_{22} & P_{23} \\ * & * & P_{33} \end{bmatrix} > 0, \quad Q = \begin{bmatrix} Q_{11} & Q_{12} \\ * & Q_{22} \end{bmatrix} > 0, \quad Z = \begin{bmatrix} Z_{11} & Z_{12} \\ * & Z_{22} \end{bmatrix} > 0$$

$R > 0$ 和任意适维矩阵 Y_i、N_i、$M_i (i = 1,\, 2,\, 3,\, 4)$, 使线性矩阵不等式 (3.2) 成立:

$$\Omega = \begin{bmatrix} \Theta & \Omega_c & \dfrac{1}{2}\tau^2 N \\ * & -\tau Z & 0 \\ * & * & -\dfrac{1}{2}\tau^2 R \end{bmatrix} < 0 \tag{3.2}$$

其中

$$\Theta = \begin{bmatrix} \Omega_{11} & \Omega_{12} & \Omega_{13} & \Omega_{14} \\ * & \Omega_{22} & \Omega_{23} & \Omega_{24} \\ * & * & \Omega_{33} & \Omega_{34} \\ * & * & * & \Omega_{44} \end{bmatrix}$$

$$\Omega_c = \begin{bmatrix} \Omega_{15} & \Omega_{16} \\ \Omega_{25} & \Omega_{26} \\ \Omega_{35} & \Omega_{36} \\ \Omega_{45} & \Omega_{46} \end{bmatrix}$$

$\Omega_{11} = P_{13} + P_{13}^{\mathrm{T}} + Q_{11} + \tau Z_{11} + M_1 A + A^{\mathrm{T}} M_1^{\mathrm{T}} + \tau N_1$
$\qquad + \tau N_1^{\mathrm{T}} + Y_1 + Y_1^{\mathrm{T}}$

$\Omega_{12} = P_{11} + Q_{12} + \tau Z_{12} - M_1 + A^{\mathrm{T}} M_2^{\mathrm{T}} + \tau N_2^{\mathrm{T}} + Y_2^{\mathrm{T}}$

$\Omega_{13} = -P_{13} + P_{23}^{\mathrm{T}} + M_1 A_1 + A^{\mathrm{T}} M_3^{\mathrm{T}} + \tau N_3^{\mathrm{T}} + Y_3^{\mathrm{T}} - Y_1$

$\Omega_{14} = P_{12} + M_1 C + A^{\mathrm{T}} M_4^{\mathrm{T}} + \tau N_4^{\mathrm{T}} + Y_4^{\mathrm{T}}$

$\Omega_{15} = \tau P_{33} - \tau N_1$

$\Omega_{16} = -\tau Y_1$

$\Omega_{22} = Q_{22} + \tau Z_{22} + \dfrac{1}{2}\tau^2 R - M_2 - M_2^{\mathrm{T}}$

$\Omega_{23} = P_{12} + M_2 A_1 - M_3^{\mathrm{T}} - Y_2$

$\Omega_{24} = M_2 C - M_4^{\mathrm{T}}$

$\Omega_{25} = \tau P_{13} - \tau N_2$

$\Omega_{26} = -\tau Y_2$

$\Omega_{33} = -P_{23} - P_{23}^{\mathrm{T}} - Q_{11} - Y_3 - Y_3^{\mathrm{T}} + M_3 A_1 + A_1^{\mathrm{T}} M_3^{\mathrm{T}}$

$\Omega_{34} = P_{22} - Q_{12} + M_3 C + A_1^{\mathrm{T}} M_4^{\mathrm{T}} - Y_4^{\mathrm{T}}$

$\Omega_{35} = -\tau P_{33} - \tau N_3$

$\Omega_{36} = -\tau Y_3$

$\Omega_{44} = -Q_{22} + M_4 C + C^{\mathrm{T}} M_4^{\mathrm{T}}$

$\Omega_{45} = \tau P_{23} - \tau N_4$

$\Omega_{46} = -\tau Y_4$

则系统 (3.1) 渐近稳定。

　　证明　构造如下 Lyapunov-Krasovskii 泛函：

$$\begin{aligned} V(x_t) = {} & \zeta^{\mathrm{T}}(t) P \zeta(t) + \int_{t-\tau}^{t} \varrho^{\mathrm{T}}(s) Q \varrho(s)\mathrm{d}s \\ & + \int_{-\tau}^{0}\int_{t+\theta}^{t} \varrho^{\mathrm{T}}(s) Z \varrho(s)\mathrm{d}s\mathrm{d}\theta \\ & + \int_{-\tau}^{0}\int_{\theta}^{0}\int_{t+\lambda}^{t} \dot{x}^{\mathrm{T}}(s) R \dot{x}(s)\mathrm{d}s\mathrm{d}\lambda\mathrm{d}\theta \end{aligned} \tag{3.3}$$

其中

$$\zeta(t) = \begin{bmatrix} x(t) \\ x(t-\tau) \\ \int_{t-\tau}^{t} x(s)\mathrm{d}s \end{bmatrix}, \quad \varrho(s) = \begin{bmatrix} x(s) \\ \dot{x}(s) \end{bmatrix}$$

显见，存在两个标量 $\delta_1 > 0$ 和 $\delta_2 > 0$ 使下式成立：

$$\delta_1 \|x(t)\|^2 \leqslant V(x_t) \leqslant \delta_2 \sup_{-\tau \leqslant \theta \leqslant 0} \{\|x(t+\theta)\|^2, \ \|\dot{x}(t+\theta)\|^2\}$$

需要说明的是：这里构造的 Lyapunov 泛函包含了状态变量的导数。包含状态变量导数的 Lyapunov-Krasovskii 稳定性理论可参见文献 [79] 和 [93]。

由牛顿–莱布尼茨公式及系统状态方程 (3.1) 可得

$$2\xi^{\mathrm{T}}(t)Y\left[x(t) - x(t-\tau) - \int_{t-\tau}^{t} \dot{x}(s)\mathrm{d}s\right] = 0$$

$$2\xi^{\mathrm{T}}(t)N\left[\tau x(t) - \int_{t-\tau}^{t} x(s)\mathrm{d}s - \int_{-\tau}^{0}\int_{t+\theta}^{t} \dot{x}(s)\mathrm{d}s\mathrm{d}\theta\right] = 0$$

$$2\xi^{\mathrm{T}}(t)M\left[-\dot{x}(t) + Ax(t) + A_1 x(t-\tau) + C\dot{x}(t-\tau)\right] = 0$$

其中

$$\xi(t) = \begin{bmatrix} x(t) \\ \dot{x}(t) \\ x(t-\tau) \\ \dot{x}(t-\tau) \end{bmatrix}, \quad M = \begin{bmatrix} M_1 \\ M_2 \\ M_3 \\ M_4 \end{bmatrix}, \quad N = \begin{bmatrix} N_1 \\ N_2 \\ N_3 \\ N_4 \end{bmatrix}, \quad Y = \begin{bmatrix} Y_1 \\ Y_2 \\ Y_3 \\ Y_4 \end{bmatrix}$$

对 $V(x_t)$ 求导，可得

$$\begin{aligned}
\dot{V}(x_t) = {} & 2\zeta^{\mathrm{T}}(t)P\dot{\zeta}(t) + \varrho^{\mathrm{T}}(t)Q\varrho(t) - \varrho^{\mathrm{T}}(t-\tau)Q\varrho(t-\tau) \\
& + \tau\varrho^{\mathrm{T}}(t)Z\varrho(t) - \int_{t-\tau}^{t} \varrho^{\mathrm{T}}(s)Z\varrho(s)\mathrm{d}s \\
& + \frac{1}{2}\tau^2 \dot{x}^{\mathrm{T}}(t)R\dot{x}(t) - \int_{-\tau}^{0}\int_{t+\theta}^{t} \dot{x}^{\mathrm{T}}(s)R\dot{x}(s)\mathrm{d}s\mathrm{d}\theta \\
& + 2\xi^{\mathrm{T}}(t)Y\left[x(t) - x(t-\tau) - \int_{t-\tau}^{t} \dot{x}(s)\mathrm{d}s\right] \\
& + 2\xi^{\mathrm{T}}(t)N\left[\tau x(t) - \int_{t-\tau}^{t} x(s)\mathrm{d}s - \int_{-\tau}^{0}\int_{t+\theta}^{t} \dot{x}(s)\mathrm{d}s\mathrm{d}\theta\right] \\
& + 2\xi^{\mathrm{T}}(t)M\left[-\dot{x}(t) + Ax(t) + A_1 x(t-\tau) + C\dot{x}(t-\tau)\right]
\end{aligned} \tag{3.4}$$

易得

$$
-2\xi^{\mathrm{T}}(t)Y\int_{t-\tau}^{t}\dot{x}(s)\mathrm{d}s - 2\xi^{\mathrm{T}}(t)N\int_{t-\tau}^{t}x(s)\mathrm{d}s
$$

$$
+2\int_{t-\tau}^{t}x^{\mathrm{T}}(s)\mathrm{d}sP_{13}^{\mathrm{T}}\dot{x}(t) + 2\int_{t-\tau}^{t}x^{\mathrm{T}}(s)\mathrm{d}sP_{23}^{\mathrm{T}}\dot{x}(t-\tau)
$$

$$
+2\int_{t-\tau}^{t}x^{\mathrm{T}}(s)\mathrm{d}sP_{33}\left[x(t)-x(t-\tau)\right]
$$

$$
\leqslant \tau^{-1}\xi^{\mathrm{T}}(t)\Omega_c Z^{-1}\Omega_c^{\mathrm{T}}\xi(t) + \int_{t-\tau}^{t}\varrho^{\mathrm{T}}(s)Z\varrho(s)\mathrm{d}s \tag{3.5}
$$

$$
-2\xi^{\mathrm{T}}(t)N\int_{-\tau}^{0}\int_{t+\theta}^{t}\dot{x}(s)\mathrm{d}s\mathrm{d}\theta
$$

$$
\leqslant \frac{1}{2}\tau^2\xi^{\mathrm{T}}(t)NR^{-1}N^{\mathrm{T}}\xi(t) + \int_{-\tau}^{0}\int_{t+\theta}^{t}\dot{x}^{\mathrm{T}}(s)R\dot{x}(s)\mathrm{d}s\mathrm{d}\theta \tag{3.6}
$$

将式 (3.5) 和式 (3.6) 代入式 (3.4) 可得

$$
\dot{V}(x_t) \leqslant \xi^{\mathrm{T}}(t)\left[\Theta + \tau^{-1}\Omega_c Z^{-1}\Omega_c^{\mathrm{T}} + \frac{1}{2}\tau^2 NR^{-1}N^{\mathrm{T}}\right]\xi(t) \tag{3.7}
$$

因此，如果 $\Theta + \tau^{-1}\Omega_c Z^{-1}\Omega_c^{\mathrm{T}} + \dfrac{1}{2}\tau^2 NR^{-1}N^{\mathrm{T}} < 0$，那么对于充分小的 $\varepsilon > 0$ 则有 $\dot{V}(x_t) < -\varepsilon\|x(t)\|^2$。根据 Lyapunov 稳定性理论[4, 79, 93] 可知系统 (3.1) 渐近稳定。由 Schur 补引理可知：$\Theta + \tau^{-1}\Omega_c Z^{-1}\Omega_c^{\mathrm{T}} + \dfrac{1}{2}\tau^2 NR^{-1}N^{\mathrm{T}} < 0$ 与式 (3.2) 等价。　　　　　　　　　　　　　　　　　　　　　　　　　　□

注 3.1　通过构造一种新型的增广形式的 Lyapunov 泛函，得到了新的时滞相关稳定性判据。不同于文献中已有的 Lyapunov 泛函，本章提出的 Lyapunov 泛函包含三重积分项 $\displaystyle\int_{-\tau}^{0}\int_{\theta}^{0}\int_{t+\lambda}^{t}\dot{x}^{\mathrm{T}}(s)R\dot{x}(s)\mathrm{d}s\mathrm{d}\lambda\mathrm{d}\theta$。此三重积分项对于减小结果的保守性起到了至关重要的作用。此外，在增广向量 $\zeta(t)$ 中包含一重积分项 $\displaystyle\int_{t-\tau}^{t}x(s)\mathrm{d}s$，此一重积分项对于减小结果的保守性也尤为重要。通过仿真可知：此一重积分项与三重积分项必须同时存在于 Lyapunov 泛函中，缺少其中任何一项而单独保留另外一项均对减小结果的保守性不起作用。

在定理 3.1 中，令 $Y_i = 0$，$N_i = 0(i = 1, 2, 3, 4)$，$P_{13} = 0$，$P_{23} = 0$，$Z_{12} = 0$，$P_{33} = \varepsilon_1 I$，$Z_{11} = \varepsilon_2 I$，$Z_{22} = \varepsilon_3 I$，$R = \varepsilon_4 I$，其中，$\varepsilon_j(j = 1, 2, 3, 4)$ 为充分小的正标量，可以得到如下的时滞无关稳定性判据。

推论 3.1　对于任意标量 $\tau > 0$，如果存在适维矩阵 $P = \begin{bmatrix} P_{11} & P_{12} \\ * & P_{22} \end{bmatrix} > 0$，

$Q = \begin{bmatrix} Q_{11} & Q_{12} \\ * & Q_{22} \end{bmatrix} > 0$，以及任意适维矩阵 $M_i(i = 1,\ 2,\ 3,\ 4)$，使矩阵不等式 (3.8) 成立：

$$\begin{bmatrix} \Omega_{11} & \Omega_{12} & \Omega_{13} & P_{12} + M_1 C + A^{\mathrm{T}} M_4^{\mathrm{T}} \\ * & \Omega_{22} & \Omega_{23} & M_2 C - M_4^{\mathrm{T}} \\ * & * & \Omega_{33} & P_{22} - Q_{12} + M_3 C + A_1^{\mathrm{T}} M_4^{\mathrm{T}} \\ * & * & * & -Q_{22} + M_4 C + C^{\mathrm{T}} M_4^{\mathrm{T}} \end{bmatrix} < 0 \qquad (3.8)$$

其中

$$\Omega_{11} = Q_{11} + M_1 A + A^{\mathrm{T}} M_1^{\mathrm{T}}$$

$$\Omega_{12} = P_{11} + Q_{12} - M_1 + A^{\mathrm{T}} M_2^{\mathrm{T}}$$

$$\Omega_{13} = M_1 A_1 + A^{\mathrm{T}} M_3^{\mathrm{T}}$$

$$\Omega_{22} = Q_{22} - M_2 - M_2^{\mathrm{T}}$$

$$\Omega_{23} = P_{12} + M_2 A_1 - M_3^{\mathrm{T}}$$

$$\Omega_{33} = -Q_{11} + M_3 A_1 + A_1^{\mathrm{T}} M_3^{\mathrm{T}}$$

则系统 (3.1) 渐近稳定。

3.4 时滞相关稳定性判据 —— 积分不等式方法

对于系统 (3.1)，应用积分不等式方法有如下的稳定性定理。

定理 3.2 对于给定标量 $\tau > 0$，如果存在适维矩阵

$$P = \begin{bmatrix} P_{11} & P_{12} & P_{13} \\ * & P_{22} & P_{23} \\ * & * & P_{33} \end{bmatrix} > 0, \quad Q = \begin{bmatrix} Q_{11} & Q_{12} \\ * & Q_{22} \end{bmatrix} > 0, \quad Z = \begin{bmatrix} Z_{11} & Z_{12} \\ * & Z_{22} \end{bmatrix} > 0$$

$R > 0$，使线性矩阵不等式 (3.9) 成立：

$$\begin{bmatrix} \Omega_{11} & \Omega_{12} & \Omega_{13} & \Omega_{14} & A^{\mathrm{T}} S \\ * & \Omega_{22} & \Omega_{23} & \Omega_{24} & A_1^{\mathrm{T}} S \\ * & * & \Omega_{33} & \Omega_{34} & C^{\mathrm{T}} S \\ * & * & * & \Omega_{44} & 0 \\ * & * & * & * & -S \end{bmatrix} < 0 \qquad (3.9)$$

其中

$$\Omega_{11} = P_{13} + P_{13}^{\mathrm{T}} + Q_{11} + \tau Z_{11} + P_{11}A + A^{\mathrm{T}}P_{11} + Q_{12}A + A^{\mathrm{T}}Q_{12}^{\mathrm{T}}$$
$$+ \tau Z_{12}A + \tau A^{\mathrm{T}}Z_{12}^{\mathrm{T}} - \frac{1}{\tau}Z_{22} - 2R$$

$$\Omega_{12} = -P_{13} + P_{23}^{\mathrm{T}} + P_{11}A_1 + A^{\mathrm{T}}P_{12} + Q_{12}A_1 + \tau Z_{12}A_1 + \frac{1}{\tau}Z_{22}$$

$$\Omega_{13} = P_{12} + P_{11}C + Q_{12}C + \tau Z_{12}C$$

$$\Omega_{14} = P_{33} + A^{\mathrm{T}}P_{13} - \frac{1}{\tau}Z_{12}^{\mathrm{T}} + \frac{2}{\tau}R$$

$$\Omega_{22} = -P_{23} - P_{23}^{\mathrm{T}} - Q_{11} + P_{12}^{\mathrm{T}}A_1 + A_1^{\mathrm{T}}P_{12} - \frac{1}{\tau}Z_{22}$$

$$\Omega_{23} = P_{22} - Q_{12} + P_{12}^{\mathrm{T}}C$$

$$\Omega_{24} = -P_{33} + A_1^{\mathrm{T}}P_{13} + \frac{1}{\tau}Z_{12}^{\mathrm{T}}$$

$$\Omega_{33} = -Q_{22}$$

$$\Omega_{34} = P_{23} + C^{\mathrm{T}}P_{13}$$

$$\Omega_{44} = -\frac{1}{\tau}Z_{11} - \frac{2}{\tau^2}R$$

$$S = Q_{22} + \tau Z_{22} + \frac{1}{2}\tau^2 R$$

则系统 (3.1) 渐近稳定。

证明　选择与 3.3 节相同的 Lyapunov-Krasovskii 泛函，求导可得

$$\dot{V}(x_t) = 2\zeta^{\mathrm{T}}(t)P\dot{\zeta}(t)$$
$$+ \varrho^{\mathrm{T}}(t)Q\varrho(t) - \varrho^{\mathrm{T}}(t-\tau)Q\varrho(t-\tau)$$
$$+ \tau\varrho^{\mathrm{T}}(t)Z\varrho(t) - \int_{t-\tau}^{t}\varrho^{\mathrm{T}}(s)Z\varrho(s)\mathrm{d}s$$
$$+ \frac{1}{2}\tau^2\dot{x}^{\mathrm{T}}(t)R\dot{x}(t) - \int_{-\tau}^{0}\int_{t+\theta}^{t}\dot{x}^{\mathrm{T}}(s)R\dot{x}(s)\mathrm{d}s\mathrm{d}\theta \qquad (3.10)$$

由引理 2.6 可得

$$-\int_{t-\tau}^{t}\varrho^{\mathrm{T}}(s)Z\varrho(s)\mathrm{d}s \leqslant -\frac{1}{\tau}\int_{t-\tau}^{t}\varrho^{\mathrm{T}}(s)\mathrm{d}s\ Z\int_{t-\tau}^{t}\varrho(s)\mathrm{d}s \qquad (3.11)$$

$$-\int_{-\tau}^{0}\int_{t+\theta}^{t}\dot{x}^{\mathrm{T}}(s)R\dot{x}(s)\mathrm{d}s\mathrm{d}\theta$$

$$\leqslant-\frac{2}{\tau^{2}}\int_{-\tau}^{0}\int_{t+\theta}^{t}\dot{x}^{\mathrm{T}}(s)\mathrm{d}s\mathrm{d}\theta\,R\int_{-\tau}^{0}\int_{t+\theta}^{t}\dot{x}(s)\mathrm{d}s\mathrm{d}\theta$$

$$=-\frac{2}{\tau^{2}}\left(\tau x^{\mathrm{T}}(t)-\int_{t-\tau}^{t}x^{\mathrm{T}}(s)\mathrm{d}s\right)R\left(\tau x(t)-\int_{t-\tau}^{t}x(s)\mathrm{d}s\right) \tag{3.12}$$

将式 (3.11) 和式 (3.12) 代入式 (3.10) 可得

$$\dot{V}(x_{t})\leqslant\xi^{\mathrm{T}}(t)\left[\varOmega+A_{c}^{\mathrm{T}}SA_{c}\right]\xi(t) \tag{3.13}$$

其中

$$\varOmega=\begin{bmatrix}\varOmega_{11}&\varOmega_{12}&\varOmega_{13}&\varOmega_{14}\\ *&\varOmega_{22}&\varOmega_{23}&\varOmega_{24}\\ *&*&\varOmega_{33}&\varOmega_{34}\\ *&*&*&\varOmega_{44}\end{bmatrix}$$

$$A_{c}=[A\ \ A_{1}\ \ C\ \ 0]$$

$$\xi^{\mathrm{T}}(t)=\begin{bmatrix}x^{\mathrm{T}}(t)&x^{\mathrm{T}}(t-\tau)&\dot{x}^{\mathrm{T}}(t-\tau)&\int_{t-\tau}^{t}x^{\mathrm{T}}(s)\mathrm{d}s\end{bmatrix}$$

如果 $\varOmega+A_{c}^{\mathrm{T}}SA_{c}<0$，则 $\dot{V}(x_{t})<0$，由 Lyapunov 稳定性可知系统渐近稳定。由 Schur 补引理可知：$\varOmega+A_{c}^{\mathrm{T}}SA_{c}<0$ 与式 (3.9) 等价。   □

注 3.2 在定理 3.2 的推导中，应用了引理 2.6 中的积分不等式。不难看出：定理 3.2 除了 Lyapunov 矩阵外没有引入任何自由权矩阵。显然定理 3.2 比定理 3.1 包含更少的决策矩阵变量。

在定理 3.2 中，令 $P_{13}=0$，$P_{23}=0$，$Z_{12}=0$，$P_{33}=\varepsilon_{1}I$，$Z_{11}=\varepsilon_{2}I$，$Z_{22}=\varepsilon_{3}I$，$R=\varepsilon_{4}I$，其中，$\varepsilon_{j}(j=1,\ 2,\ 3,\ 4)$ 为充分小的正标量，可以得到如下的时滞无关稳定性判据。

推论 3.2 对于任意标量 $\tau>0$，如果存在适维矩阵 $P=\begin{bmatrix}P_{11}&P_{12}\\ *&P_{22}\end{bmatrix}>0$，$Q=\begin{bmatrix}Q_{11}&Q_{12}\\ *&Q_{22}\end{bmatrix}>0$，使矩阵不等式 (3.14) 成立，则系统 (3.1) 渐近稳定。

$$\begin{bmatrix}\varOmega_{11}&\varOmega_{12}&\varOmega_{13}&A^{\mathrm{T}}Q_{22}\\ *&\varOmega_{22}&\varOmega_{23}&A_{1}^{\mathrm{T}}Q_{22}\\ *&*&\varOmega_{33}&C^{\mathrm{T}}Q_{22}\\ *&*&*&-Q_{22}\end{bmatrix}<0 \tag{3.14}$$

其中

$$\Omega_{11} = Q_{11} + P_{11}A + A^{\mathrm{T}}P_{11} + Q_{12}A + A^{\mathrm{T}}Q_{12}^{\mathrm{T}}$$
$$\Omega_{12} = P_{11}A_1 + A^{\mathrm{T}}P_{12} + Q_{12}A_1$$
$$\Omega_{13} = P_{12} + P_{11}C + Q_{12}C$$
$$\Omega_{22} = -Q_{11} + P_{12}^{\mathrm{T}}A_1 + A_1^{\mathrm{T}}P_{12}$$
$$\Omega_{23} = P_{22} - Q_{12} + P_{12}^{\mathrm{T}}C$$
$$\Omega_{33} = -Q_{22}$$

3.5　两种方法的等价性

上面两节分别应用自由权矩阵方法和积分不等式方法得到了系统 (3.1) 渐近稳定的两个充分性条件。那么，这两个条件之间有什么联系呢？对此有如下定理。

定理 3.3　对于系统 (3.1)，定理 3.1 与定理 3.2 等价。

证明　式 (3.2) 可以改写为

$$\Omega = \hat{\Omega} + V^{\mathrm{T}}GL + L^{\mathrm{T}}G^{\mathrm{T}}V < 0 \tag{3.15}$$

其中

$$\hat{\Omega} = \begin{bmatrix} \hat{\Omega}_{11} & U & -P_{13}+P_{23}^{\mathrm{T}} & P_{12} & \tau P_{33} & 0 & 0 \\ * & S & P_{12} & 0 & \tau P_{13} & 0 & 0 \\ * & * & \hat{\Omega}_{33} & P_{22}-Q_{12} & -\tau P_{33} & 0 & 0 \\ * & * & * & -Q_{22} & \tau P_{23} & 0 & 0 \\ * & * & * & * & -\tau Z_{11} & -\tau Z_{12} & 0 \\ * & * & * & * & * & -\tau Z_{22} & 0 \\ * & * & * & * & * & * & -\frac{1}{2}\tau^2 R \end{bmatrix}$$

$$\hat{\Omega}_{11} = P_{13} + P_{13}^{\mathrm{T}} + Q_{11} + \tau Z_{11}$$
$$U = P_{11} + Q_{12} + \tau Z_{12}$$
$$\hat{\Omega}_{33} = -Q_{11} - P_{23} - P_{23}^{\mathrm{T}}$$
$$V = \mathrm{diag}\{I,\ I,\ I,\ I,\ 0,\ 0,\ 0\}$$

$$G = \begin{bmatrix} M_1 & Y_1 & N_1 \\ M_2 & Y_2 & N_2 \\ M_3 & Y_3 & N_3 \\ M_4 & Y_4 & N_4 \\ M_5 & Y_5 & N_5 \\ M_6 & Y_6 & N_6 \\ M_7 & Y_7 & N_7 \end{bmatrix}, \quad L = \begin{bmatrix} A & -I & A_1 & C & 0 & 0 & 0 \\ I & 0 & -I & 0 & 0 & -\tau I & 0 \\ \tau I & 0 & 0 & 0 & -\tau I & 0 & \frac{1}{2}\tau^2 I \end{bmatrix}$$

由投影定理可得, 式 (3.15) 成立的充分必要条件是

$$\mathcal{N}_V^{\mathrm{T}} \hat{\Omega} \mathcal{N}_V < 0 \tag{3.16}$$

$$\mathcal{N}_L^{\mathrm{T}} \hat{\Omega} \mathcal{N}_L < 0 \tag{3.17}$$

易知

$$\mathcal{N}_V = \begin{bmatrix} 0 & 0 & 0 \\ 0 & 0 & 0 \\ 0 & 0 & 0 \\ 0 & 0 & 0 \\ I & 0 & 0 \\ 0 & I & 0 \\ 0 & 0 & I \end{bmatrix}, \quad \mathcal{N}_L^{\mathrm{T}} = \begin{bmatrix} I & A^{\mathrm{T}} & 0 & 0 & 0 & \dfrac{1}{\tau}I & -\dfrac{2}{\tau}I \\ 0 & A_1^{\mathrm{T}} & I & 0 & 0 & -\dfrac{1}{\tau}I & 0 \\ 0 & C^{\mathrm{T}} & 0 & I & 0 & 0 & 0 \\ 0 & 0 & 0 & 0 & I & 0 & \dfrac{2}{\tau}I \end{bmatrix}$$

显见

$$\mathcal{N}_V^{\mathrm{T}} \hat{\Omega} \mathcal{N}_V = \begin{bmatrix} -\tau Z_{11} & -\tau Z_{12} & 0 \\ -\tau Z_{12}^{\mathrm{T}} & -\tau Z_{22} & 0 \\ 0 & 0 & -\dfrac{1}{2}\tau^2 R \end{bmatrix} < 0$$

由 Schur 补引理可知 $\mathcal{N}_L^{\mathrm{T}} \hat{\Omega} \mathcal{N}_L < 0$ 与式 (3.9) 等价。故定理 3.1 与定理 3.2 等价。□

注 3.3   从上面的定理可知, 引入自由权矩阵并不是减小稳定性判据保守性的原因。对于恒定时滞的情形, 应用积分不等式方法和自由权矩阵方法可以得到完全等价的稳定性判据。可以看出, 定理 3.1 中并不包含系统矩阵与 Lyapunov 矩阵的乘积项。因此定理 3.1 特别适合用来处理当系统参数矩阵 A 与 A_1 含有凸多面体不确定性时的鲁棒稳定性问题。能够实现系统矩阵与 Lyapunov 矩阵的自然分离是自由权矩阵方法的一大特色。

3.6   保守性降低 —— 时滞分割方法

文献 [54] 提出一种 "时滞分割" 方法。这种方法将时滞等分成 $r(r > 1)$ 个子区间, 并在此基础上设计了一种新的 Lyapunov 泛函。这种方法对于减小稳定性判据的保守性非常有效。为此, 本节将应用时滞分割方法进一步降低稳定性判据的保守性。

由式 (3.1) 可得

$$\dot{x}\left(t + \frac{\tau}{2}\right) - C\dot{x}\left(t - \frac{\tau}{2}\right) = Ax\left(t + \frac{\tau}{2}\right) + A_1 x\left(t - \frac{\tau}{2}\right) \tag{3.18}$$

定义增广向量 $\theta(t) = \begin{bmatrix} x\left(t+\dfrac{\tau}{2}\right) \\ x(t) \end{bmatrix}$，由式 (3.1) 和式 (3.18) 可得如下的增广系统：

$$\dot{\theta}(t) - \hat{C}_1 \dot{\theta}(t-\tau) - \hat{C}_2 \dot{\theta}\left(t-\frac{\tau}{2}\right) = \hat{A}\theta(t) + \hat{A}_1 \theta(t-\tau) + \hat{A}_2 \theta\left(t-\frac{\tau}{2}\right) \qquad (3.19)$$

其中

$$\hat{A} = \begin{bmatrix} A & 0 \\ 0 & A \end{bmatrix}, \quad \hat{A}_1 = \begin{bmatrix} A_1 & 0 \\ 0 & A_1 \end{bmatrix}$$

$$\hat{A}_2 = \begin{bmatrix} 0 & 0 \\ 0 & 0 \end{bmatrix}, \quad \hat{C}_1 = \begin{bmatrix} C & 0 \\ 0 & C \end{bmatrix}, \quad \hat{C}_2 = \begin{bmatrix} 0 & 0 \\ 0 & 0 \end{bmatrix}$$

易知，如果系统 (3.19) 渐近稳定，那么系统 (3.1) 必然渐近稳定。同时，增广系统 (3.19) 蕴含着下面的等式：

$$I_1 \theta(t) + I_2 \theta(t-\tau) + I_3 \theta(t-\frac{\tau}{2}) = 0 \qquad (3.20)$$

其中

$$I_1 = \begin{bmatrix} 0 & I \\ 0 & 0 \end{bmatrix}, \quad I_2 = \begin{bmatrix} 0 & 0 \\ -I & 0 \end{bmatrix}, \quad I_3 = \begin{bmatrix} -I & 0 \\ 0 & I \end{bmatrix}$$

对于系统 (3.1)，综合自由权矩阵方法和时滞分割方法，有如下的时滞相关稳定性判据。

定理 3.4　对于给定标量 $\tau > 0$，如果存在适维矩阵

$$P = \begin{bmatrix} P_{11} & P_{12} & P_{13} & P_{14} & P_{15} \\ * & P_{22} & P_{23} & P_{24} & P_{25} \\ * & * & P_{33} & P_{34} & P_{35} \\ * & * & * & P_{44} & P_{45} \\ * & * & * & * & P_{55} \end{bmatrix} > 0, \quad Q = \begin{bmatrix} Q_{11} & Q_{12} \\ * & Q_{22} \end{bmatrix} > 0$$

$$Z = \begin{bmatrix} Z_{11} & Z_{12} \\ * & Z_{22} \end{bmatrix} > 0, \quad X = \begin{bmatrix} X_{11} & X_{12} \\ * & X_{22} \end{bmatrix} > 0, \quad W = \begin{bmatrix} W_{11} & W_{12} \\ * & W_{22} \end{bmatrix} > 0$$

$R_1 > 0$，$R_2 > 0$ 及任意适维矩阵 Y_i、N_i、F_i、H_i、J_i、$M_i (i = 1, \cdots, 6)$，使线性矩

阵不等式 (3.21) 成立:

$$\begin{bmatrix}
\Phi & \Gamma_1 - \tau N & -\tau Y & \Gamma_2 - \dfrac{\tau}{2}H & -\dfrac{\tau}{2}F & \dfrac{\tau^2}{2}N & \dfrac{\tau^2}{8}H \\
* & -\tau Z_{11} & -\tau Z_{12} & 0 & 0 & 0 & 0 \\
* & * & -\tau Z_{22} & 0 & 0 & 0 & 0 \\
* & * & * & -\dfrac{\tau}{2}W_{11} & -\dfrac{\tau}{2}W_{12} & 0 & 0 \\
* & * & * & * & -\dfrac{\tau}{2}W_{22} & 0 & 0 \\
* & * & * & * & * & -\dfrac{\tau^2}{2}R_1 & 0 \\
* & * & * & * & * & * & -\dfrac{\tau^2}{8}R_2
\end{bmatrix} < 0 \qquad (3.21)$$

其中

$$\Phi = \Xi + MA_c + A_c^{\mathrm{T}}M^{\mathrm{T}} + YE_1 + E_1^{\mathrm{T}}Y^{\mathrm{T}} + FE_2 + E_2^{\mathrm{T}}F^{\mathrm{T}}$$
$$+ JE_3 + E_3^{\mathrm{T}}J^{\mathrm{T}} + (\tau N + \dfrac{\tau}{2}H)E_4 + E_4^{\mathrm{T}}(\tau N^{\mathrm{T}} + \dfrac{\tau}{2}H^{\mathrm{T}})$$

$$\Xi = \begin{bmatrix}
\Xi_{11} & \Xi_{12} & \Xi_{13} & P_{12} & -P_{15} + P_{34}^{\mathrm{T}} + P_{35}^{\mathrm{T}} & P_{13} \\
* & \Xi_{22} & P_{12} & 0 & P_{13} & 0 \\
* & * & \Xi_{33} & P_{22} - Q_{12} & -P_{25} - P_{34}^{\mathrm{T}} & P_{23} \\
* & * & * & -Q_{22} & P_{23} & 0 \\
* & * & * & * & -P_{35} - P_{35}^{\mathrm{T}} - X_{11} & P_{33} - X_{12} \\
* & * & * & * & * & -X_{22}
\end{bmatrix}$$

$$\Xi_{11} = P_{14} + P_{14}^{\mathrm{T}} + P_{15} + P_{15}^{\mathrm{T}} + Q_{11} + X_{11} + \tau Z_{11} + \dfrac{\tau}{2}W_{11}$$

$$\Xi_{12} = P_{11} + Q_{12} + X_{12} + \tau Z_{12} + \dfrac{\tau}{2}W_{12}$$

$$\Xi_{13} = -P_{14} + P_{24}^{\mathrm{T}} + P_{25}^{\mathrm{T}}$$

$$\Xi_{22} = Q_{22} + X_{22} + \tau Z_{22} + \dfrac{\tau}{2}W_{22} + \dfrac{\tau^2}{2}R_1 + \dfrac{\tau^2}{8}R_2$$

$$\Xi_{33} = -P_{24} - P_{24}^{\mathrm{T}} - Q_{11}$$

$$A_c = [A \quad -I \quad A_1 \quad C_1 \quad 0 \quad 0]$$

$$E_1 = [I \quad 0 \quad -I \quad 0 \quad 0 \quad 0]$$

$$E_2 = [I \quad 0 \quad 0 \quad 0 \quad -I \quad 0]$$

$$E_3 = [I_1 \quad 0 \quad I_2 \quad 0 \quad I_3 \quad 0]$$

$$E_4 = [I \quad 0 \quad 0 \quad 0 \quad 0 \quad 0]$$

$$\Gamma_1^{\mathrm{T}} = \begin{bmatrix} \tau P_{44} + \tau P_{45} & \tau P_{14}^{\mathrm{T}} & -\tau P_{44} & \tau P_{24}^{\mathrm{T}} & -\tau P_{45} & \tau P_{34}^{\mathrm{T}} \end{bmatrix}$$

$$\Gamma_2^{\mathrm{T}} = \begin{bmatrix} \dfrac{\tau}{2}P_{55} + \dfrac{\tau}{2}P_{45}^{\mathrm{T}} & \dfrac{\tau}{2}P_{15}^{\mathrm{T}} & -\dfrac{\tau}{2}P_{45}^{\mathrm{T}} & \dfrac{\tau}{2}P_{25}^{\mathrm{T}} & -\dfrac{\tau}{2}P_{55} & \dfrac{\tau}{2}P_{35}^{\mathrm{T}} \end{bmatrix}$$

则系统 (3.1) 渐近稳定。

证明　构造如下的 Lyapunov 泛函：

$$V(x_t) = \hat{\zeta}^{\mathrm{T}}(t)P\hat{\zeta}(t) + \int_{t-\tau}^{t}\hat{\omega}^{\mathrm{T}}(s)Q\hat{\omega}(s)\mathrm{d}s$$

$$+ \int_{t-\frac{\tau}{2}}^{t}\hat{\omega}^{\mathrm{T}}(s)X\hat{\omega}(s)\mathrm{d}s$$

$$+ \int_{-\tau}^{0}\int_{t+\theta}^{t}\hat{\omega}^{\mathrm{T}}(s)Z\hat{\omega}(s)\mathrm{d}s\mathrm{d}\theta$$

$$+ \int_{-\frac{\tau}{2}}^{0}\int_{t+\theta}^{t}\hat{\omega}^{\mathrm{T}}(s)W\hat{\omega}(s)\mathrm{d}s\mathrm{d}\theta$$

$$+ \int_{-\tau}^{0}\int_{\theta}^{0}\int_{t+\lambda}^{t}\dot{\theta}^{\mathrm{T}}(s)R_1\dot{\theta}(s)\mathrm{d}s\mathrm{d}\lambda\mathrm{d}\theta$$

$$+ \int_{-\frac{\tau}{2}}^{0}\int_{\theta}^{0}\int_{t+\lambda}^{t}\dot{\theta}^{\mathrm{T}}(s)R_2\dot{\theta}(s)\mathrm{d}s\mathrm{d}\lambda\mathrm{d}\theta \quad (3.22)$$

其中

$$\hat{\zeta}(t) = \begin{bmatrix} \theta(t) \\ \theta(t-\tau) \\ \theta(t-\frac{\tau}{2}) \\ \int_{t-\tau}^{t}\theta(s)\mathrm{d}s \\ \int_{t-\frac{\tau}{2}}^{t}\theta(s)\mathrm{d}s \end{bmatrix}, \quad \hat{\omega}(t) = \begin{bmatrix} \theta(s) \\ \dot{\theta}(s) \end{bmatrix}$$

显见下列等式成立：

$$2\hat{\xi}^{\mathrm{T}}(t)Y\left[\theta(t) - \theta(t-\tau) - \int_{t-\tau}^{t}\dot{\theta}(s)\mathrm{d}s\right] = 0$$

$$2\hat{\xi}^{\mathrm{T}}(t)N\left[\tau\theta(t) - \int_{t-\tau}^{t}\theta(s)\mathrm{d}s - \int_{-\tau}^{0}\int_{t+\theta}^{t}\dot{\theta}(s)\mathrm{d}s\mathrm{d}\theta\right] = 0$$

$$2\hat{\xi}^{\mathrm{T}}(t)F\left[\theta(t) - \theta(t-\frac{\tau}{2}) - \int_{t-\frac{\tau}{2}}^{t}\dot{\theta}(s)\mathrm{d}s\right] = 0$$

$$2\hat{\xi}^{\mathrm{T}}(t)H\left[\frac{\tau}{2}\theta(t) - \int_{t-\frac{\tau}{2}}^{t}\theta(s)\mathrm{d}s - \int_{-\frac{\tau}{2}}^{0}\int_{t+\theta}^{t}\dot{\theta}(s)\mathrm{d}s\mathrm{d}\theta\right] = 0$$

$$2\hat{\xi}^{\mathrm{T}}(t)M\left[-\dot{\theta}(t) + \hat{A}\theta(t) + \hat{A}_1\theta(t-\tau) + \hat{C}_1\dot{\theta}(t-\tau)\right] = 0$$

其中

$$\hat{\xi}(t) = \begin{bmatrix} \theta^{\mathrm{T}}(t) \\ \dot{\theta}(t) \\ \theta(t-\tau) \\ \dot{\theta}(t-\tau) \\ \theta(t-\frac{\tau}{2}) \\ \dot{\theta}(t-\frac{\tau}{2}) \end{bmatrix}, \quad M = \begin{bmatrix} M_1 \\ M_2 \\ \vdots \\ M_6 \end{bmatrix}, \quad N = \begin{bmatrix} N_1 \\ N_2 \\ \vdots \\ N_6 \end{bmatrix}$$

$$Y = \begin{bmatrix} Y_1 \\ Y_2 \\ \vdots \\ Y_6 \end{bmatrix}, \quad F = \begin{bmatrix} F_1 \\ F_2 \\ \vdots \\ F_6 \end{bmatrix}, \quad H = \begin{bmatrix} H_1 \\ H_2 \\ \vdots \\ H_6 \end{bmatrix}$$

由式 (3.20) 可知，下面的等式成立：

$$2\hat{\xi}^{\mathrm{T}}(t)J\left[I_1\theta(t) + I_2\theta(t-\tau) + I_3\theta\left(t-\frac{\tau}{2}\right)\right] = 0$$

其中，$J^{\mathrm{T}} = \begin{bmatrix} J_1^{\mathrm{T}} & J_2^{\mathrm{T}} & J_3^{\mathrm{T}} & J_4^{\mathrm{T}} & J_5^{\mathrm{T}} & J_6^{\mathrm{T}} \end{bmatrix}$。余下的证明过程与定理 3.1 类似，从略。□

注 3.4　时滞分割方法首先由文献 [54] 提出，并在时滞系统的稳定性分析中得到了广泛应用。由于本节所采用的 Lyapunov 泛函包含了三重积分项，故本节得到的稳定性判据的保守性要小于文献 [54]。

注 3.5　定理 3.4 只将时滞分成了两段，可以将之扩展到时滞分成 $r \geqslant 3$ 段的情形。也就是引入状态 $x\left(t+\frac{1}{r}\tau\right)$, $x\left(t+\frac{2}{r}\tau\right)$, $\cdots$, $x\left(t+\frac{r-1}{r}\tau\right)$ 并定义新的增广向量

$$\theta(t) = \begin{bmatrix} x\left(t+\frac{r-1}{r}\tau\right) \\ \vdots \\ x\left(t+\frac{1}{r}\tau\right) \\ x(t) \end{bmatrix}$$

可以获得一个类似于式 (3.20) 的等式。按照定理 3.4 的方法便可以得到更一般形式的稳定性定理。该稳定性条件的保守性随着分割数 r 的增大而减小。由于篇幅限制，更一般形式的稳定性定理从略，请有兴趣的读者自行推导。

类似地，对于系统 (3.1) 综合投影定理与时滞分割方法可以获得如下不含任何自由权矩阵的稳定性判据。

定理 3.5　对于给定标量 $\tau > 0$，如果存在适维矩阵

$$P = \begin{bmatrix} P_{11} & P_{12} & P_{13} & P_{14} & P_{15} \\ * & P_{22} & P_{23} & P_{24} & P_{25} \\ * & * & P_{33} & P_{34} & P_{35} \\ * & * & * & P_{44} & P_{45} \\ * & * & * & * & P_{55} \end{bmatrix} > 0, \quad Q = \begin{bmatrix} Q_{11} & Q_{12} \\ * & Q_{22} \end{bmatrix} > 0$$

$$Z = \begin{bmatrix} Z_{11} & Z_{12} \\ * & Z_{22} \end{bmatrix} > 0, \quad X = \begin{bmatrix} X_{11} & X_{12} \\ * & X_{22} \end{bmatrix} > 0, \quad W = \begin{bmatrix} W_{11} & W_{12} \\ * & W_{22} \end{bmatrix} > 0$$

$R_1 > 0$, $R_2 > 0$，使线性矩阵不等式 (3.23) 成立：

$$\begin{bmatrix} \varXi_{11} & \varXi_{12} & \varXi_{13} & \varXi_{14} & \varXi_{15} & \varXi_{16} & \hat{A}^{\mathrm{T}}S \\ * & \varXi_{22} & \varXi_{23} & \varXi_{24} & \varXi_{25} & \varXi_{26} & \hat{A}_1^{\mathrm{T}}S \\ * & * & -Q_{22} & 0 & \varXi_{35} & \varXi_{36} & \hat{C}_1^{\mathrm{T}}S \\ * & * & * & -X_{22} & \tau P_{34} & \dfrac{\tau}{2}P_{35} & 0 \\ * & * & * & * & \varXi_{55} & 0 & 0 \\ * & * & * & * & * & \varXi_{66} & 0 \\ * & * & * & * & * & * & -S \end{bmatrix} < 0 \tag{3.23}$$

其中

$$U = P_{11} + Q_{12} + X_{12} + \tau Z_{12} + \frac{\tau}{2}W_{12}$$

$$S = Q_{22} + X_{22} + \tau Z_{22} + \frac{\tau}{2}W_{22} + \frac{\tau^2}{2}R_1 + \frac{\tau^2}{8}R_2$$

$$I_a = \begin{bmatrix} 0 & I \\ 0 & 0 \end{bmatrix}, \quad I_b = \begin{bmatrix} 0 & 0 \\ I & 0 \end{bmatrix}, \quad I_c = \begin{bmatrix} I & -I \\ 0 & I \end{bmatrix}$$

$$\varXi_{11} = P_{14} + P_{14}^{\mathrm{T}} + P_{15} + P_{15}^{\mathrm{T}} + Q_{11} + X_{11} + \tau Z_{11} + \frac{\tau}{2}W_{11}$$

$$+ \hat{A}^{\mathrm{T}}U^{\mathrm{T}} + U\hat{A} - \frac{Z_{22}}{\tau} - 2R_1 - 2R_2 - \frac{2}{\tau}I_c^{\mathrm{T}}W_{22}I_c$$

$$+ (P_{34}^{\mathrm{T}} + P_{35}^{\mathrm{T}} - P_{15})I_a + I_a^{\mathrm{T}}(P_{34} + P_{35} - P_{15}^{\mathrm{T}})$$

$$+ I_a^{\mathrm{T}}P_{13}^{\mathrm{T}}\hat{A} + \hat{A}^{\mathrm{T}}P_{13}I_a - I_a^{\mathrm{T}}(P_{35} + P_{35}^{\mathrm{T}} + X_{11})I_a$$

$$\varXi_{12} = U\hat{A}_1 - P_{14} + P_{24}^{\mathrm{T}} + P_{25}^{\mathrm{T}} + \hat{A}^{\mathrm{T}}P_{12} + I_a^{\mathrm{T}}P_{13}^{\mathrm{T}}\hat{A}_1$$

$$- I_a^{\mathrm{T}}P_{34} - I_a^{\mathrm{T}}P_{25}^{\mathrm{T}} + \frac{Z_{22}}{\tau} + (P_{34}^{\mathrm{T}} + P_{35}^{\mathrm{T}} - P_{15})I_b$$

$$+ \hat{A}^{\mathrm{T}}P_{13}I_b - I_a^{\mathrm{T}}(P_{35} + P_{35}^{\mathrm{T}} + X_{11})I_b + \frac{2}{\tau}I_c^{\mathrm{T}}W_{22}I_b$$

$$\Xi_{13} = U\hat{C}_1 + I_a^{\mathrm{T}} P_{13}^{\mathrm{T}} \hat{C}_1 + P_{12} + I_a^{\mathrm{T}} P_{23}$$

$$\Xi_{14} = P_{13} + I_a^{\mathrm{T}} P_{33} - I_a^{\mathrm{T}} X_{12}$$

$$\Xi_{15} = \tau P_{44} + \tau P_{45}^{\mathrm{T}} - Z_{12}^{\mathrm{T}} + \tau \hat{A}^{\mathrm{T}} P_{14} - \tau I_a^{\mathrm{T}} P_{45}^{\mathrm{T}} + 2R_1$$

$$\Xi_{16} = \frac{\tau}{2} P_{45} + \frac{\tau}{2} P_{55} + \frac{\tau}{2} \hat{A}^{\mathrm{T}} P_{15} - \frac{\tau}{2} I_a^{\mathrm{T}} P_{55} - I_c^{\mathrm{T}} W_{12}^{\mathrm{T}} + 2R_2$$

$$\Xi_{22} = \hat{A}_1^{\mathrm{T}} P_{12} + P_{12}^{\mathrm{T}} \hat{A}_1 - Q_{11} - P_{24} - P_{24}^{\mathrm{T}} - \frac{Z_{22}}{\tau} - P_{34}^{\mathrm{T}} I_b$$

$$\qquad - I_b^{\mathrm{T}} P_{34} - P_{25} I_b - I_b^{\mathrm{T}} P_{25}^{\mathrm{T}} + \hat{A}_1^{\mathrm{T}} P_{13} I_b + I_b^{\mathrm{T}} P_{13}^{\mathrm{T}} \hat{A}_1$$

$$\qquad - I_b^{\mathrm{T}} (P_{35} + P_{35} + X_{11}) I_b - \frac{2}{\tau} I_b^{\mathrm{T}} W_{22} I_b$$

$$\Xi_{23} = P_{12}^{\mathrm{T}} \hat{C}_1 + P_{22} - Q_{12} + I_b^{\mathrm{T}} P_{13}^{\mathrm{T}} \hat{C}_1 + I_b^{\mathrm{T}} P_{23}^{\mathrm{T}}$$

$$\Xi_{24} = P_{23} + I_b^{\mathrm{T}} P_{33} - I_b^{\mathrm{T}} X_{12}$$

$$\Xi_{25} = -\tau P_{44} + \tau \hat{A}_1^{\mathrm{T}} P_{14} - \tau I_b^{\mathrm{T}} P_{45}^{\mathrm{T}} + Z_{12}^{\mathrm{T}}$$

$$\Xi_{26} = -\frac{\tau}{2} P_{45} + \frac{\tau}{2} \hat{A}_1^{\mathrm{T}} P_{15} - \frac{\tau}{2} I_b^{\mathrm{T}} P_{55} + I_b^{\mathrm{T}} W_{12}^{\mathrm{T}}$$

$$\Xi_{35} = \tau \hat{C}_1^{\mathrm{T}} P_{14} + \tau P_{24}$$

$$\Xi_{36} = \frac{\tau}{2} \hat{C}_1^{\mathrm{T}} P_{15} + \frac{\tau}{2} P_{25}$$

$$\Xi_{55} = -\tau Z_{11} - 2R_1$$

$$\Xi_{66} = -\frac{\tau}{2} W_{11} - 2R_2$$

则系统 (3.1) 渐近稳定。

证明　在定理 3.4 的基础上应用投影定理, 便可得证。　　　　　　　　□

3.7　鲁棒稳定性

本节将把前面所得到的稳定性判据推广到不确定系统。具体来讲, 本节将考虑两类不确定性: 一类是范数有界不确定性, 另一类是凸多面体不确定性。

首先考虑如下范数有界不确定性系统:

$$\begin{cases} \dot{x}(t) - C\dot{x}(t-\tau) = A(t)x(t) + A_1(t)x(t-\tau), & t > 0 \\ x(t) = \phi(t), & t \in [-\tau,\, 0] \end{cases} \tag{3.24}$$

其中, $A(t)$ 与 $A_1(t)$ 为不确定系统矩阵, 并且可以表示为

$$A(t) = A + \Delta A(t)$$

$$A_1(t) = A_1 + \Delta A_1(t)$$

范数有界不确定性描述如下：

$$[\Delta A(t) \quad \Delta A_1(t)] = DF(t)[E_0 \quad E_1] \tag{3.25}$$

其中，D、E_0、E_1 是已知恒定适维矩阵，$F(t)$ 是未知时变矩阵且满足

$$F^{\mathrm{T}}(t)F(t) \leqslant I, \quad \forall t$$

下面的定理给出了系统 (3.24) 鲁棒渐近稳定的充分性条件。

定理 3.6　对于给定标量 $\tau > 0$，如果存在标量 $\varepsilon > 0$ 及适维矩阵

$$P = \begin{bmatrix} P_{11} & P_{12} & P_{13} \\ * & P_{22} & P_{23} \\ * & * & P_{33} \end{bmatrix} > 0, \quad Q = \begin{bmatrix} Q_{11} & Q_{12} \\ * & Q_{22} \end{bmatrix} > 0, \quad Z = \begin{bmatrix} Z_{11} & Z_{12} \\ * & Z_{22} \end{bmatrix} > 0$$

$R > 0$ 和适维的任意矩阵 Y_i、N_i、$M_i(i = 1, \cdots, 4)$，使线性矩阵不等式 (3.26) 成立：

$$\tilde{\Omega} = \begin{bmatrix} \tilde{\Omega}_{11} & \tilde{\Omega}_{12} \\ \tilde{\Omega}_{12}^{\mathrm{T}} & \tilde{\Omega}_{22} \end{bmatrix} < 0 \tag{3.26}$$

其中

$$\tilde{\Omega}_{11} = \Omega \quad (\text{参见式 (3.2)})$$

$$\tilde{\Omega}_{12} = \begin{bmatrix} D^{\mathrm{T}}M_1^{\mathrm{T}} & D^{\mathrm{T}}M_2^{\mathrm{T}} & D^{\mathrm{T}}M_3^{\mathrm{T}} & D^{\mathrm{T}}M_4^{\mathrm{T}} & 0 & 0 & 0 \\ \varepsilon E_0 & 0 & \varepsilon E_1 & 0 & 0 & 0 & 0 \end{bmatrix}^{\mathrm{T}}$$

$$\tilde{\Omega}_{22} = \begin{bmatrix} -\varepsilon I & 0 \\ 0 & -\varepsilon I \end{bmatrix}$$

则系统 (3.24) 鲁棒渐近稳定。

证明　将 $A(t) = A + \Delta A(t)$ 及 $A_1(t) = A_1 + \Delta A_1(t)$ 代入式 (3.2) 可得

$$\Omega + 2\begin{bmatrix} M_1 \\ M_2 \\ M_3 \\ M_4 \\ 0 \\ 0 \\ 0 \end{bmatrix} DF(t)\begin{bmatrix} E_0 & 0 & E_1 & 0 & 0 & 0 & 0 \end{bmatrix} < 0 \tag{3.27}$$

由引理 2.2 可得式 (3.27) 等价于

$$
\Omega + \varepsilon^{-1}
\begin{bmatrix} M_1 \\ M_2 \\ M_3 \\ M_4 \\ 0 \\ 0 \\ 0 \end{bmatrix}
DD^{\mathrm{T}}
\begin{bmatrix} M_1^{\mathrm{T}} & M_2^{\mathrm{T}} & M_3^{\mathrm{T}} & M_4^{\mathrm{T}} & 0 & 0 & 0 \end{bmatrix}
$$

$$
+ \varepsilon
\begin{bmatrix} E_0^{\mathrm{T}} \\ 0 \\ E_1^{\mathrm{T}} \\ 0 \\ 0 \\ 0 \\ 0 \end{bmatrix}
\begin{bmatrix} E_0 & 0 & E_1 & 0 & 0 & 0 & 0 \end{bmatrix} < 0 \tag{3.28}
$$

由 Schur 补引理可得式 (3.28) 与式 (3.26) 等价。　　　　　　　　　　□

在定理 3.2 的基础上，还可得到如下关于系统 (3.24) 鲁棒渐近稳定的定理。

定理 3.7　对于给定标量 $\tau > 0$，如果存在标量 $\varepsilon > 0$ 及适维矩阵

$$
P = \begin{bmatrix} P_{11} & P_{12} & P_{13} \\ * & P_{22} & P_{23} \\ * & * & P_{33} \end{bmatrix} > 0, \quad
Q = \begin{bmatrix} Q_{11} & Q_{12} \\ * & Q_{22} \end{bmatrix} > 0, \quad
Z = \begin{bmatrix} Z_{11} & Z_{12} \\ * & Z_{22} \end{bmatrix} > 0
$$

$R > 0$，使线性矩阵不等式 (3.29) 成立：

$$
\begin{bmatrix}
\Omega_{11} & \Omega_{12} & \Omega_{13} & \Omega_{14} & A^{\mathrm{T}}S & UD \\
* & \Omega_{22} & \Omega_{23} & \Omega_{24} & A_1^{\mathrm{T}}S & P_{12}^{\mathrm{T}}D \\
* & * & \Omega_{33} & \Omega_{34} & C^{\mathrm{T}}S & 0 \\
* & * & * & \Omega_{44} & 0 & P_{13}^{\mathrm{T}}D \\
* & * & * & * & -S & SD \\
* & * & * & * & * & -\varepsilon I
\end{bmatrix} < 0 \tag{3.29}
$$

其中

$$
\Omega_{11} = P_{13} + P_{13}^{\mathrm{T}} + Q_{11} + \tau Z_{11} + P_{11}A + A^{\mathrm{T}}P_{11} + Q_{12}A + A^{\mathrm{T}}Q_{12}^{\mathrm{T}}
$$
$$
+ \tau Z_{12}A + \tau A^{\mathrm{T}}Z_{12}^{\mathrm{T}} - \frac{1}{\tau}Z_{22} - 2R + \varepsilon E_0^{\mathrm{T}}E_0
$$

$$\Omega_{12} = -P_{13} + P_{23}^{\mathrm{T}} + P_{11}A_1 + A^{\mathrm{T}}P_{12} + Q_{12}A_1 + \tau Z_{12}A_1 + \frac{1}{\tau}Z_{22} + \varepsilon E_0^{\mathrm{T}}E_1$$

$$\Omega_{13} = P_{12} + P_{11}C + Q_{12}C + \tau Z_{12}C$$

$$\Omega_{14} = P_{33} + A^{\mathrm{T}}P_{13} - \frac{1}{\tau}Z_{12}^{\mathrm{T}} + \frac{2}{\tau}R$$

$$\Omega_{22} = -P_{23} - P_{23}^{\mathrm{T}} - Q_{11} + P_{12}^{\mathrm{T}}A_1 + A_1^{\mathrm{T}}P_{12} - \frac{1}{\tau}Z_{22} + \varepsilon E_1^{\mathrm{T}}E_1$$

$$\Omega_{23} = P_{22} - Q_{12} + P_{12}^{\mathrm{T}}C$$

$$\Omega_{24} = -P_{33} + A_1^{\mathrm{T}}P_{13} + \frac{1}{\tau}Z_{12}^{\mathrm{T}}$$

$$\Omega_{33} = -Q_{22}$$

$$\Omega_{34} = P_{23} + C^{\mathrm{T}}P_{13}$$

$$\Omega_{44} = -\frac{1}{\tau}Z_{11} - \frac{2}{\tau^2}R$$

$$S = Q_{22} + \tau Z_{22} + \frac{1}{2}\tau^2 R$$

$$U = P_{11} + Q_{12} + \tau Z_{12}$$

则系统 (3.24) 鲁棒渐近稳定。

同样, 定理 3.4 与定理 3.5 均可推广到范数有界不确定系统, 为此有如下稳定性定理。

定理 3.8　对于给定标量 $\tau > 0$, 如果存在标量 $\varepsilon > 0$ 及适维矩阵

$$P = \begin{bmatrix} P_{11} & P_{12} & P_{13} & P_{14} & P_{15} \\ * & P_{22} & P_{23} & P_{24} & P_{25} \\ * & * & P_{33} & P_{34} & P_{35} \\ * & * & * & P_{44} & P_{45} \\ * & * & * & * & P_{55} \end{bmatrix} > 0, \quad Q = \begin{bmatrix} Q_{11} & Q_{12} \\ * & Q_{22} \end{bmatrix} > 0$$

$$Z = \begin{bmatrix} Z_{11} & Z_{12} \\ * & Z_{22} \end{bmatrix} > 0, \quad X = \begin{bmatrix} X_{11} & X_{12} \\ * & X_{22} \end{bmatrix} > 0, \quad W = \begin{bmatrix} W_{11} & W_{12} \\ * & W_{22} \end{bmatrix} > 0$$

$R_1 > 0$, $R_2 > 0$, Y_i、N_i、F_i、H_i、J_i、M_i $(i = 1, \cdots, 6)$, 使矩阵不等式 (3.30) 成立:

$$\tilde{\Phi} = \begin{bmatrix} \tilde{\Phi}_{11} & \tilde{\Phi}_{12} \\ \tilde{\Phi}_{12}^{\mathrm{T}} & \tilde{\Phi}_{22} \end{bmatrix} < 0 \tag{3.30}$$

其中

$$\tilde{\Phi}_{11} = \Phi \quad (\text{参见式 (3.21)})$$

$$\tilde{\Phi}_{12} = \begin{bmatrix} \tilde{D}^{\mathrm{T}} M_1^{\mathrm{T}} & \tilde{D}^{\mathrm{T}} M_2^{\mathrm{T}} & \tilde{D}^{\mathrm{T}} M_3^{\mathrm{T}} & \tilde{D}^{\mathrm{T}} M_4^{\mathrm{T}} & \tilde{D}^{\mathrm{T}} M_5^{\mathrm{T}} & \tilde{D}^{\mathrm{T}} M_6^{\mathrm{T}} \\ \varepsilon \tilde{E}_0 & 0 & \varepsilon \tilde{E}_1 & 0 & 0 & 0 \end{bmatrix}$$

$$\begin{bmatrix} 0 & 0 & 0 & 0 & 0 & 0 \\ 0 & 0 & 0 & 0 & 0 & 0 \end{bmatrix}^{\mathrm{T}}$$

$$\tilde{\Phi}_{22} = \begin{bmatrix} -\varepsilon I & 0 \\ 0 & -\varepsilon I \end{bmatrix}$$

$$\tilde{D} = \begin{bmatrix} D & 0 \\ 0 & D \end{bmatrix}, \quad \tilde{E}_0 = \begin{bmatrix} E_0 & 0 \\ 0 & E_0 \end{bmatrix}, \quad \tilde{E}_1 = \begin{bmatrix} E_1 & 0 \\ 0 & E_1 \end{bmatrix}$$

则系统 (3.24) 鲁棒渐近稳定。

定理 3.9   对于给定标量 $\tau > 0$，如果存在适维矩阵

$$P = \begin{bmatrix} P_{11} & P_{12} & P_{13} & P_{14} & P_{15} \\ * & P_{22} & P_{23} & P_{24} & P_{25} \\ * & * & P_{33} & P_{34} & P_{35} \\ * & * & * & P_{44} & P_{45} \\ * & * & * & * & P_{55} \end{bmatrix} > 0, \quad Q = \begin{bmatrix} Q_{11} & Q_{12} \\ * & Q_{22} \end{bmatrix} > 0$$

$$Z = \begin{bmatrix} Z_{11} & Z_{12} \\ * & Z_{22} \end{bmatrix} > 0, \quad X = \begin{bmatrix} X_{11} & X_{12} \\ * & X_{22} \end{bmatrix} > 0, \quad W = \begin{bmatrix} W_{11} & W_{12} \\ * & W_{22} \end{bmatrix} > 0$$

$R_1 > 0$, $R_2 > 0$，使线性矩阵不等式 (3.31) 成立：

$$\begin{bmatrix} \tilde{\Xi}_{11} & \tilde{\Xi}_{12} & \Xi_{13} & \Xi_{14} & \Xi_{15} & \Xi_{16} & \hat{A}^{\mathrm{T}} S & U \tilde{D} \\ * & \tilde{\Xi}_{22} & \Xi_{23} & \Xi_{24} & \Xi_{25} & \Xi_{26} & \hat{A}_1^{\mathrm{T}} S & P_{12}^{\mathrm{T}} \tilde{D} \\ * & * & -Q_{22} & 0 & \Xi_{35} & \Xi_{36} & \hat{C}_1^{\mathrm{T}} S & 0 \\ * & * & * & -X_{22} & \tau P_{34} & \frac{\tau}{2} P_{35} & 0 & 0 \\ * & * & * & * & \Xi_{55} & 0 & 0 & \tau P_{14}^{\mathrm{T}} \tilde{D} \\ * & * & * & * & * & \Xi_{66} & 0 & \frac{\tau}{2} P_{15}^{\mathrm{T}} \tilde{D} \\ * & * & * & * & * & * & -S & S \tilde{D} \\ * & * & * & * & * & * & * & -\varepsilon I \end{bmatrix} < 0 \qquad (3.31)$$

其中

$$
\begin{aligned}
\tilde{\Xi}_{11} =\ & P_{14} + P_{14}^{\mathrm{T}} + P_{15} + P_{15}^{\mathrm{T}} + Q_{11} + X_{11} + \tau Z_{11} + \frac{\tau}{2}W_{11} \\
& + \hat{A}^{\mathrm{T}}U^{\mathrm{T}} + U\hat{A} - \frac{Z_{22}}{\tau} - 2R_1 - 2R_2 - \frac{2}{\tau}I_c^{\mathrm{T}}W_{22}I_c \\
& + (P_{34}^{\mathrm{T}} + P_{35}^{\mathrm{T}} - P_{15})I_a + I_a^{\mathrm{T}}(P_{34} + P_{35} - P_{15}^{\mathrm{T}}) \\
& + I_a^{\mathrm{T}}P_{13}^{\mathrm{T}}\hat{A} + \hat{A}^{\mathrm{T}}P_{13}I_a - I_a^{\mathrm{T}}(P_{35} + P_{35}^{\mathrm{T}} + X_{11})I_a + \varepsilon\tilde{E}_0^{\mathrm{T}}\tilde{E}_0 \\
\tilde{\Xi}_{12} =\ & U\hat{A}_1 - P_{14} + P_{24}^{\mathrm{T}} + P_{25}^{\mathrm{T}} + \hat{A}^{\mathrm{T}}P_{12} + I_a^{\mathrm{T}}P_{13}^{\mathrm{T}}\hat{A}_1 - I_a^{\mathrm{T}}P_{34} \\
& - I_a^{\mathrm{T}}P_{25}^{\mathrm{T}} + \frac{Z_{22}}{\tau} + (P_{34}^{\mathrm{T}} + P_{35}^{\mathrm{T}} - P_{15})I_b + \hat{A}^{\mathrm{T}}P_{13}I_b \\
& - I_a^{\mathrm{T}}(P_{35} + P_{35}^{\mathrm{T}} + X_{11})I_b + \frac{2}{\tau}I_c^{\mathrm{T}}W_{22}I_b + \varepsilon\tilde{E}_0^{\mathrm{T}}\tilde{E}_1 \\
\tilde{\Xi}_{22} =\ & \hat{A}_1^{\mathrm{T}}P_{12} + P_{12}^{\mathrm{T}}\hat{A}_1 - Q_{11} - P_{24} - P_{24}^{\mathrm{T}} - \frac{Z_{22}}{\tau} - P_{34}^{\mathrm{T}}I_b \\
& - I_b^{\mathrm{T}}P_{34} - P_{25}I_b - I_b^{\mathrm{T}}P_{25}^{\mathrm{T}} + \hat{A}_1^{\mathrm{T}}P_{13}I_b + I_b^{\mathrm{T}}P_{13}^{\mathrm{T}}\hat{A}_1 \\
& - I_b^{\mathrm{T}}(P_{35} + P_{35} + X_{11})I_b - \frac{2}{\tau}I_b^{\mathrm{T}}W_{22}I_b + \varepsilon\tilde{E}_1^{\mathrm{T}}\tilde{E}_1
\end{aligned}
$$

$$
\tilde{D} = \begin{bmatrix} D & 0 \\ 0 & D \end{bmatrix}, \quad \tilde{E}_0 = \begin{bmatrix} E_0 & 0 \\ 0 & E_0 \end{bmatrix}, \quad \tilde{E}_1 = \begin{bmatrix} E_1 & 0 \\ 0 & E_1 \end{bmatrix}
$$

其他符号与定理 3.5 中的定义一致, 则系统 (3.24) 鲁棒渐近稳定。

　　下面考虑凸多面体不确定性系统的鲁棒渐近稳定问题。假设系统矩阵 A 与 A_1 位于下面的凸多面体中:

$$
\begin{aligned}
& [A \quad A_1] \in \Omega \\
\Omega := \Bigg\{ & [A \quad A_1] = \sum_{j=1}^{q} f_j \begin{bmatrix} A^j & A_1^j \end{bmatrix}, \ \sum_{j=1}^{q} f_j = 1, \ 0 \leqslant f_j \leqslant 1 \Bigg\}
\end{aligned} \tag{3.32}
$$

定理 3.2 和定理 3.5 均包含系统参数矩阵与 Lyapunov 矩阵的乘积项, 因此不适合处理具有凸多面体不确定性的系统。然而定理 3.1 和定理 3.4 不包含系统矩阵与 Lyapunov 矩阵的乘积项, 十分适合处理具有凸多面体不确定性的系统。为此, 将定理 3.1 与定理 3.4 推广而得到如下定理。

　　定理 3.10　对于给定标量 $\tau > 0$, 如果存在适维矩阵

$$
P^j = \begin{bmatrix} P_{11}^j & P_{12}^j & P_{13}^j \\ * & P_{22}^j & P_{23}^j \\ * & * & P_{33}^j \end{bmatrix} > 0, \quad Q^j = \begin{bmatrix} Q_{11}^j & Q_{12}^j \\ * & Q_{22}^j \end{bmatrix} > 0, \quad Z^j = \begin{bmatrix} Z_{11}^j & Z_{12}^j \\ * & Z_{22}^j \end{bmatrix} > 0
$$

$R^j > 0$, Y_i^j、N_i^j、M_i $(i = 1, \cdots, 4)$, 使线性矩阵不等式 (3.33) 对于所有的 $j = 1$, $2, \cdots, q$ 成立:

$$
\Omega^{(j)} = \begin{bmatrix}
\Omega_{11}^{(j)} & \Omega_{12}^{(j)} & \Omega_{13}^{(j)} & \Omega_{14}^{(j)} & \Omega_{15}^{(j)} & -\tau Y_1^j & \frac{1}{2}\tau^2 N_1^j \\
* & \Omega_{22}^{(j)} & \Omega_{23}^{(j)} & \Omega_{24}^{(j)} & \Omega_{25}^{(j)} & -\tau Y_2^j & \frac{1}{2}\tau^2 N_2^j \\
* & * & \Omega_{33}^{(j)} & \Omega_{34}^{(j)} & \Omega_{35}^{(j)} & -\tau Y_3^j & \frac{1}{2}\tau^2 N_3^j \\
* & * & * & \Omega_{44}^{(j)} & \Omega_{45}^{(j)} & -\tau Y_4^j & \frac{1}{2}\tau^2 N_4^j \\
* & * & * & * & -\tau Z_{11}^j & -\tau Z_{12}^j & 0 \\
* & * & * & * & * & -\tau Z_{22}^j & 0 \\
* & * & * & * & * & * & -\frac{1}{2}\tau^2 R^j
\end{bmatrix} < 0 \qquad (3.33)
$$

其中

$$
\begin{aligned}
\Omega_{11}^{(j)} &= P_{13}^j + P_{13}^{j\mathrm{T}} + Q_{11}^j + \tau Z_{11}^j + M_1 A^j + A^{j\mathrm{T}} M_1^{\mathrm{T}} \\
&\quad + \tau N_1^j + \tau N_1^{j\mathrm{T}} + Y_1^j + Y_1^{j\mathrm{T}} \\
\Omega_{12}^{(j)} &= P_{11}^j + Q_{12}^j + \tau Z_{12}^j - M_1 + A^{j\mathrm{T}} M_2^{\mathrm{T}} + \tau N_2^{j\mathrm{T}} + Y_2^{j\mathrm{T}} \\
\Omega_{13}^{(j)} &= -P_{13}^j + P_{23}^{j\mathrm{T}} + M_1 A_1^j + A^{j\mathrm{T}} M_3^{\mathrm{T}} + \tau N_3^{j\mathrm{T}} + Y_3^{j\mathrm{T}} - Y_1^j \\
\Omega_{14}^{(j)} &= P_{12}^j + M_1 C^j + A^{j\mathrm{T}} M_4^{\mathrm{T}} + \tau N_4^{j\mathrm{T}} + Y_4^{j\mathrm{T}} \\
\Omega_{15}^{(j)} &= \tau P_{33}^j - \tau N_1^j \\
\Omega_{22}^{(j)} &= Q_{22}^j + \tau Z_{22}^j + \frac{1}{2}\tau^2 R^j - M_2 - M_2^{\mathrm{T}} \\
\Omega_{23}^{(j)} &= P_{12}^j + M_2 A_1^j - M_3^{\mathrm{T}} - Y_2^j \\
\Omega_{24}^{(j)} &= M_2 C^j - M_4^{\mathrm{T}} \\
\Omega_{25}^{(j)} &= \tau P_{13}^j - \tau N_2^j \\
\Omega_{33}^{(j)} &= -P_{23}^j - P_{23}^{j\mathrm{T}} - Q_{11}^j - Y_3^j - Y_3^{j\mathrm{T}} + M_3 A_1^j + A_1^{j\mathrm{T}} M_3^{\mathrm{T}} \\
\Omega_{34}^{(j)} &= P_{22}^j - Q_{12}^j + M_3 C^j + A_1^{j\mathrm{T}} M_4^{\mathrm{T}} - Y_4^{j\mathrm{T}} \\
\Omega_{35}^{(j)} &= -\tau P_{33}^j - \tau N_3^j \\
\Omega_{44}^{(j)} &= -Q_{22}^j + M_4 C^j + C^{j\mathrm{T}} M_4^{\mathrm{T}} \\
\Omega_{45}^{(j)} &= \tau P_{23}^j - \tau N_4^j
\end{aligned}
$$

则具有 (3.32) 不确定性的系统 (3.1) 鲁棒渐近稳定。

证明　构造如下的 Lyapunov 泛函:

$$V(x_t) = \sum_{j=1}^{q} \zeta^{\mathrm{T}}(t) P^j \zeta(t) + \sum_{j=1}^{q} \int_{t-\tau}^{t} \varrho^{\mathrm{T}}(s) Q^j \varrho(s) \mathrm{d}s$$

$$+ \sum_{j=1}^{q} \int_{-\tau}^{0} \int_{t+\theta}^{t} \varrho^{\mathrm{T}}(s) Z^j \varrho(s) \mathrm{d}s \mathrm{d}\theta$$

$$+ \sum_{j=1}^{q} \int_{-\tau}^{0} \int_{\theta}^{0} \int_{t+\lambda}^{t} \dot{x}^{\mathrm{T}}(s) R^j \dot{x}(s) \mathrm{d}s \mathrm{d}\lambda \mathrm{d}\theta \tag{3.34}$$

类似于定理 3.1 的处理方式, 可以得到

$$\dot{V}(x_t) \leqslant \sum_{j=1}^{q} \xi^{\mathrm{T}}(t) \left[\Theta^{(j)} + \tau^{-1} \Omega_c^{(j)} Z^{j-1} \Omega_c^{(j)\mathrm{T}} + \frac{1}{2}\tau^2 N^j R^{j-1} N^{j\mathrm{T}} \right] \xi(t) \tag{3.35}$$

如果 $\Omega^{(j)} < 0$, 则 $\dot{V}(x_t) < 0$, 即系统鲁棒渐近稳定。　　　　□

定理 3.11　对于给定标量 $\tau > 0$, 如果存在适维矩阵

$$P^j = \begin{bmatrix} P_{11}^j & P_{12}^j & P_{13}^j & P_{14}^j & P_{15}^j \\ * & P_{22}^j & P_{23}^j & P_{24}^j & P_{25}^j \\ * & * & P_{33}^j & P_{34}^j & P_{35}^j \\ * & * & * & P_{44}^j & P_{45}^j \\ * & * & * & * & P_{55}^j \end{bmatrix} > 0, \quad Q^j = \begin{bmatrix} Q_{11}^j & Q_{12}^j \\ * & Q_{22}^j \end{bmatrix} > 0$$

$$Z = \begin{bmatrix} Z_{11}^j & Z_{12}^j \\ * & Z_{22}^j \end{bmatrix} > 0, \quad X^j = \begin{bmatrix} X_{11}^j & X_{12}^j \\ * & X_{22}^j \end{bmatrix} > 0, \quad W^j = \begin{bmatrix} W_{11}^j & W_{12}^j \\ * & W_{22}^j \end{bmatrix} > 0$$

$R_1^j > 0$, $R_2^j > 0$, Y_i^j、N_i^j、F_i^j、H_i^j、J_i^j、M_i $(i = 1, \cdots, 6)$, 使线性矩阵不等式 (3.36) 对于所有的 $j = 1, 2, \cdots, q$ 成立:

$$\Phi^{(j)} = \begin{bmatrix} \Phi_1^{(j)} & \Phi_2^{(j)} \\ * & \Phi_3^{(j)} \end{bmatrix} < 0 \tag{3.36}$$

其中

$$\Phi_1^{(j)} = \begin{bmatrix} \Phi_{11}^{(j)} & \Phi_{12}^{(j)} & \Phi_{13}^{(j)} & \Phi_{14}^{(j)} & \Phi_{15}^{(j)} & \Phi_{16}^{(j)} \\ * & \Phi_{22}^{(j)} & \Phi_{23}^{(j)} & \Phi_{24}^{(j)} & \Phi_{25}^{(j)} & -M_6^{\mathrm{T}} \\ * & * & \Phi_{33}^{(j)} & \Phi_{34}^{(j)} & \Phi_{35}^{(j)} & \Phi_{36}^{(j)} \\ * & * & * & \Phi_{44}^{(j)} & \Phi_{45}^{(j)} & C_1^{j\mathrm{T}} M_6^{\mathrm{T}} \\ * & * & * & * & \Phi_{55}^{(j)} & \Phi_{56}^{(j)} \\ * & * & * & * & * & -X_{22}^j \end{bmatrix}$$

$$
\Phi_2^{(j)} = \begin{bmatrix}
\Phi_{17}^{(j)} & -\tau Y_1^j & \Phi_{19}^{(j)} & -\dfrac{\tau}{2}F_1^j & \dfrac{\tau^2}{2}N_1^j & \dfrac{\tau^2}{8}H_1^j \\[2ex]
\Phi_{27}^{(j)} & -\tau Y_2^j & \Phi_{29}^{(j)} & -\dfrac{\tau}{2}F_2^j & \dfrac{\tau^2}{2}N_2^j & \dfrac{\tau^2}{8}H_2^j \\[2ex]
\Phi_{37}^{(j)} & -\tau Y_3^j & \Phi_{39}^{(j)} & -\dfrac{\tau}{2}F_3^j & \dfrac{\tau^2}{2}N_3^j & \dfrac{\tau^2}{8}H_3^j \\[2ex]
\Phi_{47}^{(j)} & -\tau Y_4^j & \Phi_{49}^{(j)} & -\dfrac{\tau}{2}F_4^j & \dfrac{\tau^2}{2}N_4^j & \dfrac{\tau^2}{8}H_4^j \\[2ex]
\Phi_{57}^{(j)} & -\tau Y_5^j & \Phi_{59}^{(j)} & -\dfrac{\tau}{2}F_5^j & \dfrac{\tau^2}{2}N_5^j & \dfrac{\tau^2}{8}H_5^j \\[2ex]
\Phi_{67}^{(j)} & -\tau Y_6^j & \Phi_{69}^{(j)} & -\dfrac{\tau}{2}F_6^j & \dfrac{\tau^2}{2}N_6^j & \dfrac{\tau^2}{8}H_6^j
\end{bmatrix}
$$

$$
\Phi_3^{(j)} = \begin{bmatrix}
-\tau Z_{11}^j & -\tau Z_{12}^j & 0 & 0 & 0 & 0 \\[1ex]
* & -\tau Z_{22}^j & 0 & 0 & 0 & 0 \\[1ex]
* & * & -\dfrac{\tau}{2}W_{11}^j & -\dfrac{\tau}{2}W_{12}^j & 0 & 0 \\[1ex]
* & * & * & -\dfrac{\tau}{2}W_{22}^j & 0 & 0 \\[1ex]
* & * & * & * & -\dfrac{\tau^2}{2}R_1^j & 0 \\[1ex]
* & * & * & * & * & -\dfrac{\tau^2}{8}R_2^j
\end{bmatrix}
$$

且

$$
\begin{aligned}
\Phi_{11}^{(j)} =\; & P_{14}^j + P_{14}^{j\mathrm{T}} + P_{15}^j + P_{15}^{j\mathrm{T}} + Q_{11}^j + X_{11}^j + \tau Z_{11}^j + \frac{\tau}{2}W_{11}^j \\
& + Y_1^j + Y_1^{j\mathrm{T}} + F_1^j + F_1^{j\mathrm{T}} + \tau N_1^j + \tau N_1^{j\mathrm{T}} + \frac{\tau}{2}H_1^j \\
& + \frac{\tau}{2}H_1^{j\mathrm{T}} + J_1^j I_1 + I_1^{\mathrm{T}} J_1^{j\mathrm{T}} + M_1 \hat{A}^j + \hat{A}^{j\mathrm{T}} M_1^{\mathrm{T}}
\end{aligned}
$$

$$
\begin{aligned}
\Phi_{12}^{(j)} =\; & P_{11}^j + Q_{12}^j + X_{12}^j + \tau Z_{12}^j + \frac{\tau}{2}W_{12}^j + \tau N_2^{j\mathrm{T}} + Y_2^{j\mathrm{T}} \\
& + \frac{\tau}{2}H_2^{j\mathrm{T}} + F_2^{j\mathrm{T}} + I_1^{\mathrm{T}} J_2^{j\mathrm{T}} - M_1 - \hat{A}^{j\mathrm{T}} M_2^{\mathrm{T}}
\end{aligned}
$$

$$
\begin{aligned}
\Phi_{13}^{(j)} =\; & -P_{14}^j + P_{24}^{j\mathrm{T}} + P_{25}^{j\mathrm{T}} - Y_1^j + Y_3^{j\mathrm{T}} + \tau N_3^{j\mathrm{T}} + \frac{\tau}{2}H_3^{j\mathrm{T}} \\
& + F_3^{j\mathrm{T}} + J_1^j I_2 + I_1^{\mathrm{T}} J_3^{j\mathrm{T}} + M_1 \hat{A}_1^j + \hat{A}^{j\mathrm{T}} M_3^{\mathrm{T}}
\end{aligned}
$$

$$
\Phi_{14}^{(j)} = P_{12}^j + Y_4^{j\mathrm{T}} + \tau N_4^{j\mathrm{T}} + F_4^{j\mathrm{T}} + \frac{\tau}{2}H_4^{j\mathrm{T}} + I_1^{\mathrm{T}} J_4^{j\mathrm{T}} + M_1 \hat{C}_1^j + \hat{A}^{j\mathrm{T}} M_4^{\mathrm{T}}
$$

$$
\begin{aligned}
\Phi_{15}^{(j)} =\; & -P_{15}^j + P_{34}^{j\mathrm{T}} + P_{35}^{j\mathrm{T}} + Y_5^{j\mathrm{T}} + \tau N_5^{j\mathrm{T}} + \frac{\tau}{2}H_5^{j\mathrm{T}} \\
& - F_1^j + F_5^{j\mathrm{T}} + J_1^j I_3 + I_1^{\mathrm{T}} J_5^{j\mathrm{T}} + \hat{A}^{j\mathrm{T}} M_5^{\mathrm{T}}
\end{aligned}
$$

$$
\Phi_{16}^{(j)} = P_{13}^j + Y_6^{j\mathrm{T}} + F_6^{j\mathrm{T}} + \tau N_6^{j\mathrm{T}} + \frac{\tau}{2}H_6^{j\mathrm{T}} + I_1^{\mathrm{T}} J_6^{j\mathrm{T}} + \hat{A}^{j\mathrm{T}} M_6^{\mathrm{T}}
$$

$$\Phi_{17}^{(j)} = -\tau N_1^{j\mathrm{T}} + \tau P_{44}^j + \tau P_{45}^j$$

$$\Phi_{19}^{(j)} = -\frac{\tau}{2} H_1^{j\mathrm{T}} + \frac{\tau}{2} P_{45}^j + \frac{\tau}{2} P_{55}^j$$

$$\Phi_{22}^{(j)} = Q_{22}^j + X_{22}^j + \tau Z_{22}^j + \frac{\tau}{2} W_{22}^j + \frac{\tau^2}{2} R_1^j + \frac{\tau^2}{8} R_2^j - M_2 - M_2^{\mathrm{T}}$$

$$\Phi_{23}^{(j)} = P_{12}^j - Y_2^j + J_2^j I_2 + M_2 \hat{A}_1^j - M_3^{\mathrm{T}}$$

$$\Phi_{24}^{(j)} = M_2 \hat{C}_1^j - M_4^{\mathrm{T}}$$

$$\Phi_{25}^{(j)} = P_{13}^j - F_2^j + J_2^j I_3 - M_5^{\mathrm{T}}$$

$$\Phi_{27}^{(j)} = \tau P_{14}^j - \tau N_2^j$$

$$\Phi_{29}^{(j)} = \frac{\tau}{2} P_{15}^j - \frac{\tau}{2} H_2^j$$

$$\Phi_{33}^{(j)} = -P_{24}^j - P_{24}^{j\mathrm{T}} - Q_{11}^j - Y_3^j - Y_3^{j\mathrm{T}} + J_3^j I_2 + I_2^{\mathrm{T}} J_3^{j\mathrm{T}} + M_3 \hat{A}_1^j + \hat{A}_1^{j\mathrm{T}} M_3^{\mathrm{T}}$$

$$\Phi_{34}^{(j)} = P_{22}^j - Q_{12} - Y_4^{j\mathrm{T}} + I_2^{\mathrm{T}} J_4^{j\mathrm{T}} + M_3 \hat{C}_1^j + \hat{A}_1^{j\mathrm{T}} M_4^{\mathrm{T}}$$

$$\Phi_{35}^{(j)} = -P_{25}^j - P_{34}^{j\mathrm{T}} - Y_5^{j\mathrm{T}} - F_3^j + J_3^j I_3 + I_2^{\mathrm{T}} J_5^{j\mathrm{T}} + \hat{A}_1^{j\mathrm{T}} M_5^{\mathrm{T}}$$

$$\Phi_{36}^{(j)} = P_{23}^j - Y_6^{j\mathrm{T}} + I_2^{\mathrm{T}} J_6^{j\mathrm{T}} + \hat{A}_1^{j\mathrm{T}} M_6^{\mathrm{T}}$$

$$\Phi_{37}^{(j)} = -\tau N_3^j - \tau P_{44}^j$$

$$\Phi_{39}^{(j)} = -\frac{\tau}{2} P_{45}^j - \frac{\tau}{2} H_3^j$$

$$\Phi_{44}^{(j)} = -Q_{22}^j + M_4 \hat{C}_1^j + \hat{C}_1^{j\mathrm{T}} M_4^{\mathrm{T}}$$

$$\Phi_{45}^{(j)} = P_{23}^j - F_4^j + J_4^j I_3 + \hat{C}_1^{j\mathrm{T}} M_5^{\mathrm{T}}$$

$$\Phi_{47}^{(j)} = -\tau N_4^j + \tau P_{24}^j$$

$$\Phi_{49}^{(j)} = \frac{\tau}{2} P_{25}^j - \frac{\tau}{2} H_4^j$$

$$\Phi_{55}^{(j)} = -P_{35}^j - P_{35}^{j\mathrm{T}} - X_{11}^j - F_5^j - F_5^{j\mathrm{T}} + J_5^j I_3 + I_3^{\mathrm{T}} J_5^{j\mathrm{T}}$$

$$\Phi_{56}^{(j)} = P_{33}^j - X_{12}^j - F_6^{j\mathrm{T}} + I_3^{\mathrm{T}} J_6^{j\mathrm{T}}$$

$$\Phi_{57}^{(j)} = -\tau N_5^j - \tau P_{45}^{j\mathrm{T}}$$

$$\Phi_{59}^{(j)} = -\frac{\tau}{2} P_{55}^j - \frac{\tau}{2} H_5^j$$

$$\Phi_{67}^{(j)} = -\tau N_6^j + \tau P_{34}^j$$

$$\Phi_{69}^{(j)} = \frac{\tau}{2} P_{35}^j - \frac{\tau}{2} H_6^j$$

则具有 (3.32) 不确定性的系统 (3.1) 鲁棒渐近稳定。

3.8   镇定控制器设计

本节在定理 3.2 的基础上给出系统 (3.1) 状态反馈控制器的设计方法, 有如下定理。

定理 3.12　对于给定标量 $\tau > 0$，如果存在适维矩阵

$$\hat{P} = \begin{bmatrix} X & \hat{P}_{12} & \hat{P}_{13} \\ * & \hat{P}_{22} & \hat{P}_{23} \\ * & * & \hat{P}_{33} \end{bmatrix} > 0, \quad \hat{Q} = \begin{bmatrix} \hat{Q}_{11} & \hat{Q}_{12} \\ * & \hat{Q}_{22} \end{bmatrix} > 0, \quad \hat{Z} = \begin{bmatrix} \hat{Z}_{11} & \hat{Z}_{12} \\ * & \hat{Z}_{22} \end{bmatrix} > 0$$

$\hat{R} > 0$，$J > 0$，$\bar{K}$，使矩阵不等式 (3.37) 成立：

$$\begin{bmatrix} \hat{\Omega} & 0 & \Lambda & \Upsilon \\ * & -\hat{S} & \hat{S} & 0 \\ * & * & -J & 0 \\ * & * & * & -XJ^{-1}X \end{bmatrix} < 0 \tag{3.37}$$

其中

$$\hat{\Omega} = \begin{bmatrix} \hat{\Omega}_{11} & \hat{\Omega}_{12} & \hat{\Omega}_{13} & \hat{\Omega}_{14} \\ * & \hat{\Omega}_{22} & \hat{\Omega}_{23} & \hat{\Omega}_{24} \\ * & * & \hat{\Omega}_{33} & \hat{\Omega}_{34} \\ * & * & * & \hat{\Omega}_{44} \end{bmatrix}$$

$$\Lambda = \begin{bmatrix} \hat{Q}_{12}^{\mathrm{T}} + \tau \hat{Z}_{12}^{\mathrm{T}} & \hat{P}_{12} & 0 & \hat{P}_{13} \end{bmatrix}^{\mathrm{T}}$$

$$\Upsilon = \begin{bmatrix} AX + B\bar{K} & A_1 X & CX & 0 \end{bmatrix}^{\mathrm{T}}$$

$$\hat{\Omega}_{11} = \hat{P}_{13} + \hat{P}_{13}^{\mathrm{T}} + \hat{Q}_{11} + \tau \hat{Z}_{11} + AX + B\bar{K}$$
$$\quad + XA^{\mathrm{T}} + \bar{K}^{\mathrm{T}}B^{\mathrm{T}} - \frac{1}{\tau}\hat{Z}_{22} - 2\hat{R}$$

$$\hat{\Omega}_{12} = -\hat{P}_{13} + \hat{P}_{23}^{\mathrm{T}} + A_1 X + \frac{1}{\tau}\hat{Z}_{22}$$

$$\hat{\Omega}_{13} = \hat{P}_{12} + CX$$

$$\hat{\Omega}_{14} = \hat{P}_{33} - \frac{1}{\tau}\hat{Z}_{12}^{\mathrm{T}} + \frac{2}{\tau}\hat{R}$$

$$\hat{\Omega}_{22} = -\hat{P}_{23} - \hat{P}_{23}^{\mathrm{T}} - \hat{Q}_{11} - \frac{1}{\tau}\hat{Z}_{22}$$

$$\hat{\Omega}_{23} = \hat{P}_{22} - \hat{Q}_{12}$$

$$\hat{\Omega}_{24} = -\hat{P}_{33} + \frac{1}{\tau}\hat{Z}_{12}^{\mathrm{T}}$$

$$\hat{\Omega}_{33} = -\hat{Q}_{22}$$

$$\hat{\Omega}_{34} = \hat{P}_{23}$$

$$\hat{\Omega}_{44} = -\frac{1}{\tau}\hat{Z}_{11} - \frac{1}{\tau^2}\hat{R}$$

$$\hat{S} = \hat{Q}_{22} + \tau \hat{Z}_{22} + \frac{1}{2}\tau^2 \hat{R}$$

则系统 (3.1) 渐近稳定，且状态反馈控制器为 $u(t) = \bar{K}X^{-1}x(t)$。

证明　将 $u(t) = Kx(t)$ 代入系统 (3.1)，可得

$$\dot{x}(t) - C\dot{x}(t - \tau) = (A + BK)x(t) + A_1 x(t - \tau) \tag{3.38}$$

用 $A + BK$ 代替 A，并在式 (3.9) 两端分别左乘、右乘 $\mathrm{diag}\{X, X, X, X, X\}$ 及其转置，其中 $X = P_{11}^{-1}$，定义 $X(\cdot)X = (\hat{\cdot})$，$\bar{K} = KX$，可得

$$\Xi + \bar{\Lambda}X^{-1}\bar{\Upsilon}^{\mathrm{T}} + \bar{\Upsilon}X^{-1}\bar{\Lambda}^{\mathrm{T}} < 0 \tag{3.39}$$

其中

$$\Xi = \begin{bmatrix} \hat{\Omega} & 0 \\ * & -\hat{S} \end{bmatrix}$$

$$\bar{\Lambda} = \begin{bmatrix} \hat{Q}_{12}^{\mathrm{T}} + \tau\hat{Z}_{12}^{\mathrm{T}} & \hat{P}_{12} & 0 & \hat{P}_{13} & \hat{S} \end{bmatrix}^{\mathrm{T}}$$

$$\bar{\Upsilon} = \begin{bmatrix} AX + B\bar{K} & A_1 X & CX & 0 & 0 \end{bmatrix}^{\mathrm{T}}$$

易知，对于任意 $J > 0$，不等式 (3.40) 成立：

$$\bar{\Lambda}X^{-1}\bar{\Upsilon}^{\mathrm{T}} + \bar{\Upsilon}X^{-1}\bar{\Lambda}^{\mathrm{T}} \leqslant \bar{\Lambda}J^{-1}\bar{\Lambda}^{\mathrm{T}} + \bar{\Upsilon}X^{-1}JX^{-1}\bar{\Upsilon}^{\mathrm{T}} \tag{3.40}$$

将式 (3.40) 代入式 (3.39)，并且应用 Schur 补引理可得式 (3.37)。　　　□

　　由于非线性项 $XJ^{-1}X$ 的存在，式 (3.37) 并不是线性矩阵不等式。最简单的处理方法是设 $J = \lambda X$，其中，$\lambda > 0$ 是调节参数，从而将非线性矩阵不等式条件变为线性矩阵不等式条件。但这种方法会引入较大的保守性。在此，本节采取与文献 [37] 和 [94] 类似的迭代方法求取次优解。引入新变量 $L > 0$ 使得 $X^{-1}JX^{-1} \leqslant L^{-1}$。设 $H = L^{-1}$，$M = X^{-1}$，$F = J^{-1}$，求取非凸条件 (3.37) 的可行解问题可以转化为如下具有线性矩阵不等式条件约束的最小化问题：

min Trace $(LH + XM + JF)$

s.t.

$$\begin{bmatrix} H & M \\ M & F \end{bmatrix} \geqslant 0, \quad \begin{bmatrix} L & I \\ I & H \end{bmatrix} \geqslant 0 \tag{3.41}$$

$$\begin{bmatrix} X & I \\ I & M \end{bmatrix} \geqslant 0, \quad \begin{bmatrix} J & I \\ I & F \end{bmatrix} \geqslant 0 \tag{3.42}$$

$$\begin{bmatrix} \hat{\Omega} & 0 & \Lambda & \Upsilon \\ * & -\hat{S} & \hat{S} & 0 \\ * & * & -J & 0 \\ * & * & * & -L \end{bmatrix} < 0 \tag{3.43}$$

上面的最小化问题可以由下面的锥补线性化方法求解[95]。

算法 3.1

Step 1: 求取线性矩阵不等式 (3.41)~(3.43) 的可行解 $\{\bar{K}_0, \hat{P}_0, \hat{Q}_0, \hat{Z}_0, \hat{R}_0, J_0, F_0, X_0, M_0, L_0, H_0\}$，并令 $k = 0$。

Step 2: 对于变量 $\{\bar{K}, \hat{P}, \hat{Q}, \hat{Z}, \hat{R}, J, F, X, M, L, H\}$ 求解如下的优化问题：

$$\min \text{ Trace } (L_k H + H_k L + X_k M + M_k X + J_k F + F_k J)$$
$$\text{s.t.} \quad \text{式 } (3.41) \sim \text{式 } (3.43)$$

令 $L_{k+1} = L$, $H_{k+1} = H$, $X_{k+1} = X$, $M_{k+1} = M$, $J_{k+1} = J$, $F_{k+1} = F$。

Step 3: 如果式 (3.9) 成立，则在 Step 2 中得到的解即为可行解，否则令 $k = k+1$ 且返回 Step 2。如果超过一定的迭代次数仍然得不到可行解，则退出。

3.9 数值实例

例 3.1   考虑如下的中立时滞系统：

$$A = \begin{bmatrix} -2 & 0 \\ 0 & -0.9 \end{bmatrix}, \quad A_1 = \begin{bmatrix} -1 & 0 \\ -1 & -1 \end{bmatrix}$$

$$C = \begin{bmatrix} c & 0 \\ 0 & c \end{bmatrix}, \quad 0 \leqslant c < 1$$

在 c 取不同值的情况下，计算保证系统稳定的最大时滞，与文献 [33]、[45]、[96] 和 [97] 中的结果进行比较，比较结果见表 3.1。从表 3.1 可以看出，本章的结果比文献 [33]、[45]、[96] 和 [97] 的结果具有更小的保守性。尤其是当 $c = 0$ 时，系统变为滞后型时滞系统。文献 [33]、[45]、[96] 和 [97] 计算得到的系统所能允许的最大时滞均为 4.47，而本章的结果为 5.30。当时滞分割数 $r = 2$，文献 [54] 得到的结果为 5.71，而本章的结果为 5.94。

从表 3.1 还可以看出，应用定理 3.1 和定理 3.2 得到的最大时滞完全相同。这也说明了这两个定理本质上是等价的。然而定理 3.2 所包含的决策变量明显少于定理 3.1。同时，定理 3.2 的决策变量少于文献 [33]、[45]、[97] 和 [98] 中的结果，却得到了更大的最大时滞上界。这也说明定理 3.2 与目前文献中的结果相比具有明显的优越性。

文献 [48] 提出了一种离散化 Lyapunov 泛函方法。这种方法对于减小稳定性判据的保守性十分有效。当时滞离散段数分别为 $r = 1$ 和 $r = 2$ 时，文献 [48] 所得到的最大允许时滞分别为 5.30 和 5.74。而应用本章提出的方法，所得到的结果分别为 5.30 和 5.94。显然，本章所得到的结果优于文献 [48] 中的结果或与文献 [48] 中的结果相同。

表 3.1　c 取不同值时系统最大时滞上界

c	0	0.1	0.3	0.5	0.7	0.9	变量数
文献 [33]	4.47	3.49	2.06	1.14	0.54	0.13	45
文献 [96]	4.35	4.33	4.10	3.62	2.73	0.99	9
文献 [97]	4.47	4.35	4.13	3.67	2.87	1.41	54
文献 [45]	4.47	4.42	4.17	3.69	2.87	1.41	81
文献 [98]	4.47	—	—	—	—	—	69
文献 [54] (定理 1)	4.47	—	—	—	—	—	9
文献 [54] (定理 3)	5.71	—	—	—	—	—	50
定理 3.1	5.30	5.21	4.85	4.20	3.19	1.49	92
定理 3.2	5.30	5.21	4.85	4.20	3.19	1.49	44
定理 3.4	5.94	5.82	5.37	4.60	3.42	1.55	950
定理 3.5	5.94	5.82	5.37	4.60	3.42	1.55	374

例 3.2　在实际电路系统的研究中，部分元件等效电路常常可以建模为中立系统。考虑如下的部分元件等效电路模型[99]：

$$A = 100 \times \begin{bmatrix} \theta & 1 & 2 \\ 3 & -9 & 0 \\ 1 & 2 & -6 \end{bmatrix}, \quad A_1 = 100 \times \begin{bmatrix} 1 & 0 & -3 \\ -0.5 & -0.5 & -1 \\ -0.5 & -1.5 & 0 \end{bmatrix}$$

$$C = \frac{1}{72} \begin{bmatrix} -1 & 5 & 2 \\ 4 & 0 & 3 \\ -2 & 4 & 1 \end{bmatrix}$$

当 θ 取不同数值时，与文献 [89] 和 [99] 的结果进行比较，比较结果见表 3.2。从表 3.2 可以看出，本章的结果要明显好于文献 [89] 和 [99] 的结果。也就是说，本章提出的方法可以得到更大的时滞上界。

表 3.2　θ 取不同值时系统最大时滞上界

θ	−2.105	−2.103	−2.1
文献 [89]	1.0874	0.3709	0.2433
文献 [99]	1.1413	0.3892	0.2553
定理 3.1 和定理 3.2	1.3200	0.4917	0.3214
定理 3.4 和定理 3.5	1.6978	0.5747	0.3749

例 3.3 考虑如下的中立时滞系统：

$$A = \begin{bmatrix} -1.7073 & 0.6856 \\ 0.2279 & -0.6368 \end{bmatrix}, \quad A_1 = \begin{bmatrix} -2.5026 & -1.0540 \\ -0.1856 & -1.5715 \end{bmatrix}$$

$$C = \begin{bmatrix} 0.0558 & 0.0360 \\ 0.2747 & -0.1084 \end{bmatrix}$$

应用文献 [43]、[45]、[85]、和 [97] 的方法得到的最大时滞上界分别为 0.5735、0.5937、0.6054、0.6189。应用本章提出的定理 3.1 和定理 3.2 得到结果为 0.6612。如果令 $C = 0$，该系统变为滞后型时滞系统，文献 [33]、[100] 和 [101] 得到的最大时滞上界均为 0.6903。文献 [45] 和 [97] 的结果分别为 0.7163 和 0.7918。应用本章提出的定理 3.1 和定理 3.2 得到结果为 0.8418。显然，应用本章提出方法得到的结果优于目前文献中的结果。

如果在 Lyapunov 泛函 (3.3) 的增广向量 $\zeta(t)$ 中不包含积分项 $\int_{t-\tau}^{t} x(s)\mathrm{d}s$，即采用如下的 Lyapunov 泛函：

$$\begin{aligned} V(x_t) = &\hat{\zeta}^{\mathrm{T}}(t)\hat{P}\hat{\zeta}(t) + \int_{t-\tau}^{t} \varrho^{\mathrm{T}}(s)Q\varrho(s)\mathrm{d}s \\ &+ \int_{-\tau}^{0}\int_{t+\theta}^{t} \varrho^{\mathrm{T}}(s)Z\varrho(s)\mathrm{d}s\mathrm{d}\theta \\ &+ \int_{-\tau}^{0}\int_{\theta}^{0}\int_{t+\lambda}^{t} \dot{x}^{\mathrm{T}}(s)R\dot{x}(s)\mathrm{d}s\mathrm{d}\lambda\mathrm{d}\theta \end{aligned}$$

其中，$\hat{\zeta}^{\mathrm{T}}(t) = \begin{bmatrix} x^{\mathrm{T}}(t) & x^{\mathrm{T}}(t-\tau) \end{bmatrix}^{\mathrm{T}}$。按照定理 3.1 或定理 3.2 的方法可以得到一个推论，记为推论 a。如果保留增广向量 $\zeta(t)$ 中的积分项 $\int_{t-\tau}^{t} x(s)\mathrm{d}s$ 而不引入三重积分项，此时的 Lyapunov 泛函便与文献 [45] 中的 Lyapunov 泛函相同，即

$$V(x_t) = \zeta^{\mathrm{T}}(t)P\zeta(t) + \int_{t-\tau}^{t} \varrho^{\mathrm{T}}(s)Q\varrho(s)\mathrm{d}s + \int_{-\tau}^{0}\int_{t+\theta}^{t} \varrho^{\mathrm{T}}(s)Z\varrho(s)\mathrm{d}s\mathrm{d}\theta$$

按照定理 3.1 或定理 3.2 的方法可以得到与文献 [45] 中结果等价的结果，记为推论 b。如果既不引入三重积分项又不在增广向量 $\zeta(t)$ 中引入积分项 $\int_{t-\tau}^{t} x(s)\mathrm{d}s$，即选取如下的 Lyapunov 泛函：

$$V(x_t) = \hat{\zeta}^{\mathrm{T}}(t)\hat{P}\hat{\zeta}(t) + \int_{t-\tau}^{t} \varrho^{\mathrm{T}}(s)Q\varrho(s)\mathrm{d}s + \int_{-\tau}^{0}\int_{t+\theta}^{t} \varrho^{\mathrm{T}}(s)Z\varrho(s)\mathrm{d}s\mathrm{d}\theta$$

那么可以得到另一个推论，记为推论 c。通过仿真可以发现这三个推论得到的最大时滞上界均为 0.6189。而当 $C = 0$ 时，这三个推论得到的最大时滞上界均为 0.7918。

这也说明了三重积分项必须与增广向量中的一重积分项同时存在于 Lyapunov 泛函中才能起到减小保守性的作用。

例 3.4　考虑如下范数有界不确定系统:

$$\dot{x}(t) - C\dot{x}(t-\tau) = [A + DF(t)E_a]\,x(t) + [A_1 + DF(t)E_b]\,x(t-\tau)$$

其中

$$A = \begin{bmatrix} -0.6 & -2.3 \\ 0.8 & -1.2 \end{bmatrix}, \quad A_1 = \begin{bmatrix} -0.9 & 0.6 \\ 0.2 & 0.1 \end{bmatrix}, \quad C = \begin{bmatrix} 0 & 0 \\ 0 & 0 \end{bmatrix}$$

$$D = \lambda I, \quad E_a = E_b = I, \quad F^{\mathrm{T}}(t)F(t) \leqslant 1$$

当 λ 取不同值时,计算系统的最大时滞上界,结果见表 3.3。从表 3.3 可以看出,本章所提出方法可以得到比文献 [40]、[98]、[100] 和 [102] 更大的时滞上界。然而,当 $\lambda = 0.45$ 时,文献 [54] 的结果要好于本章定理 3.6 和定理 3.7。这是因为文献 [54] 使用了时滞分割方法且分割数 $r = 2$。当应用本章的定理 3.8 和定理 3.9(采用与文献 [54] 同样的分割数),得到的结果明显优于文献 [54]。

值得注意的是,当 $\lambda = 0.3$ 及 $\lambda = 0.35$ 时,最大时滞上界为无穷大,这意味着此时系统是时滞无关的 (可由推论 3.1 判定)。

表 3.3　λ 取不同值时系统最大时滞上界

λ	0.30	0.35	0.40	0.45	0.50	0.55
文献 [40]	0.9288	0.8324	0.7342	0.6264	0.4903	0.3201
文献 [102]	0.9514	0.8711	0.7950	0.7210	0.6426	0.5325
文献 [100]	0.9514	0.8711	0.7950	0.7210	0.6426	0.5325
文献 [98]	2.5618	1.7112	0.9654	0.8234	0.7229	0.6350
文献 [54] (定理 1)	0.9514	0.8711	0.7950	0.7210	0.6426	0.5325
文献 [54] (定理 3)	1.4546	1.2467	1.0547	0.8967	0.7636	0.6261
定理 3.6 和定理 3.7	∞	∞	1.0624	0.8883	0.7677	0.6645
定理 3.8 和定理 3.9	∞	∞	1.1347	0.9357	0.8000	0.6856

例 3.5　考虑如下的不确定中立时滞系统:

$$A = \begin{bmatrix} 0 & -0.12 + 12\rho \\ 1 & -0.465 - \rho \end{bmatrix}, \quad A_1 = \begin{bmatrix} -0.1 & -0.35 \\ 0 & 0.3 \end{bmatrix}$$

$$C = \begin{bmatrix} 0.05 & 0 \\ 0 & 0.05 \end{bmatrix}, \quad |\rho| \leqslant 0.035$$

应用文献 [101] 中的方法,可以得到最大时滞上界为 0.462。应用本章的定理 3.10 和定理 3.11 得到的结果分别为 0.6137 和 0.6166。尤其是当 $C = 0$ 时,上面的中立时滞系统蜕变成一个滞后型的时滞系统。计算系统的最大时滞上界。文献 [39] 和 [101] 计算得到的最大时滞上界分别为 0.782 和 0.863，然而应用本章的定理 3.10 和定理 3.11 所得到的结果分别为 0.8866 和 0.8943。可见，本章所提出的方法明显具有较小的保守性。

例 3.6   考虑如下的时滞系统：

$$A = \begin{bmatrix} 0 & 0 \\ 0 & 1 \end{bmatrix}, \quad A_1 = \begin{bmatrix} -1 & -1 \\ 0 & -0.9 \end{bmatrix}$$

$$C = \begin{bmatrix} 0 & 0 \\ 0 & 0 \end{bmatrix}, \quad B = \begin{bmatrix} 0 \\ 1 \end{bmatrix}$$

应用本章提出的算法求取系统的反馈控制器，并与文献 [40]、[98] 和 [103] 进行比较。由表 3.4 可以看出，当时滞 $\tau = 11$ 时应用本章提出的方法仍然可以求解得到系统的镇定控制器。

表 3.4   控制增益及迭代次数

方法	τ	K	迭代次数
文献 [103]	0.6779	$[-0.1155 \quad -1.9839]$	——
文献 [40]	1.51	$[-58.31 \quad -294.935]$	——
文献 [98]	8	$[-65.4058 \quad -76.7778]$	111
本章结果	9	$[-44.1358 \quad -49.0181]$	94
本章结果	10	$[-86.3203 \quad -93.8552]$	164
本章结果	11	$[-153.1753 \quad -164.7362]$	247

假设初始状态 $x_0 = [1 \ 0]^T$，当时滞为 9、10、11 时，系统的响应曲线分别如图 3.1∼ 图 3.3 所示。从图中可以看出系统渐近稳定，这也证明了本章提出方法的正确性。

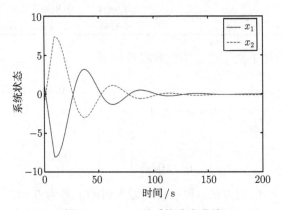

图 3.1 $\tau = 9$ 时系统响应曲线

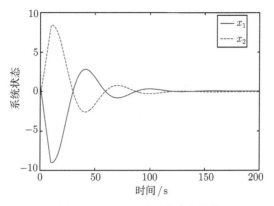

图 3.2　$\tau = 10$ 时系统响应曲线

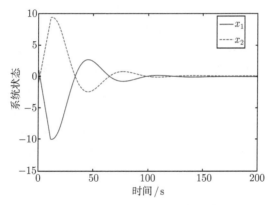

图 3.3　$\tau = 11$ 时系统响应曲线

3.10　小　　结

本章考虑了中立时滞系统的稳定性分析与镇定控制器设计问题。首先，本章构造了一种新的含有三重积分项的 Lyapunov 泛函。在此基础上，分别应用自由权矩阵方法和积分不等式方法建立了两个保守性较小的时滞相关稳定性判据。应用投影定理，证明了这两个稳定性判据的等价性。进一步，应用时滞分割方法得到了保守性更小的稳定性判据。此外，本章还将所得到的稳定性判据推广到具有范数有界不确定性及凸多面体不确定性的系统，得到了系统鲁棒渐近稳定性判据。在稳定性判据的基础上，给出了系统镇定控制器的设计方法，控制器增益可通过一种迭代算法求得。最后通过一些仿真实例验证了所提出方法的正确性和有效性。

第4章　时变时滞线性连续系统稳定性分析

4.1　引　　言

上一章讨论了中立时滞系统的稳定性与镇定控制器设计问题，但只考虑了恒定时滞的情形。在实际系统中，时滞往往是时变的。网络化控制系统就是一个非常典型的例子。在网络化控制系统中，无论是传感器到控制器还是控制器到执行器的网络延时，一般情况下都是时变的，甚至是随机的。

近年来，时变时滞线性连续系统的稳定性问题受到了广泛关注[35, 89, 101, 104, 105]。结合 Descriptor 模型变换方法及 Park 不等式或 Moon 不等式，文献 [33] 和 [94] 考虑了具有时变时滞的线性系统的稳定性问题。由于 Descriptor 模型变换后的系统与原系统等价，故这种方法对于减小稳定性条件的保守性很有效。为了进一步减小保守性，Wu 等[102] 应用自由权矩阵方法给出了时变时滞线性连续系统的时滞相关稳定性条件。自由权矩阵方法不引入任何模型变换，因而具有较小的保守性。He 等[46, 47] 注意到以往的文献在计算 Lyapunov 泛函导数的时候会忽略一些重要的项从而引入较大的保守性。因此，He 等[46, 47] 对原来忽略的项进行了重新处理，得到了保守性更小的时滞相关稳定性条件。Shao[106] 通过构建新的 Lyapunov 泛函，结合积分不等式方法与凸组合方法[56] 得到了保守性更小的稳定性条件。

目前文献中选取的 Lyapunov 泛函通常包含一些积分项，例如

$$\int_{t-\tau_2}^{t} x^T(s)Q_2 x(s)\mathrm{d}s, \qquad \int_{t-\tau(t)}^{t} x^T(s)Q_3 x(s)\mathrm{d}s$$

可以看出这些项的积分上限均为 t。如果时滞下界 $\tau_1 \neq 0$，这些项无疑没有充分利用时滞的下界信息，因此会导致一定的保守性。

目前文献中经常假设时滞满足以下条件：

$$0 < \tau_1 \leqslant \tau(t) \leqslant \tau_2$$

$$\dot{\tau}(t) \leqslant \mu < 1$$

可见它忽略了时滞变化率的下界信息。对于某些时滞变化率的下界已知或可以估计的系统这样的假设会引入一些保守性。因此，本章将考虑时滞变化率的下界信息，即

$$\nu \leqslant \dot{\tau}(t) \leqslant \mu < 1$$

此外，目前文献中的 Lyapunov 泛函均不包含三重积分项。鉴于以上的考虑，本章提出了一种新的 Lyapunov 泛函，这种 Lyapunov 泛函充分利用了时滞下界信息，并包含一些三重积分项[107]。在此基础上得到了保守性较小的时滞范围相关稳定性判据。还考虑了时滞变化率下界信息对系统稳定性的影响，得到了与时滞变化率范围相关的稳定性判据[108, 109]。

4.2　系统描述

考虑如下具有时变时滞的线性系统：

$$\begin{cases} \dot{x}(t) = Ax(t) + A_1 x(t - \tau(t)), & t > 0 \\ x(t) = \phi(t), & t \in [-\tau_2, 0] \end{cases} \tag{4.1}$$

其中，$x(t) \in \mathbb{R}^n$ 是系统状态向量；初始条件 $\phi(t)$ 为连续可微的向量函数；$A \in \mathbb{R}^{n \times n}$，$A_1 \in \mathbb{R}^{n \times n}$ 是恒定系统矩阵。

本章考虑如下几种时滞情形：

第一种情况

$$0 < \tau_1 \leqslant \tau(t) \leqslant \tau_2$$
$$\dot{\tau}(t) \leqslant \mu < 1 \tag{4.2}$$

第二种情况

$$0 < \tau_1 \leqslant \tau(t) \leqslant \tau_2 \tag{4.3}$$

第三种情况

$$0 < \tau_1 \leqslant \tau(t) \leqslant \tau_2$$
$$\nu \leqslant \dot{\tau}(t) \leqslant \mu < 1 \tag{4.4}$$

其中，$0 < \tau_1 < \tau_2$，$0 \leqslant \mu < 1$，ν 为常量。

注 4.1　在第一种情况中，假设时滞的变化率 $\mu < 1$。对于 $\mu > 1$ 的情况，可将其与第二种情况的时滞一并考虑。这是因为，本章提出的稳定性结果对于时滞变化率 $\mu > 1$ 的情况与时滞变化率 μ 未知或时滞不可导的情况是等价的。具体的证明方法参见文献 [110]。

4.3　时滞范围相关稳定性

本节首先应用积分不等式方法得到系统 (4.1) 时滞范围相关稳定性判据，然后综合应用积分不等式与自由权矩阵方法得到保守性更小的时滞范围相关稳定性判据。

4.3.1 积分不等式方法

本节应用积分不等式方法建立系统 (4.1) 时滞范围相关稳定性判据，并证明该稳定性判据的保守性小于现有文献中的结果。

令 $\tau_{12} = \tau_2 - \tau_1$，$\tau_s = \dfrac{1}{2}(\tau_2^2 - \tau_1^2)$，$e_i\ (i = 1, \cdots, 9)$ 为分块坐标矩阵，例如，

$$e_2^{\mathrm{T}} = [0\ I\ 0\ 0\ 0\ 0\ 0\ 0\ 0],\ \xi(t) = \begin{bmatrix} \xi_1(t) \\ \xi_2(t) \\ \xi_3(t) \end{bmatrix},\ \text{其中,}\ \xi_1(t) = \begin{bmatrix} x(t) \\ x(t - \tau(t)) \\ x(t - \tau_1) \end{bmatrix},$$

$$\xi_2(t) = \begin{bmatrix} x(t - \tau_2) \\ \dot{x}(t - \tau_1) \\ \dot{x}(t - \tau_2) \end{bmatrix},\ \xi_3(t) = \begin{bmatrix} \displaystyle\int_{t-\tau_1}^{t} x(s)\mathrm{d}s \\ \displaystyle\int_{t-\tau(t)}^{t-\tau_1} x(s)\mathrm{d}s \\ \displaystyle\int_{t-\tau_2}^{t-\tau(t)} x(s)\mathrm{d}s \end{bmatrix}。$$

如下定理给出了时滞满足第一种情况下系统 (4.1) 渐近稳定的时滞范围相关条件。

定理 4.1   对于给定标量 $0 < \tau_1 < \tau_2$，$0 \leqslant \mu < 1$，如果存在适维矩阵 $Q_i > 0(i = 1, \cdots, 5)$，$Z_j > 0(j = 1, \cdots, 4)$，$R_1 > 0$，$R_2 > 0$，$P = [P_{ij}]_{5\times5} > 0$，使线性矩阵不等式 (4.5) 和 (4.6) 成立:

$$
\begin{aligned}
\Xi_1 = {}& \Gamma P \Upsilon^{\mathrm{T}} + \Upsilon P \Gamma^{\mathrm{T}} + \Lambda + A_c^{\mathrm{T}} Y A_c - (e_1 - e_3) Z_1 (e_1^{\mathrm{T}} - e_3^{\mathrm{T}}) \\
& - 2(e_2 - e_4) Z_2 (e_2^{\mathrm{T}} - e_4^{\mathrm{T}}) - (e_3 - e_2) Z_2 (e_3^{\mathrm{T}} - e_2^{\mathrm{T}}) \\
& - e_8 Z_4 e_8^{\mathrm{T}} - 2e_9 Z_4 e_9^{\mathrm{T}} - (\tau_1 e_1 - e_7) R_1 (\tau_1 e_1^{\mathrm{T}} - e_7^{\mathrm{T}}) \\
& - (\tau_{12} e_1 - e_8 - e_9) R_2 (\tau_{12} e_1^{\mathrm{T}} - e_8^{\mathrm{T}} - e_9^{\mathrm{T}}) < 0
\end{aligned}
\tag{4.5}
$$

$$
\begin{aligned}
\Xi_2 = {}& \Gamma P \Upsilon^{\mathrm{T}} + \Upsilon P \Gamma^{\mathrm{T}} + \Lambda + A_c^{\mathrm{T}} Y A_c - (e_1 - e_3) Z_1 (e_1^{\mathrm{T}} - e_3^{\mathrm{T}}) \\
& - (e_2 - e_4) Z_2 (e_2^{\mathrm{T}} - e_4^{\mathrm{T}}) - 2(e_3 - e_2) Z_2 (e_3^{\mathrm{T}} - e_2^{\mathrm{T}}) \\
& - 2e_8 Z_4 e_8^{\mathrm{T}} - e_9 Z_4 e_9^{\mathrm{T}} - (\tau_1 e_1 - e_7) R_1 (\tau_1 e_1^{\mathrm{T}} - e_7^{\mathrm{T}}) \\
& - (\tau_{12} e_1 - e_8 - e_9) R_2 (\tau_{12} e_1^{\mathrm{T}} - e_8^{\mathrm{T}} - e_9^{\mathrm{T}}) < 0
\end{aligned}
\tag{4.6}
$$

其中

$$
\begin{aligned}
\Gamma &= [e_1\ e_3\ e_4\ e_7\ e_8 + e_9] \\
\Upsilon &= \left[A_c^{\mathrm{T}}\ e_5\ e_6\ e_1 - e_3\ e_3 - e_4\right] \\
\Lambda &= \mathrm{diag}\{Q_1 + \tau_1^2 Z_3 + \tau_{12}^2 Z_4,\ -(1-\mu)Q_3,\ -Q_1 + Q_2 + Q_3, \\
&\qquad\quad -Q_2,\ -Q_4 + Q_5,\ -Q_5,\ -Z_3,\ 0,\ 0\} \\
A_c &= [A\ A_1\ 0\ 0\ 0\ 0\ 0\ 0\ 0] \\
Y &= Q_4 + \tau_1^2 Z_1 + \tau_{12}^2 Z_2 + \frac{\tau_1^4}{4} R_1 + \tau_s^2 R_2
\end{aligned}
$$

则对于任意满足 (4.2) 的时滞，系统 (4.1) 渐近稳定。

证明　构造如下 Lyapunov 泛函：

$$
\begin{aligned}
V(x_t) &= \zeta^{\mathrm{T}}(t)P\zeta(t) + \int_{t-\tau_1}^{t} x^{\mathrm{T}}(s)Q_1 x(s)\mathrm{d}s \\
&+ \int_{t-\tau_2}^{t-\tau_1} x^{\mathrm{T}}(s)Q_2 x(s)\mathrm{d}s + \int_{t-\tau(t)}^{t-\tau_1} x^{\mathrm{T}}(s)Q_3 x(s)\mathrm{d}s \\
&+ \int_{t-\tau_1}^{t} \dot{x}^{\mathrm{T}}(s)Q_4 \dot{x}(s)\mathrm{d}s + \int_{t-\tau_2}^{t-\tau_1} \dot{x}^{\mathrm{T}}(s)Q_5 \dot{x}(s)\mathrm{d}s \\
&+ \int_{-\tau_1}^{0} \int_{t+\theta}^{t} \tau_1 \dot{x}^{\mathrm{T}}(s)Z_1 \dot{x}(s)\mathrm{d}s\mathrm{d}\theta \\
&+ \int_{-\tau_2}^{-\tau_1} \int_{t+\theta}^{t} \tau_{12} \dot{x}^{\mathrm{T}}(s)Z_2 \dot{x}(s)\mathrm{d}s\mathrm{d}\theta \\
&+ \int_{-\tau_1}^{0} \int_{t+\theta}^{t} \tau_1 x^{\mathrm{T}}(s)Z_3 x(s)\mathrm{d}s\mathrm{d}\theta \\
&+ \int_{-\tau_2}^{-\tau_1} \int_{t+\theta}^{t} \tau_{12} x^{\mathrm{T}}(s)Z_4 x(s)\mathrm{d}s\mathrm{d}\theta \\
&+ \int_{-\tau_1}^{0} \int_{\theta}^{0} \int_{t+\lambda}^{t} \frac{\tau_1^2}{2} \dot{x}^{\mathrm{T}}(s)R_1 \dot{x}(s)\mathrm{d}s\mathrm{d}\lambda\mathrm{d}\theta \\
&+ \int_{-\tau_2}^{-\tau_1} \int_{\theta}^{0} \int_{t+\lambda}^{t} \tau_s \dot{x}^{\mathrm{T}}(s)R_2 \dot{x}(s)\mathrm{d}s\mathrm{d}\lambda\mathrm{d}\theta
\end{aligned}
\tag{4.7}
$$

其中，$\zeta^{\mathrm{T}}(t) = [x(t)\ \ x(t-\tau_1)\ \ x(t-\tau_2)\ \ \int_{t-\tau_1}^{t} x(s)\mathrm{d}s\ \ \int_{t-\tau_2}^{t-\tau_1} x(s)\mathrm{d}s]^{\mathrm{T}}$。对 $V(x_t)$ 求导可得

$$
\begin{aligned}
\dot{V}(x_t) &= 2\zeta^{\mathrm{T}}(t)P\dot{\zeta}(t) + x^{\mathrm{T}}(t)(Q_1 + \tau_1^2 Z_3 + \tau_{12}^2 Z_4)x(t) \\
&- (1-\mu)x^{\mathrm{T}}(t-\tau(t))Q_3 x(t-\tau(t)) \\
&- x^{\mathrm{T}}(t-\tau_1)(Q_1 - Q_2 - Q_3)x(t-\tau_1) \\
&- x^{\mathrm{T}}(t-\tau_2)Q_2 x(t-\tau_2) - \dot{x}^{\mathrm{T}}(t-\tau_2)Q_5 \dot{x}(t-\tau_2) \\
&- \dot{x}^{\mathrm{T}}(t-\tau_1)(Q_4 - Q_5)\dot{x}(t-\tau_1) + \dot{x}^{\mathrm{T}}(t)Y\dot{x}(t) \\
&- \tau_1 \int_{t-\tau_1}^{t} \dot{x}^{\mathrm{T}}(s)Z_1 \dot{x}(s)\mathrm{d}s - \tau_{12} \int_{t-\tau_2}^{t-\tau_1} \dot{x}^{\mathrm{T}}(s)Z_2 \dot{x}(s)\mathrm{d}s \\
&- \tau_1 \int_{t-\tau_1}^{t} x^{\mathrm{T}}(s)Z_3 x(s)\mathrm{d}s - \tau_{12} \int_{t-\tau_2}^{t-\tau_1} x^{\mathrm{T}}(s)Z_4 x(s)\mathrm{d}s \\
&- \frac{\tau_1^2}{2} \int_{-\tau_1}^{0} \int_{t+\theta}^{t} \dot{x}^{\mathrm{T}}(s)R_1 \dot{x}(s)\mathrm{d}s\mathrm{d}\theta \\
&- \tau_s \int_{-\tau_2}^{-\tau_1} \int_{t+\theta}^{t} \dot{x}^{\mathrm{T}}(s)R_2 \dot{x}(s)\mathrm{d}s\mathrm{d}\theta
\end{aligned}
\tag{4.8}
$$

应用引理 2.6 可得

$$-\tau_1 \int_{t-\tau_1}^{t} \dot{x}^{\mathrm{T}}(s) Z_1 \dot{x}(s) \mathrm{d}s \leqslant -\xi^{\mathrm{T}}(t)(e_1 - e_3) Z_1 (e_1^{\mathrm{T}} - e_3^{\mathrm{T}}) \xi(t) \tag{4.9}$$

$$-\tau_1 \int_{t-\tau_1}^{t} x^{\mathrm{T}}(s) Z_3 x(s) \mathrm{d}s \leqslant -\int_{t-\tau_1}^{t} x^{\mathrm{T}}(s) \mathrm{d}s Z_3 \int_{t-\tau_1}^{t} x(s) \mathrm{d}s \tag{4.10}$$

$$-\frac{\tau_1^2}{2} \int_{-\tau_1}^{0} \int_{t+\theta}^{t} \dot{x}^{\mathrm{T}}(s) R_1 \dot{x}(s) \mathrm{d}s \mathrm{d}\theta$$
$$\leqslant -\xi^{\mathrm{T}}(t)(\tau_1 e_1 - e_7) R_1 (\tau_1 e_1^{\mathrm{T}} - e_7^{\mathrm{T}}) \xi(t) \tag{4.11}$$

$$-\tau_s \int_{-\tau_2}^{-\tau_1} \int_{t+\theta}^{t} \dot{x}^{\mathrm{T}}(s) R_2 \dot{x}(s) \mathrm{d}s \mathrm{d}\theta$$
$$\leqslant -\xi^{\mathrm{T}}(t)(\tau_{12} e_1 - e_8 - e_9) R_2 (\tau_{12} e_1^{\mathrm{T}} - e_8^{\mathrm{T}} - e_9^{\mathrm{T}}) \xi(t) \tag{4.12}$$

记 $\alpha = (\tau(t) - \tau_1)/\tau_{12}$，按照文献 [106] 的处理方法有下式成立：

$$-\tau_{12} \int_{t-\tau_2}^{t-\tau_1} \dot{x}^{\mathrm{T}}(s) Z_2 \dot{x}(s) \mathrm{d}s$$
$$= -\tau_{12} \int_{t-\tau_2}^{t-\tau(t)} \dot{x}^{\mathrm{T}}(s) Z_2 \dot{x}(s) \mathrm{d}s - \tau_{12} \int_{t-\tau(t)}^{t-\tau_1} \dot{x}^{\mathrm{T}}(s) Z_2 \dot{x}(s) \mathrm{d}s$$
$$= -[\tau_2 - \tau(t)] \int_{t-\tau_2}^{t-\tau(t)} \dot{x}^{\mathrm{T}}(s) Z_2 \dot{x}(s) \mathrm{d}s$$
$$\quad - [\tau(t) - \tau_1] \int_{t-\tau_2}^{t-\tau(t)} \dot{x}^{\mathrm{T}}(s) Z_2 \dot{x}(s) \mathrm{d}s$$
$$\quad - [\tau(t) - \tau_1] \int_{t-\tau(t)}^{t-\tau_1} \dot{x}^{\mathrm{T}}(s) Z_2 \dot{x}(s) \mathrm{d}s$$
$$\quad - [\tau_2 - \tau(t)] \int_{t-\tau(t)}^{t-\tau_1} \dot{x}^{\mathrm{T}}(s) Z_2 \dot{x}(s) \mathrm{d}s$$
$$\leqslant -\xi^{\mathrm{T}}(t)(e_2 - e_4) Z_2 (e_2^{\mathrm{T}} - e_4^{\mathrm{T}}) \xi(t)$$
$$\quad - \xi^{\mathrm{T}}(t)(e_3 - e_2) Z_2 (e_3^{\mathrm{T}} - e_2^{\mathrm{T}}) \xi(t)$$
$$\quad - \alpha \xi^{\mathrm{T}}(t)(e_2 - e_4) Z_2 (e_2^{\mathrm{T}} - e_4^{\mathrm{T}}) \xi(t)$$
$$\quad - (1 - \alpha) \xi^{\mathrm{T}}(t)(e_3 - e_2) Z_2 (e_3^{\mathrm{T}} - e_2^{\mathrm{T}}) \xi(t) \tag{4.13}$$

同样地

$$
\begin{aligned}
-\tau_{12} \int_{t-\tau_2}^{t-\tau_1} & x^{\mathrm{T}}(s) Z_4 x(s) \mathrm{d}s \\
\leqslant & -\xi^{\mathrm{T}}(t) \left(e_8^{\mathrm{T}} Z_4 e_8 + e_9^{\mathrm{T}} Z_4 e_9 \right) \xi(t) \\
& - \alpha \xi^{\mathrm{T}}(t) e_9^{\mathrm{T}} Z_4 e_9 \xi(t) - (1-\alpha) \xi^{\mathrm{T}}(t) e_8^{\mathrm{T}} Z_4 e_8 \xi(t)
\end{aligned}
\tag{4.14}
$$

由式 (4.8)∼ 式 (4.14) 可以得到

$$
\dot{V}(x_t) \leqslant \xi^{\mathrm{T}}(t) \left[\alpha \varXi_1 + (1-\alpha) \varXi_2 \right] \xi(t)
\tag{4.15}
$$

由于 $0 \leqslant \alpha \leqslant 1$, $\alpha \varXi_1 + (1-\alpha) \varXi_2$ 是 $\varXi_1$、$\varXi_2$ 的凸组合。因此, $\alpha \varXi_1 + (1-\alpha) \varXi_2 < 0$ 等价于 $\varXi_1 < 0$, $\varXi_2 < 0$。如果式 (4.5) 和式 (4.6) 满足, 则 $\dot{V}(x_t) < 0$, 由 Lyapunov 稳定性理论可知系统 (4.1) 渐近稳定。　　　　　　　　　　　　　　　　　□

与现有的 Lyapunov 泛函相比, 本节提出的 Lyapunov 泛函具有一些三重积分项。正如第 3 章所述, 这些三重积分项对于减少稳定性判据的保守性具有重要作用。但引入三重积分只是保守性降低的一个原因, 另一个原因是 Lyapunov 泛函充分利用了时滞下界的信息。即使不加入三重积分项, 所得的结果仍然比文献 [106] 的结果保守性要小。

为了与文献 [106] 进行公平的比较, 将 Lyapunov 泛函 (4.7) 中的三重积分项去掉, 得到如下的 Lyapunov 泛函:

$$
\begin{aligned}
V(x_t) = & \, x^{\mathrm{T}}(t) P x(t) + \int_{t-\tau_1}^{t} x^{\mathrm{T}}(s) Q_1 x(s) \mathrm{d}s \\
& + \int_{t-\tau_2}^{t-\tau_1} x^{\mathrm{T}}(s) Q_2 x(s) \mathrm{d}s + \int_{t-\tau(t)}^{t-\tau_1} x^{\mathrm{T}}(s) Q_3 x(s) \mathrm{d}s \\
& + \int_{-\tau_1}^{0} \int_{t+\theta}^{t} \tau_1 \dot{x}^{\mathrm{T}}(s) Z_1 \dot{x}(s) \mathrm{d}s \mathrm{d}\theta \\
& + \int_{-\tau_2}^{-\tau_1} \int_{t+\theta}^{t} \tau_{12} \dot{x}^{\mathrm{T}}(s) Z_2 \dot{x}(s) \mathrm{d}s \mathrm{d}\theta
\end{aligned}
\tag{4.16}
$$

上面的 Lyapunov 泛函与文献 [106] 中的 Lyapunov 泛函的唯一区别在于: 式 (4.16) 包含如下两个积分项:

$$
\int_{t-\tau_2}^{t-\tau_1} x^{\mathrm{T}}(s) Q_2 x(s) \mathrm{d}s, \qquad \int_{t-\tau(t)}^{t-\tau_1} x^{\mathrm{T}}(s) Q_3 x(s) \mathrm{d}s
$$

而文献 [106] 中引入的是

$$
\int_{t-\tau_2}^{t} x^{\mathrm{T}}(s) Q_2 x(s) \mathrm{d}s, \qquad \int_{t-\tau(t)}^{t} x^{\mathrm{T}}(s) Q_3 x(s) \mathrm{d}s
$$

可见，文献 [106] 中 Lyapunov 泛函中的一重积分项的积分上限均为 t，而本节构造的 Lyapunov 泛函中的一重积分项的积分上限均为 $t - \tau_1$。因此，本节所构造的 Lyapunov 泛函更充分地利用了时滞的下界信息。

定义 $\tilde{e}_i$ $(i = 1, 2, 3, 4)$ 为分块坐标矩阵，例如，$\tilde{e}_2^{\mathrm{T}} = [0 \ \ I \ \ 0 \ \ 0]$。应用 Lyapunov 泛函 (4.16)，可以得到如下定理 4.1 的推论。

推论 4.1 对于给定标量 $0 < \tau_1 < \tau_2$, $0 \leqslant \mu < 1$，如果存在适维矩阵 $P > 0$，$Q_i > 0(i = 1, 2, 3)$，$Z_j > 0(j = 1, 2)$，使矩阵不等式 (4.17) 和 (4.18) 成立：

$$\Phi_1 = \Phi - (\tilde{e}_2 - \tilde{e}_4)Z_2(\tilde{e}_2^{\mathrm{T}} - \tilde{e}_4^{\mathrm{T}}) < 0 \tag{4.17}$$

$$\Phi_2 = \Phi - (\tilde{e}_3 - \tilde{e}_2)Z_2(\tilde{e}_3^{\mathrm{T}} - \tilde{e}_2^{\mathrm{T}}) < 0 \tag{4.18}$$

其中

$$\Phi = [A \ \ A_1 \ \ 0 \ \ 0]^{\mathrm{T}} (\tau_1^2 Z_1 + \tau_{12}^2 Z_2) [A \ \ A_1 \ \ 0 \ \ 0]$$

$$+ \begin{bmatrix} \Phi_{11} & PA_1 & Z_1 & 0 \\ * & -(1-\mu)Q_3 - 2Z_2 & Z_2 & Z_2 \\ * & * & \Phi_{33} & 0 \\ * & * & * & -Q_2 - Z_2 \end{bmatrix}$$

$$\Phi_{11} = PA + A^{\mathrm{T}}P + Q_1 - Z_1$$

$$\Phi_{33} = -Q_1 + Q_2 + Q_3 - Z_1 - Z_2$$

则对于任意满足 (4.2) 的时滞，系统 (4.1) 渐近稳定。

下面证明推论 4.1 比文献 [106] 中定理 1 具有更小的保守性。文献 [106] 中定理 1 如下所示。

定理 4.2 对于给定的标量 $0 < \tau_1 < \tau_2$, $0 \leqslant \mu < 1$，如果存在适维矩阵 $\hat{P} > 0$，$\hat{Q}_i > 0(i = 1, 2, 3)$，$\hat{Z}_j > 0(j = 1, 2)$，使得线性矩阵不等式 (4.19) 和 (4.20) 成立：

$$\hat{\Phi}_1 = \hat{\Phi} - (\tilde{e}_2 - \tilde{e}_4)\hat{Z}_2(\tilde{e}_2^{\mathrm{T}} - \tilde{e}_4^{\mathrm{T}}) < 0 \tag{4.19}$$

$$\hat{\Phi}_2 = \hat{\Phi} - (\tilde{e}_3 - \tilde{e}_2)\hat{Z}_2(\tilde{e}_3^{\mathrm{T}} - \tilde{e}_2^{\mathrm{T}}) < 0 \tag{4.20}$$

其中

$$\hat{\Phi} = \begin{bmatrix} \hat{\Phi}_{11} & \hat{P}A_1 & \hat{Z}_1 & 0 \\ * & -(1-\mu)\hat{Q}_3 - 2\hat{Z}_2 & \hat{Z}_2 & \hat{Z}_2 \\ * & * & -\hat{Q}_1 - \hat{Z}_1 - \hat{Z}_2 & 0 \\ * & * & * & -\hat{Q}_2 - \hat{Z}_2 \end{bmatrix}$$

$$+ [A \ \ A_1 \ \ 0 \ \ 0]^{\mathrm{T}} (\tau_1^2 \hat{Z}_1 + \tau_{12}^2 \hat{Z}_2) [A \ \ A_1 \ \ 0 \ \ 0]$$

$$\hat{\Phi}_{11} = \hat{P}A + A^{\mathrm{T}}\hat{P} + \hat{Q}_1 + \hat{Q}_2 + \hat{Q}_3 - \hat{Z}_1$$

则对于任意满足 (4.2) 的时滞, 系统 (4.1) 渐近稳定。

对于推论 4.1 和定理 4.2, 有如下结论。

定理 4.3　如果存在适维矩阵 $\hat{P} > 0$, $\hat{Q}_i > 0(i = 1, 2, 3)$, $\hat{Z}_j > 0(j = 1, 2)$ 使式 (4.19) 和式 (4.20) 成立, 那么矩阵 $P = \hat{P} > 0$, $Q_1 = \hat{Q}_1 + \hat{Q}_2 + \hat{Q}_3 > 0$, $Q_2 = \hat{Q}_2 > 0$, $Q_3 = \hat{Q}_3 > 0$, $Z_j = \hat{Z}_j > 0$ 为不等式 (4.17) 和 (4.18) 的可行解。

证明　假设存在矩阵 $\hat{P} > 0$, $\hat{Q}_i > 0(i = 1, 2, 3)$, $\hat{Z}_j > 0(j = 1, 2)$, 使式 (4.19) 和式 (4.20) 成立, 那么定义 $Q_1 = \hat{Q}_1 + \hat{Q}_2 + \hat{Q}_3$, 则

$$\tilde{\Phi}_1 = \tilde{\Phi} - (\tilde{e}_2 - \tilde{e}_4)\hat{Z}_2(\tilde{e}_2^{\mathrm{T}} - \tilde{e}_4^{\mathrm{T}}) < 0 \tag{4.21}$$

$$\tilde{\Phi}_2 = \tilde{\Phi} - (\tilde{e}_3 - \tilde{e}_2)\hat{Z}_2(\tilde{e}_3^{\mathrm{T}} - \tilde{e}_2^{\mathrm{T}}) < 0 \tag{4.22}$$

其中

$$\tilde{\Phi} = \begin{bmatrix} \tilde{\Phi}_{11} & \hat{P}A_1 & \hat{Z}_1 & 0 \\ * & -(1-\mu)\hat{Q}_3 - 2\hat{Z}_2 & \hat{Z}_2 & \hat{Z}_2 \\ * & * & \tilde{\Phi}_{33} & 0 \\ * & * & * & -\hat{Q}_2 - \hat{Z}_2 \end{bmatrix}$$
$$+ [A \quad A_1 \quad 0 \quad 0]^{\mathrm{T}} (\tau_1^2 \hat{Z}_1 + \tau_{12}^2 \hat{Z}_2) [A \quad A_1 \quad 0 \quad 0]$$

$\tilde{\Phi}_{11} = \hat{P}A + A^{\mathrm{T}}\hat{P} + Q_1 - \hat{Z}_1$, $\tilde{\Phi}_{33} = -Q_1 + \hat{Q}_2 + \hat{Q}_3 - \hat{Z}_1 - \hat{Z}_2$。显然, $P = \hat{P} > 0$, $Q_1 = \hat{Q}_1 + \hat{Q}_2 + \hat{Q}_3 > 0$, $Q_2 = \hat{Q}_2 > 0$, $Q_3 = \hat{Q}_3 > 0$, $Z_j = \hat{Z}_j > 0(j = 1, 2)$ 为不等式 (4.17) 和 (4.18) 的可行解。　□

注 4.2　由式 (4.13) 可以看出: $-\dfrac{\tau(t) - \tau_1}{\tau_2 - \tau(t)}$ 被放大为 $-\dfrac{\tau(t) - \tau_1}{\tau_{12}}$, $-\dfrac{\tau_2 - \tau(t)}{\tau(t) - \tau_1}$ 被放大为 $-\dfrac{\tau_2 - \tau(t)}{\tau_{12}}$。因此定理 4.1 的处理方法会引入一些保守性。下一节将探讨如何进一步降低所得结论的保守性。

在许多情况下, 时滞并不可导或导数信息不可知。对于第二种情况的时滞, 在定理 4.1 的基础上有如下推论。

推论 4.2　对于给定标量 $0 < \tau_1 < \tau_2$, 如果存在适维矩阵 $P = [P_{ij}]_{5 \times 5} > 0$, $Q_i > 0(i = 1, 2, 4, 5)$, $Z_j > 0(j = 1, \cdots, 4)$, $R_1 > 0$, $R_2 > 0$, 使线性矩阵不等式 (4.23) 和 (4.24) 成立:

$$\begin{aligned} \hat{\Xi}_1 = {} & \Gamma P \Upsilon^{\mathrm{T}} + \Upsilon P \Gamma^{\mathrm{T}} + \hat{\Lambda} + A_c^{\mathrm{T}} Y A_c - (e_1 - e_3)Z_1(e_1^{\mathrm{T}} - e_3^{\mathrm{T}}) \\ & - 2(e_2 - e_4)Z_2(e_2^{\mathrm{T}} - e_4^{\mathrm{T}}) - (e_3 - e_2)Z_2(e_3^{\mathrm{T}} - e_2^{\mathrm{T}}) \\ & - e_8 Z_4 e_8^{\mathrm{T}} - 2e_9 Z_4 e_9^{\mathrm{T}} - (\tau_1 e_1 - e_7)R_1(\tau_1 e_1^{\mathrm{T}} - e_7^{\mathrm{T}}) \\ & - (\tau_{12} e_1 - e_8 - e_9)R_2(\tau_{12} e_1^{\mathrm{T}} - e_8^{\mathrm{T}} - e_9^{\mathrm{T}}) < 0 \end{aligned} \tag{4.23}$$

$$\hat{\Xi}_2 = \Gamma P \Upsilon^{\mathrm{T}} + \Upsilon P \Gamma^{\mathrm{T}} + \hat{\Lambda} + A_c^{\mathrm{T}} Y A_c - (e_1 - e_3) Z_1 (e_1^{\mathrm{T}} - e_3^{\mathrm{T}})$$

$$- (e_2 - e_4) Z_2 (e_2^{\mathrm{T}} - e_4^{\mathrm{T}}) - 2(e_3 - e_2) Z_2 (e_3^{\mathrm{T}} - e_2^{\mathrm{T}})$$

$$- 2 e_8 Z_4 e_8^{\mathrm{T}} - e_9 Z_4 e_9^{\mathrm{T}} - (\tau_1 e_1 - e_7) R_1 (\tau_1 e_1^{\mathrm{T}} - e_7^{\mathrm{T}})$$

$$- (\tau_{12} e_1 - e_8 - e_9) R_2 (\tau_{12} e_1^{\mathrm{T}} - e_8^{\mathrm{T}} - e_9^{\mathrm{T}}) < 0 \tag{4.24}$$

其中，Γ、Υ、Y、A_c 的定义与定理 4.1 相同，$\hat{\Lambda} = \mathrm{diag}\{Q_1 + \tau_1^2 Z_3 + \tau_{12}^2 Z_4,\ 0,$ $-Q_1 + Q_2,\ -Q_2,\ -Q_4 + Q_5,\ -Q_5,\ -Z_3,\ 0,\ 0\}$，则对于任意满足 (4.3) 的时滞，系统 (4.1) 渐近稳定。

证明　在定理 4.1 中令 $Q_3 = 0$，推论 4.2 即可得证。　　　□

4.3.2　保守性降低

本节综合应用自由权矩阵方法和积分不等式方法，推导保守性更小的稳定性判据。在本节定义 $e_i\ (i = 1, \cdots, 7)$ 为分块坐标矩阵，例如，$e_2^{\mathrm{T}} = [0\ I\ 0\ 0\ 0\ 0\ 0]$。

$$\xi(t) = \begin{bmatrix} \xi_1(t) \\ \xi_2(t) \end{bmatrix},\ 其中，\ \xi_1(t) = \begin{bmatrix} x(t) \\ x(t - \tau(t)) \\ x(t - \tau_1) \end{bmatrix},\ \xi_2(t) = \begin{bmatrix} x(t - \tau_2) \\ \dot{x}(t - \tau_1) \\ \dot{x}(t - \tau_2) \\ \int_{t-\tau_1}^t x(s)\mathrm{d}s \end{bmatrix}。$$

定理 4.4　对于给定标量 $0 < \tau_1 < \tau_2$，$0 \leqslant \mu < 1$，如果存在适维矩阵 $Q_i > 0(i = 1, \cdots, 5)$，$Z_j > 0(j = 1, \cdots, 4)$，$R_1 > 0$，$R_2 > 0$，$P = [P_{ij}]_{5 \times 5} > 0$，以及任意适维矩阵 $H = \begin{bmatrix} H_1 \\ H_2 \\ H_3 \\ H_4 \end{bmatrix}$，$F = \begin{bmatrix} F_1 \\ F_2 \\ F_3 \\ F_4 \end{bmatrix}$，$N = \begin{bmatrix} N_1 \\ N_2 \\ N_3 \\ N_4 \end{bmatrix}$，使矩阵不等式 (4.25) 和 (4.26) 成立：

$$\Xi_1 = \begin{bmatrix} \Omega & \Psi^{\mathrm{T}} - \dfrac{\tau_s}{\tau_{12}} \hat{N} & \hat{H} & \hat{N} \\ * & -\dfrac{Z_4}{\tau_{12}^2} & 0 & 0 \\ * & * & -\dfrac{Z_2}{\tau_{12}^2} & 0 \\ * & * & * & -\dfrac{R_2}{\tau_s^2} \end{bmatrix} < 0 \tag{4.25}$$

$$\Xi_2 = \begin{bmatrix} \Omega & \Psi^{\mathrm{T}} - \dfrac{\tau_s}{\tau_{12}}\hat{N} & \hat{F} & \hat{N} \\ * & -\dfrac{Z_4}{\tau_{12}^2} & 0 & 0 \\ * & * & -\dfrac{Z_2}{\tau_{12}^2} & 0 \\ * & * & * & -\dfrac{R_2}{\tau_s^2} \end{bmatrix} < 0 \tag{4.26}$$

其中

$$\begin{aligned}
\Omega &= \Phi P \Upsilon^{\mathrm{T}} + \Upsilon P \Phi^{\mathrm{T}} + \Lambda + A_c^{\mathrm{T}} Y A_c + \tau_{12}\hat{H}E_1 + \tau_{12}E_1^{\mathrm{T}}\hat{H}^{\mathrm{T}} \\
&\quad + \tau_{12}\hat{F}E_2 + \tau_{12}E_2^{\mathrm{T}}\hat{F}^{\mathrm{T}} + \tau_s\tau_{12}\hat{N}E_3 + \tau_s\tau_{12}E_3^{\mathrm{T}}\hat{N}^{\mathrm{T}} \\
&\quad - (e_1 - e_3)Z_1(e_1^{\mathrm{T}} - e_3^{\mathrm{T}}) - (\tau_1 e_1 - e_7)R_1(\tau_1 e_1^{\mathrm{T}} - e_7^{\mathrm{T}})
\end{aligned}$$

$$\Phi = [e_1 \ \ e_3 \ \ e_4 \ \ e_7 \ \ 0]$$

$$\Upsilon = [A_c^{\mathrm{T}} \ \ e_5 \ \ e_6 \ \ e_1 - e_3 \ \ e_3 - e_4]$$

$$\begin{aligned}
\Lambda = \mathrm{diag}\{&Q_1 + \tau_1^2 Z_3 + \tau_{12}^2 Z_4, \ -(1-\mu)Q_3, \ -Q_1 + Q_2 + Q_3, \\
&-Q_2, \ -Q_4 + Q_5, \ -Q_5, \ -Z_3\}
\end{aligned}$$

$$A_c = [A \ \ A_1 \ \ 0 \ \ 0 \ \ 0 \ \ 0 \ \ 0]$$

$$Y = Q_4 + \tau_1^2 Z_1 + \tau_{12}^2 Z_2 + \dfrac{\tau_1^4}{4}R_1 + \tau_s^2 R_2$$

$$\Psi = \dfrac{1}{\tau_{12}}[P_{15}^{\mathrm{T}}A + P_{45}^{\mathrm{T}} \ \ P_{15}^{\mathrm{T}}A_1 \ \ -P_{45}^{\mathrm{T}} + P_{55} \ \ -P_{55} \ \ P_{25}^{\mathrm{T}} \ \ P_{35}^{\mathrm{T}} \ \ 0]$$

$$\hat{N} = [N_1^{\mathrm{T}} \ \ N_2^{\mathrm{T}} \ \ N_3^{\mathrm{T}} \ \ N_4^{\mathrm{T}} \ \ 0 \ \ 0 \ \ 0]^{\mathrm{T}}$$

$$\hat{F} = [F_1^{\mathrm{T}} \ \ F_2^{\mathrm{T}} \ \ F_3^{\mathrm{T}} \ \ F_4^{\mathrm{T}} \ \ 0 \ \ 0 \ \ 0]^{\mathrm{T}}$$

$$\hat{H} = [H_1^{\mathrm{T}} \ \ H_2^{\mathrm{T}} \ \ H_3^{\mathrm{T}} \ \ H_4^{\mathrm{T}} \ \ 0 \ \ 0 \ \ 0]^{\mathrm{T}}$$

$$E_1 = [0 \ \ -I \ \ I \ \ 0 \ \ 0 \ \ 0 \ \ 0]$$

$$E_2 = [0 \ \ I \ \ 0 \ \ -I \ \ 0 \ \ 0 \ \ 0]$$

$$E_3 = [I \ \ 0 \ \ 0 \ \ 0 \ \ 0 \ \ 0 \ \ 0]$$

证明　选取如式 (4.7) 所示的 Lyapunov 泛函, 其导数如式 (4.8) 所示。应用引理 2.6 有

$$-\tau_1 \int_{t-\tau_1}^{t} \dot{x}^{\mathrm{T}}(s)Z_1\dot{x}(s)\mathrm{d}s \leqslant -\xi^{\mathrm{T}}(t)(e_1 - e_3)Z_1(e_1^{\mathrm{T}} - e_3^{\mathrm{T}})\xi(t) \tag{4.27}$$

$$-\tau_1 \int_{t-\tau_1}^{t} x^{\mathrm{T}}(s)Z_3 x(s)\mathrm{d}s \leqslant -\int_{t-\tau_1}^{t} x^{\mathrm{T}}(s)\mathrm{d}s Z_3 \int_{t-\tau_1}^{t} x(s)\mathrm{d}s \tag{4.28}$$

$$-\frac{\tau_1^2}{2}\int_{-\tau_1}^{0}\int_{t+\theta}^{t}\dot{x}^{\mathrm{T}}(s)R_1\dot{x}(s)\mathrm{d}s\mathrm{d}\theta \leqslant -\xi^{\mathrm{T}}(t)(\tau_1 e_1 - e_7)R_1(\tau_1 e_1^{\mathrm{T}} - e_7^{\mathrm{T}})\xi(t) \tag{4.29}$$

由牛顿–莱布尼茨公式可知下列等式成立:

$$0 = 2\tau_{12}\xi^{\mathrm{T}}(t)\hat{H}\left[x(t-\tau_1) - x(t-\tau(t)) - \int_{t-\tau(t)}^{t-\tau_1}\dot{x}(s)\mathrm{d}s\right] \tag{4.30}$$

$$0 = 2\tau_{12}\xi^{\mathrm{T}}(t)\hat{F}\left[x(t-\tau(t)) - x(t-\tau_2) - \int_{t-\tau_2}^{t-\tau(t)}\dot{x}(s)\mathrm{d}s\right] \tag{4.31}$$

$$0 = 2\tau_s\xi^{\mathrm{T}}(t)\hat{N}\left[\tau_{12}x(t) - \int_{t-\tau_2}^{t-\tau(t)}x(s)\mathrm{d}s\right.$$
$$\left. - \int_{t-\tau(t)}^{t-\tau_1}x(s)\mathrm{d}s - \int_{-\tau_2}^{-\tau_1}\int_{t+\theta}^{t}\dot{x}(s)\mathrm{d}s\mathrm{d}\theta\right] \tag{4.32}$$

将式 (4.30)~ 式 (4.32) 的左右两侧分别加到式 (4.8) 的左右两侧,可得

$$\begin{aligned}
\dot{V}(x_t) = {}& 2\zeta^{\mathrm{T}}(t)P\dot{\zeta}(t) + x^{\mathrm{T}}(t)(Q_1 + \tau_1^2 Z_3 + \tau_{12}^2 Z_4)x(t) \\
& - (1-\mu)x^{\mathrm{T}}(t-\tau(t))Q_3 x(t-\tau(t)) \\
& - x^{\mathrm{T}}(t-\tau_1)(Q_1 - Q_2 - Q_3)x(t-\tau_1) \\
& - x^{\mathrm{T}}(t-\tau_2)Q_2 x(t-\tau_2) - \dot{x}^{\mathrm{T}}(t-\tau_2)Q_5\dot{x}(t-\tau_2) \\
& - \dot{x}^{\mathrm{T}}(t-\tau_1)(Q_4 - Q_5)\dot{x}(t-\tau_1) + \dot{x}^{\mathrm{T}}(t)Y\dot{x}(t) \\
& - \tau_1\int_{t-\tau_1}^{t}\dot{x}^{\mathrm{T}}(s)Z_1\dot{x}(s)\mathrm{d}s - \tau_{12}\int_{t-\tau_2}^{t-\tau_1}\dot{x}^{\mathrm{T}}(s)Z_2\dot{x}(s)\mathrm{d}s \\
& - \tau_1\int_{t-\tau_1}^{t}x^{\mathrm{T}}(s)Z_3 x(s)\mathrm{d}s - \tau_{12}\int_{t-\tau_2}^{t-\tau_1}x^{\mathrm{T}}(s)Z_4 x(s)\mathrm{d}s \\
& - \frac{\tau_1^2}{2}\int_{-\tau_1}^{0}\int_{t+\theta}^{t}\dot{x}^{\mathrm{T}}(s)R_1\dot{x}(s)\mathrm{d}s\mathrm{d}\theta \\
& - \tau_s\int_{-\tau_2}^{-\tau_1}\int_{t+\theta}^{t}\dot{x}^{\mathrm{T}}(s)R_2\dot{x}(s)\mathrm{d}s\mathrm{d}\theta \\
& + 2\tau_{12}\xi^{\mathrm{T}}(t)\hat{H}\left[x(t-\tau_1) - x(t-\tau(t)) - \int_{t-\tau(t)}^{t-\tau_1}\dot{x}(s)\mathrm{d}s\right] \\
& + 2\tau_{12}\xi^{\mathrm{T}}(t)\hat{F}\left[x(t-\tau(t)) - x(t-\tau_2) - \int_{t-\tau_2}^{t-\tau(t)}\dot{x}(s)\mathrm{d}s\right] \\
& + 2\tau_s\xi^{\mathrm{T}}(t)\hat{N}\left[\tau_{12}x(t) - \int_{t-\tau_2}^{t-\tau(t)}x(s)\mathrm{d}s\right. \\
& \left. - \int_{t-\tau(t)}^{t-\tau_1}x(s)\mathrm{d}s - \int_{-\tau_2}^{-\tau_1}\int_{t+\theta}^{t}\dot{x}(s)\mathrm{d}s\mathrm{d}\theta\right]
\end{aligned} \tag{4.33}$$

显见

$$2\int_{t-\tau_2}^{t-\tau_1} x^{\mathrm{T}}(s)\mathrm{d}s\left[0\ \ 0\ \ 0\ \ 0\ \ I\right]P\dot\zeta(t) = 2\left[\int_{t-\tau(t)}^{t-\tau_1} x^{\mathrm{T}}(s)\mathrm{d}s\right.$$
$$\left. + \int_{t-\tau_2}^{t-\tau(t)} x^{\mathrm{T}}(s)\mathrm{d}s\right]\left[P_{15}^{\mathrm{T}}\ \ P_{25}^{\mathrm{T}}\ \ P_{35}^{\mathrm{T}}\ \ P_{45}^{\mathrm{T}}\ \ P_{55}^{\mathrm{T}}\right]\dot\zeta(t) \tag{4.34}$$

易得

$$2\int_{t-\tau(t)}^{t-\tau_1} x^{\mathrm{T}}(s)\mathrm{d}s\left[0\ \ 0\ \ 0\ \ 0\ \ I\right]P\dot\zeta(t) - 2\tau_s\xi^{\mathrm{T}}(t)\hat N\int_{t-\tau(t)}^{t-\tau_1} x(s)\mathrm{d}s$$
$$= \tau_{12}\left[2\int_{t-\tau(t)}^{t-\tau_1} x^{\mathrm{T}}(s)\mathrm{d}s\left[0\ \ 0\ \ 0\ \ 0\ \ I\right]\frac{P}{\tau_{12}}\dot\zeta(t) - \frac{2\tau_s}{\tau_{12}}\xi^{\mathrm{T}}(t)\hat N\int_{t-\tau(t)}^{t-\tau_1} x(s)\mathrm{d}s\right]$$
$$\leqslant \tau_{12}(\tau(t)-\tau_1)\xi^{\mathrm{T}}(t)(\varPsi^{\mathrm{T}} - \frac{\tau_s}{\tau_{12}}\hat N)Z_4^{-1}(\varPsi - \frac{\tau_s}{\tau_{12}}\hat N^{\mathrm{T}})\xi(t)$$
$$+ \tau_{12}\int_{t-\tau(t)}^{t-\tau_1} x^{\mathrm{T}}(s)Z_4 x(s)\mathrm{d}s \tag{4.35}$$

$$2\int_{t-\tau_2}^{t-\tau(t)} x^{\mathrm{T}}(s)\mathrm{d}s\left[0\ \ 0\ \ 0\ \ 0\ \ I\right]P\dot\zeta(t) - 2\xi^{\mathrm{T}}(t)\hat N\int_{t-\tau_2}^{t-\tau(t)} x(s)\mathrm{d}s$$
$$= \tau_{12}\left[2\int_{t-\tau_2}^{t-\tau(t)} x^{\mathrm{T}}(s)\mathrm{d}s\left[0\ \ 0\ \ 0\ \ 0\ \ I\right]\frac{P}{\tau_{12}}\dot\zeta(t) - \frac{2\tau_s}{\tau_{12}}\xi^{\mathrm{T}}(t)\hat N\int_{t-\tau_2}^{t-\tau(t)} x(s)\mathrm{d}s\right]$$
$$\leqslant \tau_{12}(\tau_2-\tau(t))\xi^{\mathrm{T}}(t)\left(\varPsi^{\mathrm{T}} - \frac{\tau_s}{\tau_{12}}\hat N\right)Z_4^{-1}\left(\varPsi - \frac{\tau_s}{\tau_{12}}\hat N^{\mathrm{T}}\right)\xi(t)$$
$$+ \tau_{12}\int_{t-\tau_2}^{t-\tau(t)} x^{\mathrm{T}}(s)Z_4 x(s)\mathrm{d}s \tag{4.36}$$

$$-2\tau_{12}\xi^{\mathrm{T}}(t)\hat H\int_{t-\tau(t)}^{t-\tau_1}\dot x(s)\mathrm{d}s$$
$$\leqslant \tau_{12}(\tau(t)-\tau_1)\xi^{\mathrm{T}}(t)\hat H Z_2^{-1}\hat H^{\mathrm{T}}\xi(t) + \tau_{12}\int_{t-\tau(t)}^{t-\tau_1}\dot x^{\mathrm{T}}(s)Z_2\dot x(s)\mathrm{d}s \tag{4.37}$$

$$-2\tau_{12}\xi^{\mathrm{T}}(t)\hat F\int_{t-\tau_2}^{t-\tau(t)}\dot x(s)\mathrm{d}s$$
$$\leqslant \tau_{12}(\tau_2-\tau(t))\xi^{\mathrm{T}}(t)\hat F Z_2^{-1}\hat F^{\mathrm{T}}\xi(t) + \tau_{12}\int_{t-\tau_2}^{t-\tau(t)}\dot x^{\mathrm{T}}(s)Z_2\dot x(s)\mathrm{d}s \tag{4.38}$$

$$-2\tau_s\xi^{\mathrm{T}}(t)\hat N\int_{-\tau_2}^{-\tau_1}\int_{t+\theta}^{t}\dot x(s)\mathrm{d}s\mathrm{d}\theta$$
$$\leqslant \tau_s^2\xi^{\mathrm{T}}(t)\hat N R_2^{-1}\hat N^{\mathrm{T}}\xi(t) + \tau_s\int_{-\tau_2}^{-\tau_1}\int_{t+\theta}^{t}\dot x^{\mathrm{T}}(s)R_2\dot x(s)\mathrm{d}s\mathrm{d}\theta \tag{4.39}$$

由式 (4.33)~ 式 (4.39) 可得

$$\dot{V}(x_t) \leqslant \xi^{\mathrm{T}}(t) \bigg\{ \Omega + \tau_s^2 \hat{N} R_2^{-1} \hat{N}^{\mathrm{T}}$$

$$+ \tau_{12}(\tau(t) - \tau_1) \left[\left(\Psi^{\mathrm{T}} - \frac{\tau_s}{\tau_{12}} \hat{N} \right) Z_4^{-1} \left(\Psi - \frac{\tau_s}{\tau_{12}} \hat{N}^{\mathrm{T}} \right) + \hat{H} Z_2^{-1} \hat{H}^{\mathrm{T}} \right]$$

$$+ \tau_{12}(\tau_2 - \tau(t)) \left[\left(\Psi^{\mathrm{T}} - \frac{\tau_s}{\tau_{12}} \hat{N} \right) Z_4^{-1} \left(\Psi - \frac{\tau_s}{\tau_{12}} \hat{N}^{\mathrm{T}} \right) + \hat{F} Z_2^{-1} \hat{F}^{\mathrm{T}} \right] \bigg\} \xi(t)$$

利用文献 [56] 的凸组合方法可知，$\dot{V}(x_t) < 0$ 的充要条件是式 (4.40) 和式 (4.41) 成立，即

$$\Omega + \tau_s^2 \hat{N} R_2^{-1} \hat{N}^{\mathrm{T}}$$
$$+ \tau_{12}^2 \left[\left(\Psi^{\mathrm{T}} - \frac{\tau_s}{\tau_{12}} \hat{N} \right) Z_4^{-1} \left(\Psi - \frac{\tau_s}{\tau_{12}} \hat{N}^{\mathrm{T}} \right) + \hat{H} Z_2^{-1} \hat{H}^{\mathrm{T}} \right] < 0 \qquad (4.40)$$

$$\Omega + \tau_s^2 \hat{N} R_2^{-1} \hat{N}^{\mathrm{T}}$$
$$+ \tau_{12}^2 \left[\left(\Psi^{\mathrm{T}} - \frac{\tau_s}{\tau_{12}} \hat{N} \right) Z_4^{-1} \left(\Psi - \frac{\tau_s}{\tau_{12}} \hat{N}^{\mathrm{T}} \right) + \hat{F} Z_2^{-1} \hat{F}^{\mathrm{T}} \right] < 0 \qquad (4.41)$$

由 Schur 补引理可知式 (4.40) 和式 (4.41) 分别与式 (4.25) 和式 (4.26) 等价。因此，如果式 (4.25) 和式 (4.26) 成立，那么由 Lyapunov 稳定性理论可知系统 (4.1) 渐近稳定。   □

注 4.3   定理 4.4 综合利用积分不等式和自由权矩阵方法，同时应用凸组合的技巧，得到系统 (4.1) 的时滞范围相关稳定性判据。在定理 4.4 中，并没有对 $\tau(t) - \tau_1$ 及 $\tau_2 - \tau(t)$ 进行任何放大，因此，定理 4.4 相比较定理 4.3 具有更小的保守性。

类似地，对于时滞满足第二种情况时，在定理 4.4 的基础上可以得到如下的推论。

推论 4.3   对于给定标量 $0 < \tau_1 < \tau_2$，$0 \leqslant \mu < 1$，如果存在适维矩阵 $Q_i > 0(i = 1, \cdots, 5)$，$Z_j > 0(j = 1, \cdots, 4)$，$R_1 > 0$，$R_2 > 0$，$P = [P_{ij}]_{5 \times 5} > 0$，以及任意适维矩阵 $H = \begin{bmatrix} H_1 \\ H_2 \\ H_3 \\ H_4 \end{bmatrix}$，$F = \begin{bmatrix} F_1 \\ F_2 \\ F_3 \\ F_4 \end{bmatrix}$，$N = \begin{bmatrix} N_1 \\ N_2 \\ N_3 \\ N_4 \end{bmatrix}$，使矩阵不等式 (4.42) 和 (4.43) 成立：

$$\Xi_1 = \begin{bmatrix} \Omega & \Psi^{\mathrm{T}} - \dfrac{\tau_s}{\tau_{12}} \hat{N} & \hat{H} & \hat{N} \\ * & -\dfrac{Z_4}{\tau_{12}^2} & 0 & 0 \\ * & * & -\dfrac{Z_2}{\tau_{12}^2} & 0 \\ * & * & * & -\dfrac{R_2}{\tau_s^2} \end{bmatrix} < 0 \qquad (4.42)$$

$$
\Xi_2 = \begin{bmatrix}
\Omega & \Psi^{\mathrm{T}} - \dfrac{\tau_s}{\tau_{12}}\hat{N} & \hat{F} & \hat{N} \\[2mm]
* & -\dfrac{Z_4}{\tau_{12}^2} & 0 & 0 \\[2mm]
* & * & -\dfrac{Z_2}{\tau_{12}^2} & 0 \\[2mm]
* & * & * & -\dfrac{R_2}{\tau_s^2}
\end{bmatrix} < 0 \tag{4.43}
$$

其中

$$
\begin{aligned}
\hat{\Omega} =\ & \Phi P \Upsilon^{\mathrm{T}} + \Upsilon P \Phi^{\mathrm{T}} + \hat{\Lambda} + A_c^{\mathrm{T}} Y A_c + \tau_{12}\hat{H} E_1 + \tau_{12} E_1^{\mathrm{T}} \hat{H}^{\mathrm{T}} \\
& + \tau_{12}\hat{F} E_2 + \tau_{12} E_2^{\mathrm{T}} \hat{F}^{\mathrm{T}} + \tau_s \tau_{12}\hat{N} E_3 + \tau_s \tau_{12} E_3^{\mathrm{T}} \hat{N}^{\mathrm{T}} \\
& - (e_1 - e_3) Z_1 (e_1^{\mathrm{T}} - e_3^{\mathrm{T}}) - (\tau_1 e_1 - e_7) R_1 (\tau_1 e_1^{\mathrm{T}} - e_7^{\mathrm{T}}) \\
\hat{\Lambda} =\ & \mathrm{diag}\{Q_1 + \tau_1^2 Z_3 + \tau_{12}^2 Z_4,\ 0,\ -Q_1 + Q_2, \\
& -Q_2,\ -Q_4 + Q_5,\ -Q_5,\ -Z_3\}
\end{aligned}
$$

其余符号均与定理 4.4 的定义相同, 则对于任意满足 (4.3) 的时滞, 系统 (4.1) 渐近稳定。

4.3.3　数值实例

例 4.1　考虑如下时滞系统:

$$
A = \begin{bmatrix} -2 & 0 \\ 0 & -0.9 \end{bmatrix}, \qquad A_1 = \begin{bmatrix} -1 & 0 \\ -1 & -1 \end{bmatrix}
$$

当 μ 取不同值或未知时, 给定时滞下界 τ_1, 求取能保证系统渐近稳定的最大时滞上界。表 4.1 与表 4.2 列举了应用本章方法与文献 [106] 方法所得到的对比结果。从表 4.1 与表 4.2 可以看出, 本章提出的方法比文献 [106] 中的方法具有更小的保守性。尤其是当 $\tau_1 = 5$ 时, 文献 [106] 的方法不能得到可行解, 但应用本章提出定理 4.1 和定理 4.4 得到的结果分别为 5.0275 和 5.0330。从表 4.1 与表 4.2 还可以看出, 定理 4.4 比定理 4.1 具有更小的保守性。这是由于定理 4.4 综合应用了自由权矩阵方法和积分不等式方法以及凸组合的思想, 并没有对 $\tau_2 - \tau(t)$ 及 $\tau(t) - \tau_1$ 进行缩放。

例 4.2　考虑如下时滞系统:

$$
A = \begin{bmatrix} 0 & 1 \\ -1 & -2 \end{bmatrix}, \qquad A_1 = \begin{bmatrix} 0 & 0 \\ -1 & 1 \end{bmatrix}
$$

对于给定的时滞下界 τ_1, 求取能保证系统渐近稳定的最大时滞上界。当 $\mu = 0.3$ 时的数值仿真结果见表 4.3, 当 μ 未知时的数值仿真结果见表 4.4。从表中可以看出,本章提出的方法与文献 [106] 中的方法相比可以求得更大的时滞上界。同时，还可以看出定理 4.4 可以得到比定理 4.1 更大的时滞上界。

表 4.1　μ 不同取值时的时滞上界

τ_1	方法	$\mu = 0.3$	$\mu = 0.5$	$\mu = 0.9$
2	文献 [106]	2.6972	2.5048	2.5048
	推论 4.1	2.9157	2.5048	2.5048
	定理 4.1	3.0129	2.5663	2.5663
	定理 4.4	3.0277	2.6936	2.6936
3	文献 [106]	3.2591	3.2591	3.2591
	推论 4.1	3.2591	3.2591	3.2591
	定理 4.1	3.3408	3.3408	3.3408
	定理 4.4	3.4165	3.4165	3.4165
4	文献 [106]	4.0744	4.0744	4.0744
	推论 4.1	4.0744	4.0744	4.0744
	定理 4.1	4.1690	4.1690	4.1690
	定理 4.4	4.2048	4.2048	4.2048
5	文献 [106]	—	—	—
	推论 4.1	—	—	—
	定理 4.1	5.0275	5.0275	5.0275
	定理 4.4	5.0330	5.0330	5.0330

表 4.2　μ 未知时的时滞上界

方法	τ_1	2	3	4	5
文献 [106]	τ_2	2.5048	3.2591	4.0744	—
推论 4.2	τ_2	2.5663	3.3408	4.1690	5.0275
推论 4.3	τ_2	2.6936	3.4165	4.2048	5.0330

表 4.3　$\mu = 0.3$ 时 τ_1 不同取值的时滞上界

方法	τ_1	0.3	0.5	0.8	1
文献 [106]	τ_2	2.2224	2.2278	2.2388	2.2474
推论 4.1	τ_2	2.2632	2.2847	2.3032	2.3074
定理 4.1	τ_2	2.2634	2.2858	2.3078	2.3167
定理 4.4	τ_2	2.3925	2.4104	2.4240	2.4249

表 4.4　μ 未知时 τ_1 不同取值的时滞上界

方法	τ_1	1	2	3	4	5
文献 [106]	τ_2	1.6169	2.4798	3.3894	4.3250	5.2773
推论 4.1	τ_2	1.6198	2.4884	3.4030	4.3424	5.2970
推论 4.3	τ_2	1.7590	2.5981	3.4935	4.4192	5.3637

4.4   时滞变化率范围相关稳定性

本节将探讨时滞满足第三种情况时系统 (4.1) 渐近稳定的充分性条件。

4.4.1   自由权矩阵方法

应用自由权矩阵方法，可以得到如下稳定性定理。

定理 4.5   给定标量 $0 \leqslant \tau_1 < \tau_2$ 及 $\nu \leqslant \mu < 1$，如果存在适维矩阵

$$Q = \begin{bmatrix} Q_{11} & Q_{12} \\ * & Q_{22} \end{bmatrix} \geqslant 0, \quad Z = \begin{bmatrix} Z_{11} & Z_{12} \\ * & Z_{22} \end{bmatrix} \geqslant 0$$

$$R = \begin{bmatrix} R_{11} & R_{12} \\ * & R_{22} \end{bmatrix} \geqslant 0, \quad W = \begin{bmatrix} W_{11} & W_{12} \\ * & W_{22} \end{bmatrix} \geqslant 0, \quad X = \begin{bmatrix} X_{11} & X_{12} \\ * & X_{22} \end{bmatrix} \geqslant 0$$

$U_1 > 0$, $U_2 > 0$, $P = [P_{ij}]_{5 \times 5} > 0$, $V = [V_{ij}]_{8 \times 8} > 0$, $F = [F_{ij}]_{8 \times 8} > 0$, 以及任意适维矩阵

$$N = \begin{bmatrix} N_1 \\ N_2 \\ \vdots \\ N_8 \end{bmatrix}, \quad Y = \begin{bmatrix} Y_1 \\ Y_2 \\ \vdots \\ Y_8 \end{bmatrix}, \quad S = \begin{bmatrix} S_1 \\ S_2 \\ \vdots \\ S_8 \end{bmatrix}$$

$$H = \begin{bmatrix} H_1 \\ H_2 \\ \vdots \\ H_8 \end{bmatrix}, \quad L = \begin{bmatrix} L_1 \\ L_2 \\ \vdots \\ L_8 \end{bmatrix}, \quad M = \begin{bmatrix} M_1 \\ M_2 \\ \vdots \\ M_8 \end{bmatrix}$$

使矩阵不等式 (4.44)~(4.47) 成立:

$$\begin{bmatrix} \Sigma & \frac{1}{2}\tau_2^2 L & \tau_s H \\ * & -\frac{1}{2}\tau_2^2 U_1 & 0 \\ * & * & -\tau_s U_2 \end{bmatrix} < 0 \tag{4.44}$$

$$\Lambda_1 = \begin{bmatrix} V & \Gamma_1 \\ * & Z \end{bmatrix} \geqslant 0 \tag{4.45}$$

$$\Lambda_2 = \begin{bmatrix} F & \Gamma_2 \\ * & X \end{bmatrix} \geqslant 0 \tag{4.46}$$

$$\Lambda_3 = \begin{bmatrix} V + F & \Gamma_3 \\ * & Z + X \end{bmatrix} \geqslant 0 \tag{4.47}$$

其中

$$\Sigma = \begin{bmatrix} \Sigma_1 & \Sigma_2 \\ * & \Sigma_3 \end{bmatrix} + \Upsilon + \Upsilon^{\mathrm{T}} - MA_c - A_c^{\mathrm{T}}M^{\mathrm{T}} + \tau_2 V + \tau_{12} F$$

$$\Sigma_1 = \mathrm{diag}\{\Pi_{11},\ -R_{11}(1-\mu),\ -W_{11},\ -Q_{11}\} + \Psi_1 + \Psi_1^{\mathrm{T}}$$

$$\Sigma_2 = \begin{bmatrix} P_{11} + \Pi_{12} & P_{14} & P_{15} & P_{12} \\ P_{14}^{\mathrm{T}} & P_{44} - R_{12} & P_{45} & P_{24}^{\mathrm{T}} \\ P_{15}^{\mathrm{T}} & P_{45}^{\mathrm{T}} & P_{55} - W_{12} & P_{25}^{\mathrm{T}} \\ P_{12}^{\mathrm{T}} & P_{24} & P_{25} & P_{22} - Q_{12} \end{bmatrix}$$

$$\Sigma_3 = \mathrm{diag}\left\{ \Pi_{22} + \frac{1}{2}\tau_2^2 U_1 + \tau_s U_2,\ -R_{22}/(1-\nu),\ -W_{22},\ -Q_{22} \right\}$$

$$\Upsilon = [N + \tau_2 L + \tau_{12} H \quad Y - N - S \quad S \quad -Y \quad 0 \quad 0 \quad 0 \quad 0]$$

$$\Pi_{ij} = Q_{ij} + R_{ij} + W_{ij} + \tau_2 Z_{ij} + \tau_{12} X_{ij}, \quad j = 1,\ 2,\ i \leqslant j$$

$$A_c = [A \quad A_1 \quad 0 \quad 0 \quad -I \quad 0 \quad 0 \quad 0]$$

$$\Gamma_1 = [-\Psi_2 + L \quad N]$$

$$\Gamma_2 = [H \quad S]$$

$$\Gamma_3 = [-\Psi_2 + L + H \quad Y]$$

$$\Psi_1 = \begin{bmatrix} P_{13}^{\mathrm{T}} & P_{34} & P_{35} & P_{23}^{\mathrm{T}} \end{bmatrix}^{\mathrm{T}} \cdot [I \quad 0 \quad 0 \quad -I]$$

$$\Psi_2 = \begin{bmatrix} P_{33} & 0 & 0 & -P_{33} & P_{13}^{\mathrm{T}} & P_{34} & P_{35} & P_{23}^{\mathrm{T}} \end{bmatrix}^{\mathrm{T}}$$

则对于任意满足 (4.4) 的时滞, 系统 (4.1) 渐近稳定。

证明 构造如下的 Lyapunov 泛函:

$$
\begin{aligned}
V(x_t) = {} & \zeta^{\mathrm{T}}(t)P\zeta(t) + \int_{t-\tau(t)}^{t} \varrho^{\mathrm{T}}(s)R\varrho(s)\mathrm{d}s \\
& + \int_{t-\tau_1}^{t} \varrho^{\mathrm{T}}(s)W\varrho(s)\mathrm{d}s + \int_{t-\tau_2}^{t} \varrho^{\mathrm{T}}(s)Q\varrho(s)\mathrm{d}s \\
& + \int_{-\tau_2}^{0} \int_{t+\theta}^{t} \varrho^{\mathrm{T}}(s)Z\varrho(s)\mathrm{d}s\mathrm{d}\theta \\
& + \int_{-\tau_2}^{-\tau_1} \int_{t+\theta}^{t} \varrho^{\mathrm{T}}(s)X\varrho(s)\mathrm{d}s\mathrm{d}\theta \\
& + \int_{-\tau_2}^{0} \int_{\theta}^{0} \int_{t+\lambda}^{t} \dot{x}^{\mathrm{T}}(s)U_1\dot{x}(s)\mathrm{d}s\mathrm{d}\lambda\mathrm{d}\theta \\
& + \int_{-\tau_2}^{-\tau_1} \int_{\theta}^{0} \int_{t+\lambda}^{t} \dot{x}^{\mathrm{T}}(s)U_2\dot{x}(s)\mathrm{d}s\mathrm{d}\lambda\mathrm{d}\theta
\end{aligned}
\tag{4.48}
$$

其中，$\zeta(t) = \begin{bmatrix} x(t) \\ x(t-\tau_2) \\ \int_{t-\tau_2}^{t} x(s)\mathrm{d}s \\ x(t-\tau(t)) \\ x(t-\tau_1) \end{bmatrix}$，$\varrho(s) = \begin{bmatrix} x(s) \\ \dot{x}(s) \end{bmatrix}$。

易见存在两个正的标量 δ_1 与 δ_2 使

$$\delta_1\|x(t)\|^2 \leqslant V(x_t) \leqslant \delta_2 \sup_{-\tau \leqslant \theta \leqslant 0}\{\|x(t+\theta)\|^2,\ \|\dot{x}(t+\theta)\|^2\}$$

由牛顿–莱布尼茨公式[43, 45, 102] 可得

$$\alpha_1(t) := 2\xi^{\mathrm{T}}(t)N\left[x(t) - x(t-\tau(t)) - \int_{t-\tau(t)}^{t}\dot{x}(s)\mathrm{d}s\right] = 0 \tag{4.49}$$

$$\alpha_2(t) := 2\xi^{\mathrm{T}}(t)Y\left[x(t-\tau(t)) - x(t-\tau_2) - \int_{t-\tau_2}^{t-\tau(t)}\dot{x}(s)\mathrm{d}s\right] = 0 \tag{4.50}$$

$$\alpha_3(t) := 2\xi^{\mathrm{T}}(t)S\left[x(t-\tau_1) - x(t-\tau(t)) - \int_{t-\tau(t)}^{t-\tau_1}\dot{x}(s)\mathrm{d}s\right] = 0 \tag{4.51}$$

$$\alpha_4(t) := 2\xi^{\mathrm{T}}(t)M\left[\dot{x}(t) - Ax(t) - A_1x(t-\tau(t))\right] = 0 \tag{4.52}$$

$$\alpha_5(t) := 2\xi^{\mathrm{T}}(t)L\left[\tau_2 x(t) - \int_{t-\tau_2}^{t-\tau(t)}x(s)\mathrm{d}s\right.$$
$$\left. - \int_{t-\tau(t)}^{t}x(s)\mathrm{d}s - \int_{-\tau_2}^{0}\int_{t+\theta}^{t}\dot{x}(s)\mathrm{d}s\mathrm{d}\theta\right] = 0 \tag{4.53}$$

$$\alpha_6(t) := 2\xi^{\mathrm{T}}(t)H\left[\tau_{12}x(t) - \int_{t-\tau_2}^{t-\tau(t)}x(s)\mathrm{d}s\right.$$
$$\left. - \int_{t-\tau(t)}^{t-\tau_1}x(s)\mathrm{d}s - \int_{-\tau_2}^{-\tau_1}\int_{t+\theta}^{t}\dot{x}(s)\mathrm{d}s\mathrm{d}\theta\right] = 0 \tag{4.54}$$

$$\alpha_7(t) := \tau_2\xi^{\mathrm{T}}(t)V\xi(t) - \int_{t-\tau(t)}^{t}\xi^{\mathrm{T}}(t)V\xi(t)\mathrm{d}s$$
$$- \int_{t-\tau_2}^{t-\tau(t)}\xi^{\mathrm{T}}(t)V\xi(t)\mathrm{d}s = 0 \tag{4.55}$$

$$\alpha_8(t) := \tau_{12}\xi^{\mathrm{T}}(t)F\xi(t) - \int_{t-\tau(t)}^{t-\tau_1}\xi^{\mathrm{T}}(t)F\xi(t)\mathrm{d}s$$
$$- \int_{t-\tau_2}^{t-\tau(t)}\xi^{\mathrm{T}}(t)F\xi(t)\mathrm{d}s = 0 \tag{4.56}$$

其中，$\xi(t) = \mathrm{col}\,\{x(t),\ x(t-\tau(t)),\ x(t-\tau_1),\ x(t-\tau_2),\ \dot{x}(t),\ \dot{x}(t-\tau(t))(1-\dot{\tau}(t)),\ \dot{x}(t-\tau_1),\ \dot{x}(t-\tau_2)\}$。

沿系统 (4.1) 的轨迹对 $V(x_t)$ 求导可得

$$
\begin{aligned}
\dot{V}(x_t) = {} & 2\zeta^{\mathrm{T}}(t)P\dot{\zeta}(t) + \varrho^{\mathrm{T}}(t)(R+Q+W+\tau_2 Z)\varrho(t) \\
& - (1-\dot{\tau}(t))\varrho^{\mathrm{T}}(t-\tau(t))R\varrho(t-\tau(t)) \\
& - \varrho^{\mathrm{T}}(t-\tau_2)Q\varrho(t-\tau_2) - \varrho^{\mathrm{T}}(t-\tau_1)W\varrho(t-\tau_1) \\
& - \int_{t-\tau(t)}^{t} \varrho^{\mathrm{T}}(s)Z\varrho(s)\mathrm{d}s - \int_{t-\tau(t)}^{t-\tau_1} \varrho^{\mathrm{T}}(s)X\varrho(s)\mathrm{d}s \\
& - \int_{t-\tau_2}^{t-\tau(t)} \varrho^{\mathrm{T}}(s)(Z+X)\varrho(s)\mathrm{d}s + \tau_{12}\varrho^{\mathrm{T}}(t)X\varrho(t) \\
& + \frac{1}{2}\tau_2^2 \dot{x}^{\mathrm{T}}(t)U_1\dot{x}(t) - \int_{-\tau_2}^{0}\int_{t+\theta}^{t} \dot{x}^{\mathrm{T}}(s)U_1\dot{x}(s)\mathrm{d}s\mathrm{d}\theta \\
& + \tau_s \dot{x}^{\mathrm{T}}(t)U_2\dot{x}(t) - \int_{-\tau_2}^{-\tau_1}\int_{t+\theta}^{t} \dot{x}^{\mathrm{T}}(s)U_2\dot{x}(s)\mathrm{d}s\mathrm{d}\theta + \sum_{1}^{8}\alpha_i(t)
\end{aligned}
\tag{4.57}
$$

易知

$$
-2\xi^{\mathrm{T}}(t)L\int_{-\tau_2}^{0}\int_{t+\theta}^{t}\dot{x}(s)\mathrm{d}s\mathrm{d}\theta
$$

$$
\leqslant \frac{1}{2}\tau_2^2 \xi^{\mathrm{T}}(t)LU_1^{-1}L^{\mathrm{T}}\xi(t) + \int_{-\tau_2}^{0}\int_{t+\theta}^{t}\dot{x}^{\mathrm{T}}(s)U_1\dot{x}(s)\mathrm{d}s\mathrm{d}\theta
\tag{4.58}
$$

$$
-2\xi^{\mathrm{T}}(t)H\int_{-\tau_2}^{-\tau_1}\int_{t+\theta}^{t}\dot{x}(s)\mathrm{d}s\mathrm{d}\theta
$$

$$
\leqslant \tau_s \xi^{\mathrm{T}}(t)HU_2^{-1}H^{\mathrm{T}}\xi(t) + \int_{-\tau_2}^{-\tau_1}\int_{t+\theta}^{t}\dot{x}^{\mathrm{T}}(s)U_2\dot{x}(s)\mathrm{d}s\mathrm{d}\theta
\tag{4.59}
$$

由式 (4.57)~ 式 (4.59) 可得

$$
\begin{aligned}
\dot{V}(x_t) \leqslant {} & \xi^{\mathrm{T}}(t)\left[\check{\Sigma} + \frac{1}{2}\tau_2^2 LU_1^{-1}L^{\mathrm{T}} + \tau_s HU_2^{-1}H^{\mathrm{T}}\right]\xi(t) \\
& - \int_{t-\tau(t)}^{t} \xi^{\mathrm{T}}(t,s)\Lambda_1\xi(t,s)\mathrm{d}s - \int_{t-\tau(t)}^{t-\tau_1} \xi^{\mathrm{T}}(t,s)\Lambda_2\xi(t,s)\mathrm{d}s \\
& - \int_{t-\tau_2}^{t-\tau(t)} \xi^{\mathrm{T}}(t,s)\Lambda_3\xi(t,s)\mathrm{d}s
\end{aligned}
\tag{4.60}
$$

其中

$$
\check{\Sigma} = \begin{bmatrix} \check{\Sigma}_1 & \Sigma_2 \\ * & \check{\Sigma}_3 \end{bmatrix} + \Upsilon + \Upsilon^{\mathrm{T}} - MA_c - A_c^{\mathrm{T}}M^{\mathrm{T}} + \tau_2 V + \tau_{12}F
$$

$$\check{\Sigma}_1 = \mathrm{diag}\{\Pi_{11}, \ -R_{11}(1 - \dot{\tau}(t)), \ -W_{11}, \ -Q_{11}\} + \Psi_1 + \Psi_1^{\mathrm{T}}$$

$$\check{\Sigma}_3 = \mathrm{diag}\{\Pi_{22} + \frac{1}{2}\tau_2^2 U_1 + \tau_s U_2, \ -R_{22}/(1 - \dot{\tau}(t)), \ -W_{22}, \ -Q_{22}\}$$

$$\xi(t, s) = \begin{bmatrix} \xi(t) \\ \varrho(s) \end{bmatrix}$$

由 $\nu \leqslant \dot{\tau}(t) \leqslant \mu$, 易得 $\check{\Sigma} < \Sigma$。因此, 如果 $\Sigma + \frac{1}{2}\tau_2^2 L U_1^{-1} L^{\mathrm{T}} + \tau_s H U_2^{-1} H^{\mathrm{T}} < 0$ 且 $\Lambda_i \geqslant 0 \ (i = 1, 2, 3)$, 那么由 Lyapunov 稳定性理论[4] 可知系统 (4.1) 渐近稳定。由 Schur 补引理可知 $\Sigma + \frac{1}{2}\tau_2^2 L U_1^{-1} L^{\mathrm{T}} + \tau_s H U_2^{-1} H^{\mathrm{T}} < 0$ 与式 (4.44) 等价。　　□

注 4.4　通过构造一种新的增广形式的 Lyapunov 泛函, 应用自由权矩阵方法得到一种与时滞范围相关, 同时也与时滞变化率范围相关的稳定性条件。增广向量 $\zeta(t)$ 中包含 $\int_{t-\tau_2}^{t} x(s)\mathrm{d}s$ 及 $x(t - \tau(t))$, 其中, $\int_{t-\tau_2}^{t} x(s)\mathrm{d}s$ 与三重积分项配合以减小所得结论的保守性 (详见注 3.1), 而 $x(t - \tau(t))$ 则用来引入时滞变化率的下界信息。

注 4.5　本节考虑的时滞属于某个给定区间, 时滞的变化率也属于某个给定的区间。定理 4.5 的稳定性条件既与时滞范围相关又与时滞变化率范围相关。目前文献中时滞变化率通常假设为 $\dot{\tau}(t) \leqslant \mu$, 并不考虑时滞变化率的下界信息。这种假设对于时滞变化率下界信息可知或可估计的情形, 难免会存在一定的保守性。值得注意的是, 文献 [47] 也考虑了时滞变化率位于给定区间的情况。文献 [47] 假设 $|\dot{\tau}(t)| \leqslant \mu$ 且 $0 < \mu < 1$。可见, 这种假设会引入一些保守性。首先, 这种假设不适用于时滞变化率下界小于 -1 的情况。其次, 当时滞变化率下界信息的绝对值与时滞变化率的上界信息不相等时, 这种假设会增大时滞变化率的变化范围。例如, 当时滞变化率为 $-0.1 \leqslant \dot{\tau}(t) \leqslant 0.5$ 或 $-0.2 \leqslant \dot{\tau}(t) \leqslant 0.5$ 时, 文献 [47] 将这两种情况均视为 $|\dot{\tau}(t)| \leqslant 0.5$。显然, 这种处理方法扩大了时滞变化率的范围。本节的假设可以很好地处理这种情况, 因为本节的假设显式地应用了时滞变化率的下界信息。

注 4.6　为了能够界定 Lyapunov 泛函的导数, 文献 [47] 进行了不等式缩放, 因而会引入一定的保守性。而本节的处理方法则不同, 在 $\xi(t)$ 的定义中引入 $\dot{x}(t - \tau(t))(1 - \dot{\tau}(t))$ 而不是按照常规做法引入 $\dot{x}(t - \tau(t))$。这种定义方法给估计 Lyapunov 泛函导数的上界带来了很大的方便。由于一些带有 $1 - \dot{\tau}(t)$ 的项被 $\xi(t)$ 吸收, 可以看到在 $\check{\Sigma}$ 里只有两项含有 $1 - \dot{\tau}(t)$。根据 $\nu \leqslant \dot{\tau}(t) \leqslant \mu$, 可以很容易地对 Lyapunov 泛函的导数进行界定。

当 $\tau_1 = 0$ 时, 在定理 4.5 的基础上, 有如下推论。

推论 4.4　给定标量 $0 = \tau_1 < \tau_2$ 及 $\nu \leqslant \mu < 1$, 如果存在适维矩阵

$$Q = \begin{bmatrix} Q_{11} & Q_{12} \\ * & Q_{22} \end{bmatrix} \geqslant 0, \quad Z = \begin{bmatrix} Z_{11} & Z_{12} \\ * & Z_{22} \end{bmatrix} \geqslant 0, \quad R = \begin{bmatrix} R_{11} & R_{12} \\ * & R_{22} \end{bmatrix} \geqslant 0$$

$U_1 > 0$, $P = [P_{ij}]_{4 \times 4} > 0$, $V = [P_{ij}]_{6 \times 6} > 0$, 以及任意适维矩阵

$$N = \begin{bmatrix} N_1 \\ N_2 \\ \vdots \\ N_6 \end{bmatrix}, \quad Y = \begin{bmatrix} Y_1 \\ Y_2 \\ \vdots \\ Y_6 \end{bmatrix}, \quad L = \begin{bmatrix} L_1 \\ L_2 \\ \vdots \\ L_6 \end{bmatrix}, \quad M = \begin{bmatrix} M_1 \\ M_2 \\ \vdots \\ M_6 \end{bmatrix}$$

使线性矩阵不等式 (4.61)~(4.63) 成立:

$$\begin{bmatrix} \Sigma & \dfrac{1}{2}\tau_2^2 L \\ * & -\dfrac{1}{2}\tau_2^2 U_1 \end{bmatrix} < 0 \tag{4.61}$$

$$\Lambda_1 = \begin{bmatrix} V & \Gamma_1 \\ * & Z \end{bmatrix} \geqslant 0 \tag{4.62}$$

$$\Lambda_2 = \begin{bmatrix} V & \Gamma_2 \\ * & Z \end{bmatrix} \geqslant 0 \tag{4.63}$$

其中

$$\Sigma = \begin{bmatrix} \Sigma_1 & \Sigma_2 \\ * & \Sigma_3 \end{bmatrix} + \Upsilon + \Upsilon^{\mathrm{T}} - MA_c - A_c^{\mathrm{T}}M^{\mathrm{T}} + \tau_2 V$$

$$\Sigma_1 = \mathrm{diag}\{\Pi_{11}, \ -R_{11}(1-\mu), \ -Q_{11}\} + \Psi_1 + \Psi_1^{\mathrm{T}}$$

$$\Sigma_2 = \begin{bmatrix} P_{11} + \Pi_{12} & P_{14} & P_{12} \\ P_{14}^{\mathrm{T}} & P_{44} - R_{12} & P_{24}^{\mathrm{T}} \\ P_{12}^{\mathrm{T}} & P_{24} & P_{22} - Q_{12} \end{bmatrix}$$

$$\Sigma_3 = \mathrm{diag}\left\{\Pi_{22} + \frac{1}{2}\tau_2^2 U_1, \ -R_{22}/(1-\nu), \ -Q_{22}\right\}$$

$$\Upsilon = [N + \tau_2 L \ \ Y - N \ \ -Y \ \ 0 \ \ 0 \ \ 0]$$

$$\Pi_{ij} = Q_{ij} + R_{ij} + \tau_2 Z_{ij}, \quad j = 1, 2, \ i \leqslant j$$

$$A_c = [A \ \ A_1 \ \ 0 \ \ -I \ \ 0 \ \ 0]$$

$$\Gamma_1 = [-\Psi_2 + L \ \ \ N]$$

$$\Gamma_2 = [-\Psi_2 + L \ \ \ Y]$$

$$\Psi_1 = \begin{bmatrix} P_{13}^{\mathrm{T}} & P_{34} & P_{23}^{\mathrm{T}} \end{bmatrix}^{\mathrm{T}} \cdot [I \ \ 0 \ \ -I]$$

$$\Psi_2 = \begin{bmatrix} P_{33} & 0 & -P_{33} & P_{13}^{\mathrm{T}} & P_{34} & P_{23}^{\mathrm{T}} \end{bmatrix}^{\mathrm{T}}$$

则对于任意满足 (4.4) 的时滞, 系统 (4.1) 渐近稳定。

证明　构造 Lyapunov 泛函

$$
\begin{aligned}
V(x_t) = {} & \zeta^{\mathrm{T}}(t)P\zeta(t) + \int_{t-\tau(t)}^{t} \varrho^{\mathrm{T}}(s)R\varrho(s)\mathrm{d}s \\
& + \int_{t-\tau_2}^{t} \varrho^{\mathrm{T}}(s)Q\varrho(s)\mathrm{d}s \\
& + \int_{-\tau_2}^{0} \int_{t+\theta}^{t} \varrho^{\mathrm{T}}(s)Z\varrho(s)\mathrm{d}s\mathrm{d}\theta \\
& + \int_{-\tau_2}^{0} \int_{\theta}^{0} \int_{t+\lambda}^{t} \dot{x}^{\mathrm{T}}(s)U_1\dot{x}(s)\mathrm{d}s\mathrm{d}\lambda\mathrm{d}\theta \qquad (4.64)
\end{aligned}
$$

其中, $\zeta(t) = \begin{bmatrix} x(t) \\ x(t-\tau_2) \\ \int_{t-\tau_2}^{t} x(s)\mathrm{d}s \\ x(t-\tau(t)) \end{bmatrix}$, $\varrho(s) = \begin{bmatrix} x(s) \\ \dot{x}(s) \end{bmatrix}$。

按照定理 4.5 的方法, 即可得证。　　　　　　　　　　　　　　　　□

4.4.2　积分不等式方法

定义 e_i $(i = 1, \cdots, 10)$ 为分块坐标矩阵, 例如, $e_2^{\mathrm{T}} = [0\ I\ 0\ 0\ 0\ 0\ 0\ 0\ 0\ 0]$。

$\xi(t) = \begin{bmatrix} \xi_1(t) \\ \xi_2(t) \\ \xi_3(t) \end{bmatrix}$, 其中, $\xi_1(t) = \begin{bmatrix} x(t) \\ x(t-\tau(t)) \\ x(t-\tau_1) \end{bmatrix}$, $\xi_2(t) = \begin{bmatrix} x(t-\tau_2) \\ \dot{x}(t-\tau(t))(1-\dot{\tau}(t)) \\ \dot{x}(t-\tau_1) \\ \dot{x}(t-\tau_2) \end{bmatrix}$,

$\xi_3(t) = \begin{bmatrix} \int_{t-\tau_1}^{t} x(s)\mathrm{d}s \\ \int_{t-\tau(t)}^{t-\tau_1} x(s)\mathrm{d}s \\ \int_{t-\tau_2}^{t-\tau(t)} x(s)\mathrm{d}s \end{bmatrix}$。对于系统 (4.1) 且时滞满足第三种情况, 应用积分不

等式方法, 有如下稳定性定理。

定理 4.6　给定标量 $0 < \tau_1 < \tau_2$ 及 $\nu \leqslant \mu < 1$, 如果存在适维矩阵

$$
Q = \begin{bmatrix} Q_{11} & Q_{12} \\ * & Q_{22} \end{bmatrix} > 0, \quad W = \begin{bmatrix} W_{11} & W_{12} \\ * & W_{22} \end{bmatrix} > 0
$$

$$
Z = \begin{bmatrix} Z_{11} & Z_{12} \\ * & Z_{22} \end{bmatrix} > 0, \quad R = \begin{bmatrix} R_{11} & R_{12} \\ * & R_{22} \end{bmatrix} > 0, \quad M = \begin{bmatrix} M_{11} & M_{12} \\ * & M_{22} \end{bmatrix} > 0
$$

$U_1 > 0$, $U_2 > 0$, $P = [P_{ij}]_{6\times6} > 0$, 使线性矩阵不等式 (4.65) 和 (4.66) 成立:

$$\Xi_1 = \Lambda_1 P\Lambda_2^{\mathrm{T}} + \Lambda_2 P\Lambda_1^{\mathrm{T}} + \begin{bmatrix} e_1 & A_c^{\mathrm{T}} \end{bmatrix} (Q + \tau_1 Z + \tau_{12} R) \begin{bmatrix} e_1^{\mathrm{T}} \\ A_c \end{bmatrix}$$

$$- \begin{bmatrix} e_3 & e_6 \end{bmatrix} (Q - W - M) \begin{bmatrix} e_3^{\mathrm{T}} \\ e_6^{\mathrm{T}} \end{bmatrix} - \begin{bmatrix} e_4 & e_7 \end{bmatrix} W \begin{bmatrix} e_4^{\mathrm{T}} \\ e_7^{\mathrm{T}} \end{bmatrix}$$

$$- \begin{bmatrix} e_2 & e_5 \end{bmatrix} \begin{bmatrix} M_{11}(1-\mu) & M_{12} \\ M_{12}^{\mathrm{T}} & M_{22}/(1-\nu) \end{bmatrix} \begin{bmatrix} e_2^{\mathrm{T}} \\ e_5^{\mathrm{T}} \end{bmatrix}$$

$$+ A_c^{\mathrm{T}} \left(\frac{1}{2}\tau_1^2 U_1 + \tau_s U_2 \right) A_c - \begin{bmatrix} e_8 & e_1 - e_3 \end{bmatrix} \tau_1^{-1} Z \begin{bmatrix} e_8^{\mathrm{T}} \\ e_1^{\mathrm{T}} - e_3^{\mathrm{T}} \end{bmatrix}$$

$$- \begin{bmatrix} e_{10} & e_2 - e_4 \end{bmatrix} 2\tau_{12}^{-1} R \begin{bmatrix} e_{10}^{\mathrm{T}} \\ e_2^{\mathrm{T}} - e_4^{\mathrm{T}} \end{bmatrix}$$

$$- \begin{bmatrix} e_9 & e_3 - e_2 \end{bmatrix} \tau_{12}^{-1} R \begin{bmatrix} e_9^{\mathrm{T}} \\ e_3^{\mathrm{T}} - e_2^{\mathrm{T}} \end{bmatrix}$$

$$- (\tau_{12}e_1 - e_9 - e_{10})\tau_s^{-1} U_2(\tau_{12}e_1^{\mathrm{T}} - e_9^{\mathrm{T}} - e_{10}^{\mathrm{T}})$$

$$- (\tau_1 e_1 - e_8)2\tau_1^{-2} U_1(\tau_1 e_1^{\mathrm{T}} - e_8^{\mathrm{T}}) < 0 \tag{4.65}$$

$$\Xi_2 = \Lambda_1 P\Lambda_2^{\mathrm{T}} + \Lambda_2 P\Lambda_1^{\mathrm{T}} + \begin{bmatrix} e_1 & A_c^{\mathrm{T}} \end{bmatrix} (Q + \tau_1 Z + \tau_{12} R) \begin{bmatrix} e_1^{\mathrm{T}} \\ A_c \end{bmatrix}$$

$$- \begin{bmatrix} e_3 & e_6 \end{bmatrix} (Q - W - M) \begin{bmatrix} e_3^{\mathrm{T}} \\ e_6^{\mathrm{T}} \end{bmatrix} - \begin{bmatrix} e_4 & e_7 \end{bmatrix} W \begin{bmatrix} e_4^{\mathrm{T}} \\ e_7^{\mathrm{T}} \end{bmatrix}$$

$$- \begin{bmatrix} e_2 & e_5 \end{bmatrix} \begin{bmatrix} M_{11}(1-\mu) & M_{12} \\ M_{12}^{\mathrm{T}} & M_{22}/(1-\nu) \end{bmatrix} \begin{bmatrix} e_2^{\mathrm{T}} \\ e_5^{\mathrm{T}} \end{bmatrix}$$

$$+ A_c^{\mathrm{T}}(\frac{1}{2}\tau_1^2 U_1 + \tau_s U_2)A_c - \begin{bmatrix} e_8 & e_1 - e_3 \end{bmatrix} \tau_1^{-1} Z \begin{bmatrix} e_8^{\mathrm{T}} \\ e_1^{\mathrm{T}} - e_3^{\mathrm{T}} \end{bmatrix}$$

$$- \begin{bmatrix} e_{10} & e_2 - e_4 \end{bmatrix} \tau_{12}^{-1} R \begin{bmatrix} e_{10}^{\mathrm{T}} \\ e_2^{\mathrm{T}} - e_4^{\mathrm{T}} \end{bmatrix}$$

$$- \begin{bmatrix} e_9 & e_3 - e_2 \end{bmatrix} 2\tau_{12}^{-1} R \begin{bmatrix} e_9^{\mathrm{T}} \\ e_3^{\mathrm{T}} - e_2^{\mathrm{T}} \end{bmatrix}$$

$$- (\tau_{12}e_1 - e_9 - e_{10})\tau_s^{-1} U_2(\tau_{12}e_1^{\mathrm{T}} - e_9^{\mathrm{T}} - e_{10}^{\mathrm{T}})$$

$$- (\tau_1 e_1 - e_8)2\tau_1^{-2} U_1(\tau_1 e_1^{\mathrm{T}} - e_8^{\mathrm{T}}) < 0 \tag{4.66}$$

其中

$$\Lambda_1 = [e_1\ \ e_2\ \ e_3\ \ e_4\ \ e_8\ \ e_9 + e_{10}]$$
$$\Lambda_2 = \begin{bmatrix} A_c^{\mathrm{T}}\ \ e_5\ \ e_6\ \ e_7\ \ e_1 - e_3\ \ e_3 - e_4 \end{bmatrix}$$
$$A_c = [A\ \ A_1\ \ 0\ \ 0\ \ 0\ \ 0\ \ 0\ \ 0\ \ 0]$$

则对于任意满足 (4.4) 的时滞，系统 (4.1) 渐近稳定。

证明　构造如下的 Lyapunov 泛函：

$$
\begin{aligned}
V(x_t) = {}& \zeta^{\mathrm{T}}(t)P\zeta(t) + \int_{t-\tau(t)}^{t-\tau_1} \rho^{\mathrm{T}}(s)M\rho(s)\mathrm{d}s \\
& + \int_{t-\tau_1}^{t} \rho^{\mathrm{T}}(s)Q\rho(s)\mathrm{d}s + \int_{t-\tau_2}^{t-\tau_1} \rho^{\mathrm{T}}(s)W\rho(s)\mathrm{d}s \\
& + \int_{-\tau_1}^{0} \int_{t+\theta}^{t} \rho^{\mathrm{T}}(s)Z\rho(s)\mathrm{d}s\mathrm{d}\theta \\
& + \int_{-\tau_2}^{-\tau_1} \int_{t+\theta}^{t} \rho^{\mathrm{T}}(s)R\rho(s)\mathrm{d}s\mathrm{d}\theta \\
& + \int_{-\tau_1}^{0} \int_{\theta}^{0} \int_{t+\lambda}^{t} \dot{x}^{\mathrm{T}}(s)U_1\dot{x}(s)\mathrm{d}s\mathrm{d}\lambda\mathrm{d}\theta \\
& + \int_{-\tau_2}^{-\tau_1} \int_{\theta}^{0} \int_{t+\lambda}^{t} \dot{x}^{\mathrm{T}}(s)U_2\dot{x}(s)\mathrm{d}s\mathrm{d}\lambda\mathrm{d}\theta
\end{aligned}
\tag{4.67}
$$

其中，$\zeta(t) = \Lambda_1^{\mathrm{T}}\xi(t)$，$\rho(s) = \begin{bmatrix} x(s) \\ \dot{x}(s) \end{bmatrix}$。

沿系统 (4.1) 的轨迹对 $V(x_t)$ 求导可得

$$
\begin{aligned}
\dot{V}(x_t) = {}& 2\zeta^{\mathrm{T}}(t)P\dot{\zeta}(t) + \rho^{\mathrm{T}}(t)(Q + \tau_1 Z + \tau_{12}R)\rho(t) \\
& - \rho^{\mathrm{T}}(t-\tau_1)(Q - W - M)\rho(t-\tau_1) \\
& - (1 - \dot{\tau}(t))\rho^{\mathrm{T}}(t-\tau(t))M\rho(t-\tau(t)) \\
& - \rho^{\mathrm{T}}(t-\tau_2)W\rho(t-\tau_2) - \int_{t-\tau_1}^{t} \rho^{\mathrm{T}}(s)Z\rho(s)\mathrm{d}s \\
& - \int_{t-\tau_2}^{t-\tau_1} \rho^{\mathrm{T}}(s)R\rho(s)\mathrm{d}s + \frac{1}{2}\tau_1^2 \dot{x}^{\mathrm{T}}(t)U_1\dot{x}(t) \\
& - \int_{-\tau_1}^{0} \int_{t+\theta}^{t} \dot{x}^{\mathrm{T}}(s)U_1\dot{x}(s)\mathrm{d}s\mathrm{d}\theta + \tau_s \dot{x}^{\mathrm{T}}(t)U_2\dot{x}(t) \\
& - \int_{-\tau_2}^{-\tau_1} \int_{t+\theta}^{t} \dot{x}^{\mathrm{T}}(s)U_2\dot{x}(s)\mathrm{d}s\mathrm{d}\theta
\end{aligned}
\tag{4.68}
$$

由引理 2.6 可得

$$-\int_{t-\tau_1}^{t} \rho^{\mathrm{T}}(s) Z \rho(s) \mathrm{d}s$$

$$\leqslant -\tau_1^{-1} \int_{t-\tau_1}^{t} \rho^{\mathrm{T}}(s) \mathrm{d}s \, Z \int_{t-\tau_1}^{t} \rho(s) \mathrm{d}s$$

$$= -\xi^{\mathrm{T}}(t) \left[e_8 \quad e_1 - e_3 \right] \tau_1^{-1} Z \begin{bmatrix} e_8^{\mathrm{T}} \\ e_1^{\mathrm{T}} - e_3^{\mathrm{T}} \end{bmatrix} \xi(t) \tag{4.69}$$

$$-\int_{-\tau_1}^{0} \int_{t+\theta}^{t} \dot{x}^{\mathrm{T}}(s) U_1 \dot{x}(s) \mathrm{d}s \mathrm{d}\theta$$

$$\leqslant -\frac{2}{\tau_1^2} \int_{-\tau_1}^{0} \int_{t+\theta}^{t} \dot{x}^{\mathrm{T}}(s) \mathrm{d}s \mathrm{d}\theta \, U_1 \int_{-\tau_1}^{0} \int_{t+\theta}^{t} \dot{x}(s) \mathrm{d}s \mathrm{d}\theta$$

$$= -\xi^{\mathrm{T}}(t)(\tau_1 e_1 - e_8) 2\tau_1^{-2} U_1 (\tau_1 e_1^{\mathrm{T}} - e_8^{\mathrm{T}}) \xi(t) \tag{4.70}$$

$$-\int_{-\tau_2}^{-\tau_1} \int_{t+\theta}^{t} \dot{x}^{\mathrm{T}}(s) U_2 \dot{x}(s) \mathrm{d}s \mathrm{d}\theta$$

$$\leqslant -\tau_s^{-1} \int_{-\tau_2}^{-\tau_1} \int_{t+\theta}^{t} \dot{x}^{\mathrm{T}}(s) \mathrm{d}s \mathrm{d}\theta \, U_2 \int_{-\tau_2}^{-\tau_1} \int_{t+\theta}^{t} \dot{x}(s) \mathrm{d}s \mathrm{d}\theta$$

$$= -\xi^{\mathrm{T}}(t)(\tau_{12} e_1 - e_9 - e_{10}) \tau_s^{-1} U_2 (\tau_{12} e_1^{\mathrm{T}} - e_9^{\mathrm{T}} - e_{10}^{\mathrm{T}}) \xi(t) \tag{4.71}$$

$$-\int_{t-\tau_2}^{t-\tau_1} \rho^{\mathrm{T}}(s) R \rho(s) \mathrm{d}s = -\int_{t-\tau(t)}^{t-\tau_1} \rho^{\mathrm{T}}(s) R \rho(s) \mathrm{d}s - \int_{t-\tau_2}^{t-\tau(t)} \rho^{\mathrm{T}}(s) R \rho(s) \mathrm{d}s$$

$$= -\tau_{12}^{-1} \int_{t-\tau_2}^{t-\tau(t)} \rho^{\mathrm{T}}(s) \tau_{12} R \rho(s) \mathrm{d}s$$

$$\quad - \tau_{12}^{-1} \int_{t-\tau(t)}^{t-\tau_1} \rho^{\mathrm{T}}(s) \tau_{12} R \rho(s) \mathrm{d}s$$

$$= -\tau_{12}^{-1} \int_{t-\tau_2}^{t-\tau(t)} \rho^{\mathrm{T}}(s)(\tau_2 - \tau(t)) R \rho(s) \mathrm{d}s$$

$$\quad - \tau_{12}^{-1} \int_{t-\tau_2}^{t-\tau(t)} \rho^{\mathrm{T}}(s)(\tau(t) - \tau_1) R \rho(s) \mathrm{d}s$$

$$\quad - \tau_{12}^{-1} \int_{t-\tau(t)}^{t-\tau_1} \rho^{\mathrm{T}}(s)(\tau(t) - \tau_1) R \rho(s) \mathrm{d}s$$

$$\quad - \tau_{12}^{-1} \int_{t-\tau(t)}^{t-\tau_1} \rho^{\mathrm{T}}(s)(\tau_2 - \tau(t)) R \rho(s) \mathrm{d}s \tag{4.72}$$

采取文献 [106] 中的方法,定义 $\alpha = (\tau(t) - \tau_1)/\tau_{12}$,那么可得

$$-\tau_{12}^{-1} \int_{t-\tau_2}^{t-\tau(t)} \rho^{\mathrm{T}}(s)(\tau(t)-\tau_1)R\rho(s)\mathrm{d}s$$

$$= -\alpha\tau_{12}^{-1} \int_{t-\tau_2}^{t-\tau(t)} \rho^{\mathrm{T}}(s)\tau_{12}R\rho(s)\mathrm{d}s$$

$$\leqslant -\alpha\tau_{12}^{-1} \int_{t-\tau_2}^{t-\tau(t)} \rho^{\mathrm{T}}(s)(\tau_2-\tau(t))R\rho(s)\mathrm{d}s \tag{4.73}$$

$$-\tau_{12}^{-1} \int_{t-\tau(t)}^{t-\tau_1} \rho^{\mathrm{T}}(s)(\tau_2-\tau(t))R\rho(s)\mathrm{d}s$$

$$= -(1-\alpha)\tau_{12}^{-1} \int_{t-\tau(t)}^{t-\tau_1} \rho^{\mathrm{T}}(s)\tau_{12}R\rho(s)\mathrm{d}s$$

$$\leqslant -(1-\alpha)\tau_{12}^{-1} \int_{t-\tau(t)}^{t-\tau_1} \rho^{\mathrm{T}}(s)(\tau(t)-\tau_1)R\rho(s)\mathrm{d}s \tag{4.74}$$

由式 (4.72)~ 式 (4.74) 可得

$$-\int_{t-\tau_2}^{t-\tau_1} \rho^{\mathrm{T}}(s)R\rho(s)\mathrm{d}s$$

$$\leqslant -\xi^{\mathrm{T}}(t)\left[e_{10} \quad e_2-e_4\right]\tau_{12}^{-1}R \begin{bmatrix} e_{10}^{\mathrm{T}} \\ e_2^{\mathrm{T}}-e_4^{\mathrm{T}} \end{bmatrix} \xi(t)$$

$$-\xi^{\mathrm{T}}(t)\left[e_9 \quad e_3-e_2\right]\tau_{12}^{-1}R \begin{bmatrix} e_9^{\mathrm{T}} \\ e_3^{\mathrm{T}}-e_2^{\mathrm{T}} \end{bmatrix} \xi(t)$$

$$-\alpha\xi^{\mathrm{T}}(t)\left[e_{10} \quad e_2-e_4\right]\tau_{12}^{-1}R \begin{bmatrix} e_{10}^{\mathrm{T}} \\ e_2^{\mathrm{T}}-e_4^{\mathrm{T}} \end{bmatrix} \xi(t)$$

$$-(1-\alpha)\xi^{\mathrm{T}}(t)\left[e_9 \quad e_3-e_2\right]\tau_{12}^{-1}R \begin{bmatrix} e_9^{\mathrm{T}} \\ e_3^{\mathrm{T}}-e_2^{\mathrm{T}} \end{bmatrix} \xi(t) \tag{4.75}$$

将式 (4.69)~ 式 (4.72) 以及式 (4.75) 代入式 (4.68) 并且注意到 $\nu \leqslant \dot{\tau}(t) \leqslant \mu < 1$,可得

$$\dot{V}(x_t) \leqslant \xi^{\mathrm{T}}(t)\left[\alpha\Xi_1 + (1-\alpha)\Xi_2\right]\xi(t) \tag{4.76}$$

由于 $0 \leqslant \alpha \leqslant 1$,故 $\alpha\Xi_1+(1-\alpha)\Xi_2$ 是 Ξ_1 与 Ξ_2 的凸组合。因此,$\alpha\Xi_1+(1-\alpha)\Xi_2 < 0$ 成立的充分必要条件是 $\Xi_1 < 0$ 且 $\Xi_2 < 0$。可见,如果式 (4.65) 和式 (4.66) 成立,那么由 Lyapunov 稳定性理论可知系统 (4.1) 渐近稳定。　　　□

定义 $\hat{e}_i$ $(i = 1, 2, \cdots, 7)$ 为适维分块坐标矩阵,例如,$\hat{e}_2^{\mathrm{T}} = [0 \ I \ 0 \ 0 \ 0 \ 0]$。当时滞下界 $\tau_1 = 0$,在定理 4.6 的基础上,可以得到如下推论。

推论 4.5 给定标量 $0 = \tau_1 < \tau_2$ 及 $\nu \leqslant \mu < 1$，如果存在适维矩阵

$$W = \begin{bmatrix} W_{11} & W_{12} \\ * & W_{22} \end{bmatrix} > 0, \quad R = \begin{bmatrix} R_{11} & R_{12} \\ * & R_{22} \end{bmatrix} > 0, \quad M = \begin{bmatrix} M_{11} & M_{12} \\ * & M_{22} \end{bmatrix} > 0$$

$P = [P_{ij}]_{4 \times 4} > 0$, $U_2 > 0$, 使线性矩阵不等式 (4.77) 和 (4.78) 成立:

$$\begin{aligned}
\hat{\Xi}_1 &= \hat{\Lambda}_1 P \hat{\Lambda}_2^{\mathrm{T}} + \hat{\Lambda}_2 P \hat{\Lambda}_1^{\mathrm{T}} \\
&\quad + \begin{bmatrix} \hat{e}_1 & \hat{A}_c^{\mathrm{T}} \end{bmatrix} (W + M + \tau_2 R) \begin{bmatrix} \hat{e}_1^{\mathrm{T}} \\ \hat{A}_c \end{bmatrix} - \begin{bmatrix} \hat{e}_3 & \hat{e}_5 \end{bmatrix} W \begin{bmatrix} \hat{e}_3^{\mathrm{T}} \\ \hat{e}_5^{\mathrm{T}} \end{bmatrix} \\
&\quad - \begin{bmatrix} \hat{e}_2 & \hat{e}_4 \end{bmatrix} \begin{bmatrix} M_{11}(1-\mu) & M_{12} \\ M_{12}^{\mathrm{T}} & M_{22}/(1-\nu) \end{bmatrix} \begin{bmatrix} \hat{e}_2^{\mathrm{T}} \\ \hat{e}_4^{\mathrm{T}} \end{bmatrix} \\
&\quad + \frac{1}{2} \tau_2^2 \hat{A}_c^{\mathrm{T}} U_2 \hat{A}_c - \begin{bmatrix} \hat{e}_6 & \hat{e}_1 - \hat{e}_2 \end{bmatrix} \tau_2^{-1} R \begin{bmatrix} \hat{e}_6^{\mathrm{T}} \\ \hat{e}_1^{\mathrm{T}} - \hat{e}_2^{\mathrm{T}} \end{bmatrix} \\
&\quad - \begin{bmatrix} \hat{e}_7 & \hat{e}_2 - \hat{e}_3 \end{bmatrix} 2\tau_2^{-1} R \begin{bmatrix} \hat{e}_7^{\mathrm{T}} \\ \hat{e}_2^{\mathrm{T}} - \hat{e}_3^{\mathrm{T}} \end{bmatrix} \\
&\quad - (\tau_2 \hat{e}_1 - \hat{e}_6 - \hat{e}_7) 2\tau_2^{-2} U_2 (\tau_2 \hat{e}_1^{\mathrm{T}} - \hat{e}_6^{\mathrm{T}} - \hat{e}_7^{\mathrm{T}}) < 0
\end{aligned} \tag{4.77}$$

$$\begin{aligned}
\hat{\Xi}_2 &= \hat{\Lambda}_1 P \hat{\Lambda}_2^{\mathrm{T}} + \hat{\Lambda}_2 P \hat{\Lambda}_1^{\mathrm{T}} \\
&\quad + \begin{bmatrix} \hat{e}_1 & \hat{A}_c^{\mathrm{T}} \end{bmatrix} (W + M + \tau_2 R) \begin{bmatrix} \hat{e}_1^{\mathrm{T}} \\ \hat{A}_c \end{bmatrix} - \begin{bmatrix} \hat{e}_3 & \hat{e}_5 \end{bmatrix} W \begin{bmatrix} \hat{e}_3^{\mathrm{T}} \\ \hat{e}_5^{\mathrm{T}} \end{bmatrix} \\
&\quad - \begin{bmatrix} \hat{e}_2 & \hat{e}_4 \end{bmatrix} \begin{bmatrix} M_{11}(1-\mu) & M_{12} \\ M_{12}^{\mathrm{T}} & M_{22}/(1-\nu) \end{bmatrix} \begin{bmatrix} \hat{e}_2^{\mathrm{T}} \\ \hat{e}_4^{\mathrm{T}} \end{bmatrix} \\
&\quad + \frac{1}{2} \tau_2^2 \hat{A}_c^{\mathrm{T}} U_2 \hat{A}_c - \begin{bmatrix} \hat{e}_6 & \hat{e}_1 - \hat{e}_2 \end{bmatrix} 2\tau_2^{-1} R \begin{bmatrix} \hat{e}_6^{\mathrm{T}} \\ \hat{e}_1^{\mathrm{T}} - \hat{e}_2^{\mathrm{T}} \end{bmatrix} \\
&\quad - \begin{bmatrix} \hat{e}_7 & \hat{e}_2 - \hat{e}_3 \end{bmatrix} \tau_2^{-1} R \begin{bmatrix} \hat{e}_7^{\mathrm{T}} \\ \hat{e}_2^{\mathrm{T}} - \hat{e}_3^{\mathrm{T}} \end{bmatrix} \\
&\quad - (\tau_2 \hat{e}_1 - \hat{e}_6 - \hat{e}_7) 2\tau_2^{-2} U_2 (\tau_2 \hat{e}_1^{\mathrm{T}} - \hat{e}_6^{\mathrm{T}} - \hat{e}_7^{\mathrm{T}}) < 0
\end{aligned} \tag{4.78}$$

其中

$$\hat{\Lambda}_1 = \begin{bmatrix} \hat{e}_1 & \hat{e}_2 & \hat{e}_3 & \hat{e}_6 + \hat{e}_7 \end{bmatrix}$$
$$\hat{\Lambda}_2 = \begin{bmatrix} A_c^{\mathrm{T}} & \hat{e}_4 & \hat{e}_5 & \hat{e}_1 - \hat{e}_3 \end{bmatrix}$$
$$\hat{A}_c = \begin{bmatrix} A & A_1 & 0 & 0 & 0 & 0 \end{bmatrix}$$

则对于任意满足式 (4.4) 的时滞, 系统 (4.1) 渐近稳定。

证明　选取如下的 Lyapunov 泛函：

$$V(x_t) = \eta^{\mathrm{T}}(t)P\eta(t) + \int_{t-\tau_2}^{t} \rho^{\mathrm{T}}(s)W\rho(s)\mathrm{d}s$$

$$+ \int_{t-\tau(t)}^{t} \rho^{\mathrm{T}}(s)M\rho(s)\mathrm{d}s$$

$$+ \int_{-\tau_2}^{0}\int_{t+\theta}^{t} \rho^{\mathrm{T}}(s)R\rho(s)\mathrm{d}s\mathrm{d}\theta$$

$$+ \int_{-\tau_2}^{0}\int_{\theta}^{0}\int_{t+\lambda}^{t} \dot{x}^{\mathrm{T}}(s)U_2\dot{x}(s)\mathrm{d}s\mathrm{d}\lambda\mathrm{d}\theta \qquad (4.79)$$

其中，$\eta(t) = \begin{bmatrix} x(t) \\ x(t-\tau(t)) \\ x(t-\tau_2) \\ \int_{t-\tau_2}^{t} x(s)\mathrm{d}s \end{bmatrix}$，$\rho(s) = \begin{bmatrix} x(s) \\ \dot{x}(s) \end{bmatrix}$。

按照定理 4.6 的方法，即可得证。　　　　　　　　　　　　　　　　　□

注 4.7　值得指出的是，文献 [106] 中的推论 1 是推论 4.5 的一种特殊情况。在推论 4.5 中令 $P_{12} = 0$, $P_{13} = 0$, $P_{14} = 0$, $P_{23} = 0$, $P_{24} = 0$, $P_{34} = 0$, $W_{12} = 0$, $R_{12} = 0$, $M_{12} = 0$, $P_{22} = \epsilon_1 I$, $P_{33} = \epsilon_2 I$, $P_{44} = \epsilon_3 I$, $W_{11} = \epsilon_4 I$, $R_{11} = \epsilon_5 I$, $M_{11} = \epsilon_6 I$, $U_2 = \epsilon_7 I$，其中，$\epsilon_i > 0 (i = 1, 2, \cdots, 7)$ 为充分小的正标量，便可得到文献 [106] 中的推论 1。因此，推论 4.5 要比文献 [106] 中的推论 1 具有更小的保守性。

在定理 4.6 的基础上，还可以得到如下的时滞无关但与时滞变化率范围相关的稳定性条件。

推论 4.6　对于任意标量 $0 < \tau_1 < \tau_2$ 和给定标量 $\nu \leqslant \mu < 1$，如果存在适维矩阵

$$P = \begin{bmatrix} P_{11} & P_{12} \\ * & P_{22} \end{bmatrix} > 0, \quad Q = \begin{bmatrix} Q_{11} & Q_{12} \\ * & Q_{22} \end{bmatrix} > 0$$

使矩阵不等式 (4.80) 成立：

$$\begin{bmatrix} \Psi_{11} & \Psi_{12} & P_{12} & A^{\mathrm{T}}Q_{22} \\ * & \Psi_{22} & P_{22} - Q_{12} & A_1^{\mathrm{T}}Q_{22} \\ * & * & -\dfrac{1}{1-\nu}Q_{22} & 0 \\ * & * & * & -Q_{22} \end{bmatrix} < 0 \qquad (4.80)$$

其中

$$\Psi_{11} = Q_{11} + A^\mathrm{T}P_{11} + P_{11}A + A^\mathrm{T}Q_{12}^\mathrm{T} + Q_{12}A$$

$$\Psi_{12} = P_{11}A_1 + Q_{12}A_1 + A^\mathrm{T}P_{12}$$

$$\Psi_{22} = A_1^\mathrm{T}P_{12} + P_{12}^\mathrm{T}A_1 - Q_{11}(1-\mu)$$

则对于任意满足 (4.4) 的时滞, 系统 (4.1) 渐近稳定。

证明   选取如下 Lyapunov 泛函:

$$V(x_t) = \theta^\mathrm{T}(t)P\theta(t) + \int_{t-\tau(t)}^t \rho^\mathrm{T}(s)Q\rho(s)\mathrm{d}s$$

其中, $\theta(t) = \begin{bmatrix} x(t) \\ x(t-\tau(t)) \end{bmatrix}$, $\rho(s) = \begin{bmatrix} x(s) \\ \dot{x}(s) \end{bmatrix}$。

按照定理 4.6 的方法, 即可得证。   □

4.4.3   数值实例

例 4.3   考虑如下系统:

$$A = \begin{bmatrix} -2 & 0 \\ 0 & -0.9 \end{bmatrix}, \quad A_1 = \begin{bmatrix} -1 & 0 \\ -1 & -1 \end{bmatrix}$$

首先, 假设 $|\dot{\tau}(t)| \leqslant \mu < 1$。对于 μ 取不同数值及 μ 未知的情况, 计算能保证系统渐近稳定的最大时滞上界, 同时与文献 [46]、[47]、[106] 和 [111] 中的结果进行比较, 仿真结果见表 4.5。然后, 考虑时滞变化率不对称的情形。假设时滞下界 $\tau_1 = 0$, 表 4.6

表 4.5 τ_1 给定 μ 不同取值时的最大时滞上界

τ_1	方法	$\mu = 0.3$	$\mu = 0.5$	$\mu = 0.9$	μ 未知
	文献 [46]	3.2234	3.2234	3.2234	3.2234
	文献 [111]	3.2260	3.2260	3.2260	3.2260
3	文献 [106]	3.2591	3.2591	3.2591	3.2591
	定理 4.5	3.3500	3.3413	3.3413	3.3413
	定理 4.6	3.3546	3.3422	3.3422	3.3422
	文献 [46]	4.0643	4.0643	4.0643	4.0643
	文献 [111]	4.0649	4.0649	4.0649	4.0649
4	文献 [106]	4.0744	4.0744	4.0744	4.0744
	定理 4.5	4.1779	4.1779	4.1779	4.1779
	定理 4.6	4.1737	4.1737	4.1737	4.1737
	文献 [46]	—	—	—	—
	文献 [111]	—	—	—	—
5	文献 [106]	—	—	—	—
	定理 4.5	5.0383	5.0383	5.0383	5.0383
	定理 4.6	5.0369	5.0369	5.0369	5.0369

给出了时滞变化率属于不同区间范围时系统的最大时滞上界。假设时滞下界 $\tau_1 = 1$，表 4.7 给出了时滞变化率属于不同区间范围时系统的最大时滞上界。从表 4.5~ 表 4.7 可以看出，本节提出的方法可以得到更大的时滞上界。

从表 4.5~ 表 4.7 中还可以看出，定理 4.5 和定理 4.6 具有一定的互补性，在某些情况下定理 4.5 的保守性比较小，而在某些情况下定理 4.6 的保守性比较小。其原因在于定理 4.5 所采用的 Lyapunov 泛函 (4.48) 并没有充分利用时滞的下界信息，存在一些诸如 $\int_{t-\tau(t)}^{t} \varrho^{\mathrm{T}}(s) R \varrho(s) \mathrm{d}s$ 的项。而定理 4.6 使用了积分不等式，对 $\tau_2 - \tau(t)$ 及 $\tau(t) - \tau_1$ 进行了缩放，从而引入了一些保守性。尤其是当时滞下界 $\tau_1 = 0$ 时，定理 4.6 要比定理 4.5 保守性大。

表 4.6　时滞变化率非对称时的最大时滞上界 $\tau_1 = 0$

方法	[−1, 0.1]	[−0.2, 0.1]	[−0.09, 0.1]	[−0.05, 0.1]
文献 [47]	1.3454	3.0391	3.6053	3.6053
定理 4.5	3.7660	3.7672	3.9785	4.2536
定理 4.6	3.6144	3.6349	3.8038	4.0750

表 4.7　时滞变化率非对称时的最大时滞上界 $\tau_1 = 1$

方法	[−1, 0.1]	[−0.2, 0.1]	[−0.09, 0.1]	[−0.05, 0.1]
文献 [47]	1.3454	3.0391	3.6053	3.6053
定理 4.5	3.7662	3.7710	3.9785	4.2536
定理 4.6	4.1942	4.1943	4.3187	4.6039

例 4.4　考虑如下的被控对象：

$$\dot{x}(t) = \begin{bmatrix} 0 & 1 \\ 0 & -0.1 \end{bmatrix} x(t) + \begin{bmatrix} 0 \\ 0.1 \end{bmatrix} u(t)$$

通过网络对上述系统进行反馈控制。假设在不考虑网络时，设计状态反馈控制器：$u(t) = [-3.75 \quad -11.5] x(t)$。当考虑网络时，采取文献 [70] 的方法，系统的闭环状态方程为

$$\dot{x}(t) = \begin{bmatrix} 0 & 1 \\ 0 & -0.1 \end{bmatrix} x(t) + \begin{bmatrix} 0 \\ 0.1 \end{bmatrix} [-3.75 \quad -11.5] x(t - \tau(t))$$

其中，$\tau(t)$ 表示从传感器到执行器的环路时滞，并假设 $\tau_1 \leqslant \tau(t) \leqslant \tau_2$。目标是确定系统所能允许的最大时滞。当 $\tau_1 = 0$ 时，仿真结果见表 4.8。很明显，应用本节所提出方法得到的结果要优于文献 [47]、[69]、[70] 和 [112] 的结果。

表 4.8 系统所能允许的最大时滞

方法	最大时滞
文献 [69]	0.8695
文献 [70]	0.8871
文献 [112]	0.9412
文献 [47]	1.0081
定理 4.5	1.0629
定理 4.6	1.0238

4.5 小　结

本章考虑了时变时滞线性连续系统的稳定性问题。通过构造具有三重积分项且充分利用时滞下界信息的增广 Lyapunov 泛函，得到了保守性更小的时滞范围相关稳定性判据。考虑了时滞变化率下界信息对系统稳定性的影响，得到了时滞变化率范围相关稳定性判据。数值仿真例子验证了本章提出方法的正确性与有效性。

第5章 分布式时滞线性连续系统稳定性分析

5.1 引　言

一些实际系统可以建模成具有分布式时滞的系统，比如火箭发动机燃烧系统[113, 114]。因此，研究分布式时滞系统的稳定性问题具有重要的理论意义和实际意义。应用离散化 Lyapunov 泛函方法，文献 [49]、[50] 和 [115] 分析了分布式时滞系统的稳定性问题。然而这种方法不便于求解综合问题，且计算较复杂。基于 Descriptor 模型变换方法和矩阵分解方法，文献 [104] 考虑了同时具有离散时滞和分布式时滞的中立系统的稳定性问题，得到了保守性较小的稳定性判据。综合应用积分不等式方法和 Descriptor 模型变换方法，文献 [116] 考虑了具有分布式时滞的中立系统的鲁棒镇定问题。文献 [117] 提出基于一种改进形式的 Lyapunov 泛函，利用自由权矩阵方法得到了保守性更小的稳定性判据。

第 3 章提出了一种新的 Lyapunov 泛函构造方法，即在 Lyapunov 泛函中引入三重积分环节。本章将此方法推广到具有分布式时滞的中立系统。通过构造新的具有三重积分项的 Lyapunov 泛函，应用积分不等式方法，得到保守性更小的稳定性判据。这种稳定性判据既与分布式时滞相关又与离散时滞和中立时滞相关[118]。

5.2 系　统　描　述

考虑如下具有分布式时滞、离散时滞的中立时滞系统：

$$\begin{cases} \dot{x}(t) - C(t)\dot{x}(t-\tau) = A(t)x(t) + B(t)x(t-h) + D(t)\displaystyle\int_{t-r}^{t} x(s)\mathrm{d}s, & t > 0 \\ x(t) = \phi(t), & t \in [-\rho,\, 0] \end{cases}$$

$$(5.1)$$

其中，$x(t) \in \mathbb{R}^n$ 是系统的状态向量；$\tau > 0$，$h > 0$，$r > 0$ 分别是系统的中立时滞、离散时滞和分布式时滞；$\rho = \max\{\tau,\, h,\, r\}$；初始条件 $\phi(t)$ 是连续可微的向量函数；$A(t)$、$B(t)$、$C(t)$、$D(t)$ 是不确定矩阵，描述如下：

$$A(t) = A + \Delta A(t), \qquad B(t) = B + \Delta B(t) \tag{5.2}$$

$$C(t) = C + \Delta C(t), \qquad D(t) = D + \Delta D(t) \tag{5.3}$$

这里 A、B、C、D 是已知的恒定矩阵。系统参数的不确定性满足如下条件：

$$[\Delta A(t) \quad \Delta B(t) \quad \Delta C(t) \quad \Delta D(t)] = MF(t) [N_a \quad N_b \quad N_c \quad N_d] \qquad (5.4)$$

其中, M、N_a、N_b、N_c、N_d 为已知适维矩阵, $F(t)$ 为未知时变矩阵且满足

$$F^{\mathrm{T}}(t)F(t) \leqslant I, \quad \forall t \qquad (5.5)$$

假设 $C(t)$ 的特征值在单位圆内, 本章的主要目标是获得保守性更小的时滞相关稳定性条件。

5.3　时滞相关稳定性条件

首先, 考虑系统 (5.1) 的标称系统:

$$\dot{x}(t) - C\dot{x}(t-\tau) = Ax(t) + Bx(t-h) + D \int_{t-r}^{t} x(s)\mathrm{d}s \qquad (5.6)$$

下面定理给出了标称系统 (5.6) 渐近稳定的充分条件。

定理 5.1　给定标量 $\tau > 0$, $h > 0$, $r > 0$, 如果存在适维矩阵

$$Q = \begin{bmatrix} Q_{11} & Q_{12} \\ * & Q_{22} \end{bmatrix} > 0, \quad X = \begin{bmatrix} X_{11} & X_{12} \\ * & X_{22} \end{bmatrix} > 0$$

$P = [P_{ij}]_{5\times 5} > 0$, $R_i > 0$, $W_i > 0$, $S_i > 0 (i = 1,\, 2)$ 以及 $Z_j > 0$ $(j = 1,\, 2,\, 3)$, 使线性矩阵不等式 (5.7) 成立:

$$\varXi + \varGamma_1^{\mathrm{T}} P \varGamma_2 + \varGamma_2^{\mathrm{T}} P \varGamma_1 + A_c^{\mathrm{T}} Y A_c < 0 \qquad (5.7)$$

其中

$$\varXi = \begin{bmatrix} \varXi_1 & \varXi_2 \\ \varXi_2^{\mathrm{T}} & \varXi_3 \end{bmatrix}$$

$$\varGamma_1 = \begin{bmatrix} I & 0 & 0 & 0 & 0 & 0 & 0 & 0 & 0 \\ 0 & I & 0 & 0 & 0 & 0 & 0 & 0 & 0 \\ 0 & 0 & I & 0 & 0 & 0 & 0 & 0 & 0 \\ 0 & 0 & 0 & 0 & 0 & 0 & I & 0 & 0 \\ 0 & 0 & 0 & 0 & 0 & 0 & 0 & I & 0 \end{bmatrix}$$

$$\varGamma_2 = \begin{bmatrix} A & 0 & B & C & 0 & 0 & 0 & D & 0 \\ 0 & 0 & 0 & I & 0 & 0 & 0 & 0 & 0 \\ 0 & 0 & 0 & 0 & I & 0 & 0 & 0 & 0 \\ I & -I & 0 & 0 & 0 & 0 & 0 & 0 & 0 \\ I & 0 & 0 & 0 & 0 & -I & 0 & 0 & 0 \end{bmatrix}$$

$$A_c = [A\ \ 0\ \ B\ \ C\ \ 0\ \ 0\ \ 0\ \ D\ \ 0]$$

$$\Xi_1 = \begin{bmatrix} \Xi_{11} & \dfrac{1}{\tau}R_2 & HB + \dfrac{1}{h}X_{22} \\ * & -\dfrac{1}{\tau}R_2 - Q_{11} & 0 \\ * & * & -W_1 - \dfrac{1}{h}X_{22} \end{bmatrix}$$

$$\Xi_2 = \begin{bmatrix} HC & 0 & \dfrac{1}{r}S_2 & \dfrac{2}{\tau}Z_1 & \Xi_{18} & \Xi_{19} \\ -Q_{12} & 0 & 0 & 0 & 0 & 0 \\ 0 & 0 & 0 & 0 & 0 & \dfrac{1}{h}X_{12}^{\mathrm{T}} \end{bmatrix}$$

$$\Xi_3 = \mathrm{diag}\Big\{ -Q_{22},\ -W_2,\ -\dfrac{1}{r}S_2,\ -\dfrac{1}{\tau}R_1 - \dfrac{2}{\tau^2}Z_1,$$
$$-\dfrac{1}{r}S_1 - \dfrac{2}{r^2}Z_3,\ -\dfrac{1}{h}X_{11} - \dfrac{2}{h^2}Z_2 \Big\}$$

$$\Xi_{11} = Q_{11} + HA + A^{\mathrm{T}}H^{\mathrm{T}} + \tau R_1 + W_1 + hX_{11} + rS_1$$
$$- \dfrac{1}{\tau}R_2 - \dfrac{1}{h}X_{22} - \dfrac{1}{r}S_2 - 2Z_1 - 2Z_2 - 2Z_3$$

$$\Xi_{18} = HD + \dfrac{2}{r}Z_3$$

$$\Xi_{19} = \dfrac{2}{h}Z_2 - \dfrac{1}{h}X_{12}^{\mathrm{T}}$$

$$Y = Q_{22} + \tau R_2 + W_2 + hX_{22} + rS_2 + \dfrac{\tau^2}{2}Z_1 + \dfrac{h^2}{2}Z_2 + \dfrac{r^2}{2}Z_3$$

$$H = Q_{12} + hX_{12}$$

则标称系统 (5.6) 渐近稳定。

证明　构造如下 Lyapunov-Krasovskii 泛函：

$$V(x_t) = V_1(x_t) + V_2(x_t) + V_3(x_t) + V_4(x_t) \tag{5.8}$$

其中

$$V_1(x_t) = \zeta^{\mathrm{T}}(t)P\zeta(t)$$
$$V_2(x_t) = \int_{t-\tau}^{t} \omega^{\mathrm{T}}(s)Q\omega(s)\mathrm{d}s + \int_{-\tau}^{0}\int_{t+\theta}^{t} x^{\mathrm{T}}(s)R_1x(s)\mathrm{d}s\mathrm{d}\theta$$
$$+ \int_{-\tau}^{0}\int_{t+\theta}^{t} \dot{x}^{\mathrm{T}}(s)R_2\dot{x}(s)\mathrm{d}s\mathrm{d}\theta + \int_{-\tau}^{0}\int_{\theta}^{0}\int_{t+\lambda}^{t} \dot{x}^{\mathrm{T}}(s)Z_1\dot{x}(s)\mathrm{d}s\mathrm{d}\lambda\mathrm{d}\theta$$
$$V_3(x_t) = \int_{t-h}^{t} x^{\mathrm{T}}(s)W_1x(s)\mathrm{d}s + \int_{t-h}^{t} \dot{x}^{\mathrm{T}}(s)W_2\dot{x}(s)\mathrm{d}s$$
$$+ \int_{-h}^{0}\int_{t+\theta}^{t} \omega^{\mathrm{T}}(s)X\omega(s)\mathrm{d}s\mathrm{d}\theta + \int_{-h}^{0}\int_{\theta}^{0}\int_{t+\lambda}^{t} \dot{x}^{\mathrm{T}}(s)Z_2\dot{x}(s)\mathrm{d}s\mathrm{d}\lambda\mathrm{d}\theta$$

$$V_4(x_t) = \int_{-r}^0 \int_{t+\theta}^t x^{\mathrm{T}}(s)S_1 x(s)\mathrm{d}s\mathrm{d}\theta + \int_{-r}^0 \int_{t+\theta}^t \dot{x}^{\mathrm{T}}(s)S_2\dot{x}(s)\mathrm{d}s\mathrm{d}\theta$$

$$+ \int_{-r}^0 \int_\theta^0 \int_{t+\lambda}^t \dot{x}^{\mathrm{T}}(s)Z_3\dot{x}(s)\mathrm{d}s\mathrm{d}\lambda\mathrm{d}\theta$$

这里 $\zeta(t) = \begin{bmatrix} x(t) \\ x(t-\tau) \\ x(t-h) \\ \int_{t-\tau}^t x(s)\mathrm{d}s \\ \int_{t-r}^t x(s)\mathrm{d}s \end{bmatrix}$, $\omega(s) = \begin{bmatrix} x(s) \\ \dot{x}(s) \end{bmatrix}$。

计算 $V(x_t)$ 沿标称系统 (5.6) 的导数, 可得

$$\begin{aligned}
\dot{V}(x_t) = {} & 2\zeta^{\mathrm{T}}(t)P\dot{\zeta}(t) + \omega^{\mathrm{T}}(t)(Q+hX)\omega(t) \\
& - \omega^{\mathrm{T}}(t-\tau)Q\omega(t-\tau) + x^{\mathrm{T}}(t)(\tau R_1 + W_1 + rS_1)x(t) \\
& - \dot{x}^{\mathrm{T}}(t-h)W_2\dot{x}(t-h) - x^{\mathrm{T}}(t-h)W_1 x(t-h) \\
& + \dot{x}^{\mathrm{T}}(t)\left(W_2 + rS_2 + \tau R_2 + \frac{\tau^2}{2}Z_1 + \frac{h^2}{2}Z_2 + \frac{r^2}{2}Z_3\right)\dot{x}(t) \\
& - \int_{t-\tau}^t x^{\mathrm{T}}(s)R_1 x(s)\mathrm{d}s - \int_{t-\tau}^t \dot{x}^{\mathrm{T}}(s)R_2\dot{x}(s)\mathrm{d}s \\
& - \int_{t-h}^t \omega^{\mathrm{T}}(s)X\omega(s)\mathrm{d}s - \int_{-\tau}^0 \int_{t+\theta}^t \dot{x}^{\mathrm{T}}(s)Z_1\dot{x}(s)\mathrm{d}s\mathrm{d}\theta \\
& - \int_{-h}^0 \int_{t+\theta}^t \dot{x}^{\mathrm{T}}(s)Z_2\dot{x}(s)\mathrm{d}s\mathrm{d}\theta - \int_{t-r}^t x^{\mathrm{T}}(s)S_1 x(s)\mathrm{d}s \\
& - \int_{t-r}^t \dot{x}^{\mathrm{T}}(s)S_2\dot{x}(s)\mathrm{d}s - \int_{-r}^0 \int_{t+\theta}^t \dot{x}^{\mathrm{T}}(s)Z_3\dot{x}(s)\mathrm{d}s\mathrm{d}\theta \quad (5.9)
\end{aligned}$$

由引理 2.6 可得

$$-\int_{t-\tau}^t x^{\mathrm{T}}(s)R_1 x(s)\mathrm{d}s \leqslant -\frac{1}{\tau}\int_{t-\tau}^t x^{\mathrm{T}}(s)\mathrm{d}s\, R_1 \int_{t-\tau}^t x(s)\mathrm{d}s \quad (5.10)$$

$$-\int_{t-\tau}^t \dot{x}^{\mathrm{T}}(s)R_2\dot{x}(s)\mathrm{d}s \leqslant -\frac{1}{\tau}\int_{t-\tau}^t \dot{x}^{\mathrm{T}}(s)\mathrm{d}s\, R_2 \int_{t-\tau}^t \dot{x}(s)\mathrm{d}s \quad (5.11)$$

$$-\int_{t-h}^t \omega^{\mathrm{T}}(s)X\omega(s)\mathrm{d}s \leqslant -\frac{1}{h}\int_{t-h}^t \omega^{\mathrm{T}}(s)\mathrm{d}s\, X \int_{t-h}^t \omega(s)\mathrm{d}s \quad (5.12)$$

$$-\int_{t-r}^t x^{\mathrm{T}}(s)S_1 x(s)\mathrm{d}s \leqslant -\frac{1}{r}\int_{t-r}^t x^{\mathrm{T}}(s)\mathrm{d}s\, S_1 \int_{t-r}^t x(s)\mathrm{d}s \quad (5.13)$$

$$-\int_{t-r}^t \dot{x}^{\mathrm{T}}(s)S_2\dot{x}(s)\mathrm{d}s \leqslant -\frac{1}{r}\int_{t-r}^t \dot{x}^{\mathrm{T}}(s)\mathrm{d}s\, S_2 \int_{t-r}^t \dot{x}(s)\mathrm{d}s \quad (5.14)$$

$$-\int_{-\tau}^{0}\int_{t+\theta}^{t}\dot{x}^{\mathrm{T}}(s)Z_1\dot{x}(s)\mathrm{d}s\mathrm{d}\theta$$

$$\leqslant -\frac{2}{\tau^2}\int_{-\tau}^{0}\int_{t+\theta}^{t}\dot{x}^{\mathrm{T}}(s)\mathrm{d}s\mathrm{d}\theta Z_1\int_{-\tau}^{0}\int_{t+\theta}^{t}\dot{x}(s)\mathrm{d}s\mathrm{d}\theta \tag{5.15}$$

$$-\int_{-h}^{0}\int_{t+\theta}^{t}\dot{x}^{\mathrm{T}}(s)Z_2\dot{x}(s)\mathrm{d}s\mathrm{d}\theta$$

$$\leqslant -\frac{2}{h^2}\int_{-h}^{0}\int_{t+\theta}^{t}\dot{x}^{\mathrm{T}}(s)\mathrm{d}s\mathrm{d}\theta Z_2\int_{-h}^{0}\int_{t+\theta}^{t}\dot{x}(s)\mathrm{d}s\mathrm{d}\theta \tag{5.16}$$

$$-\int_{-r}^{0}\int_{t+\theta}^{t}\dot{x}^{\mathrm{T}}(s)Z_3\dot{x}(s)\mathrm{d}s\mathrm{d}\theta$$

$$\leqslant -\frac{2}{r^2}\int_{-r}^{0}\int_{t+\theta}^{t}\dot{x}^{\mathrm{T}}(s)\mathrm{d}s\mathrm{d}\theta Z_3\int_{-r}^{0}\int_{t+\theta}^{t}\dot{x}(s)\mathrm{d}s\mathrm{d}\theta \tag{5.17}$$

将式 (5.10)～ 式 (5.17) 代入式 (5.9) 可得

$$\begin{aligned}
\dot{V}(t) \leqslant & 2\zeta^{\mathrm{T}}(t)P\dot{\zeta}(t) + \omega^{\mathrm{T}}(t)(Q+hX)\omega(t)\\
& -\omega^{\mathrm{T}}(t-\tau)Q\omega(t-\tau) + x^{\mathrm{T}}(t)(\tau R_1+W_1+rS_1)x(t)\\
& -\dot{x}^{\mathrm{T}}(t-h)W_2\dot{x}(t-h) - x^{\mathrm{T}}(t-h)W_1x(t-h)\\
& +\dot{x}^{\mathrm{T}}(t)\left(W_2+rS_2+\tau R_2+\frac{\tau^2}{2}Z_1+\frac{h^2}{2}Z_2+\frac{r^2}{2}Z_3\right)\dot{x}(t)\\
& -\frac{1}{\tau}(x^{\mathrm{T}}(t)-x^{\mathrm{T}}(t-\tau))R_2(x(t)-x(t-\tau))\\
& -\frac{1}{r}(x^{\mathrm{T}}(t)-x^{\mathrm{T}}(t-r))S_2(x(t)-x(t-r))\\
& -\frac{2}{\tau^2}\left(\tau x^{\mathrm{T}}(t)-\int_{t-\tau}^{t}x^{\mathrm{T}}(s)\mathrm{d}s\right)Z_1\left(\tau x(t)-\int_{t-\tau}^{t}x(s)\mathrm{d}s\right)\\
& -\frac{2}{h^2}\left(hx^{\mathrm{T}}(t)-\int_{t-h}^{t}x^{\mathrm{T}}(s)\mathrm{d}s\right)Z_2\left(hx(t)-\int_{t-h}^{t}x(s)\mathrm{d}s\right)\\
& -\frac{2}{r^2}\left(rx^{\mathrm{T}}(t)-\int_{t-r}^{t}x^{\mathrm{T}}(s)\mathrm{d}s\right)Z_3\left(rx(t)-\int_{t-r}^{t}x(s)\mathrm{d}s\right)\\
& -\frac{1}{\tau}\int_{t-\tau}^{t}x^{\mathrm{T}}(s)\mathrm{d}s\,R_1\int_{t-\tau}^{t}x(s)\mathrm{d}s\\
& -\frac{1}{h}\int_{t-h}^{t}\omega^{\mathrm{T}}(s)\mathrm{d}s\,X\int_{t-h}^{t}\omega(s)\mathrm{d}s\\
& -\frac{1}{r}\int_{t-r}^{t}x^{\mathrm{T}}(s)\mathrm{d}s\,S_1\int_{t-r}^{t}x(s)\mathrm{d}s\\
\leqslant & \xi^{\mathrm{T}}(t)(\Xi+\Gamma_1^{\mathrm{T}}P\Gamma_2+\Gamma_2^{\mathrm{T}}P\Gamma_1+A_c^{\mathrm{T}}YA_c)\xi(t) \tag{5.18}
\end{aligned}$$

其中，$\xi(t) = \begin{bmatrix} \xi_1(t) \\ \xi_2(t) \\ \xi_3(t) \end{bmatrix}$，且 $\xi_1(t) = \begin{bmatrix} x(t) \\ x(t-\tau) \\ x(t-h) \end{bmatrix}$，$\xi_2(t) = \begin{bmatrix} \dot{x}(t-\tau) \\ \dot{x}(t-h) \\ x(t-r) \end{bmatrix}$，

$$\xi_3(t) = \begin{bmatrix} \displaystyle\int_{t-\tau}^{t} x(s)\mathrm{d}s \\ \displaystyle\int_{t-r}^{t} x(s)\mathrm{d}s \\ \displaystyle\int_{t-h}^{t} x(s)\mathrm{d}s \end{bmatrix}。$$

因此，如果 $\Xi + \Gamma_1^{\mathrm{T}} P \Gamma_2 + \Gamma_2^{\mathrm{T}} P \Gamma_1 + A_c^{\mathrm{T}} Y A_c < 0$，那么 $\dot{V}(x_t) < 0$。由 Lyapunov 稳定性理论可知标称系统 (5.6) 渐近稳定。　　　　　　　　　　　　　　　□

注 5.1　基于一种新的 Lyapunov-Krasovskii 泛函及积分不等式方法，得到了与离散时滞、中立时滞及分布式时滞均相关的稳定性判据。由于在定理推导过程中使用的是积分不等式方法，故定理 5.1 中除了 Lyapunov 矩阵外，没有引入任何自由权矩阵。在不考虑系统参数存在凸多面体不确定时，积分不等式方法与自由权矩阵方法等价，却包含较少的矩阵决策变量。

注 5.2　在定理 5.1 中令 $P_{14} = 0$，$P_{24} = 0$，$P_{34} = 0$，$P_{15} = 0$，$P_{25} = 0$，$P_{35} = 0$，$P_{45} = 0$，$X_{12} = 0$，$P_{44} = \epsilon_1 I$，$P_{55} = \epsilon_2 I$，$R_1 = \epsilon_3 I$，$W_2 = \epsilon_4 I$，$X_{22} = \epsilon_5 I$，$Z_1 = \epsilon_6 I$，$Z_2 = \epsilon_7 I$，$Z_3 = \epsilon_8 I$，其中，$\epsilon_i > 0$ $(i = 1, \cdots, 8)$ 为充分小的标量，可以得到定理 5.1 的一个推论 (此处略去，有兴趣的读者可自行推导)。应用文献 [54] 中的方法可以证明该推论与文献 [117] 中定理 1 等价。由此可见，文献 [117] 的结果是定理 5.1 的一个特例。而文献 [117] 的结果又优于文献 [104] 和 [116] 中的结果。因此，定理 5.1 要比目前文献中的结果具有更小的保守性。

考虑如下具有混合时滞的中立系统：

$$\dot{x}(t) - C\dot{x}(t-\tau) = Ax(t) + Bx(t-h) \tag{5.19}$$

在定理 5.1 的基础上，可以得到系统 (5.19) 渐近稳定的充分性条件，归纳为如下推论。

推论 5.1　给定标量 $\tau > 0$ 及 $h > 0$，如果存在适维矩阵

$$Q = \begin{bmatrix} Q_{11} & Q_{12} \\ * & Q_{22} \end{bmatrix} > 0, \quad X = \begin{bmatrix} X_{11} & X_{12} \\ * & X_{22} \end{bmatrix} > 0$$

$P = [P_{ij}]_{4\times 4} > 0$，$R_i > 0$，$W_i > 0$，$Z_i > 0$ $(i = 1, 2)$，使线性矩阵不等式 (5.20) 成立：

$$\Theta + \Lambda_1^{\mathrm{T}} P \Lambda_2 + \Lambda_2^{\mathrm{T}} P \Lambda_1 + \hat{A}_c^{\mathrm{T}} \hat{Y} \hat{A}_c < 0 \tag{5.20}$$

其中

$$\Theta = \begin{bmatrix} \Theta_1 & \Theta_2 \\ \Theta_2^{\mathrm{T}} & \Theta_3 \end{bmatrix}$$

$$\Lambda_1 = \begin{bmatrix} I & 0 & 0 & 0 & 0 & 0 & 0 \\ 0 & I & 0 & 0 & 0 & 0 & 0 \\ 0 & 0 & I & 0 & 0 & 0 & 0 \\ 0 & 0 & 0 & 0 & 0 & I & 0 \end{bmatrix}$$

$$\Lambda_2 = \begin{bmatrix} A & 0 & B & C & 0 & 0 & 0 \\ 0 & 0 & 0 & I & 0 & 0 & 0 \\ 0 & 0 & 0 & 0 & I & 0 & 0 \\ I & -I & 0 & 0 & 0 & 0 & 0 \end{bmatrix}$$

$$\hat{A}_c = \begin{bmatrix} A & 0 & B & C & 0 & 0 & 0 \end{bmatrix}$$

$$\Theta_1 = \begin{bmatrix} \Theta_{11} & \dfrac{1}{\tau}R_2 & HB + \dfrac{1}{h}X_{22} \\ * & -\dfrac{1}{\tau}R_2 - Q_{11} & 0 \\ * & * & -W_1 - \dfrac{1}{h}X_{22} \end{bmatrix}$$

$$\Theta_2 = \begin{bmatrix} HC & 0 & \dfrac{2}{\tau}Z_1 & \dfrac{2}{h}Z_2 - \dfrac{1}{h}X_{12}^{\mathrm{T}} \\ -Q_{12} & 0 & 0 & 0 \\ 0 & 0 & 0 & \dfrac{1}{h}X_{12}^{\mathrm{T}} \end{bmatrix}$$

$$\Theta_3 = \mathrm{diag}\left\{ -Q_{22},\ -W_2,\ -\dfrac{1}{\tau}R_1 - \dfrac{2}{\tau^2}Z_1,\ -\dfrac{1}{h}X_{11} - \dfrac{2}{h^2}Z_2 \right\}$$

$$\Theta_{11} = Q_{11} + HA + A^{\mathrm{T}}H^{\mathrm{T}} + \tau R_1 + W_1 + hX_{11}$$
$$\qquad - \dfrac{1}{\tau}R_2 - \dfrac{1}{h}X_{22} - 2Z_1 - 2Z_2$$

$$\hat{Y} = Q_{22} + \tau R_2 + W_2 + hX_{22} + \dfrac{\tau^2}{2}Z_1 + \dfrac{h^2}{2}Z_2$$

$$H = Q_{12} + hX_{12}$$

则中立系统 (5.19) 渐近稳定。

　　证明　构造如下 Lyapunov-Krasovskii 泛函：

$$V(x_t) = V_1(x_t) + V_2(x_t) + V_3(x_t)$$

其中，$V_1(x_t) = \hat{\zeta}^{\mathrm{T}}(t)P\hat{\zeta}(t)$，$\zeta^{\mathrm{T}}(t) = \begin{bmatrix} x^{\mathrm{T}}(t) & x^{\mathrm{T}}(t-\tau) & x^{\mathrm{T}}(t-h) & \displaystyle\int_{t-\tau}^{t} x^{\mathrm{T}}(s)\mathrm{d}s \end{bmatrix}$；$V_2(x_t)$

与 $V_3(x_t)$ 与定理 5.1 中定义一致。

按照定理 5.1 的证明方法，推论 5.1 即可得证。   □

考虑系统参数矩阵具有如式 (5.2)～ 式 (5.5) 所示的范数有界不确定性，在定理 5.1 的基础上，易得如下定理。

定理 5.2   对于给定标量 $\tau > 0, h > 0, r > 0$，如果存在适维矩阵

$$Q = \begin{bmatrix} Q_{11} & Q_{12} \\ * & Q_{22} \end{bmatrix} > 0, \quad X = \begin{bmatrix} X_{11} & X_{12} \\ * & X_{22} \end{bmatrix} > 0$$

$P = [P_{ij}]_{5 \times 5} > 0, R_i > 0, W_i > 0, S_i > 0 \ (i = 1, 2), Z_j > 0 \ (j = 1, 2, 3)$，以及标量 $\varepsilon > 0$，使线性矩阵不等式 (5.21) 成立：

$$\begin{bmatrix} \Pi & A_c^{\mathrm{T}} Y & \Gamma_3^{\mathrm{T}} M \\ * & -Y & YM \\ * & * & -\varepsilon I \end{bmatrix} < 0 \tag{5.21}$$

其中

$$\Pi = \varXi + \Gamma_1^{\mathrm{T}} P \Gamma_2 + \Gamma_2^{\mathrm{T}} P \Gamma_1 + \varepsilon \varUpsilon^{\mathrm{T}} \varUpsilon$$

$$\Gamma_3 = [P_{11} + H \ \ P_{12} \ \ P_{13} \ \ 0 \ \ 0 \ \ 0 \ \ P_{14} \ \ P_{15} \ \ 0]$$

$$\varUpsilon = [N_a \ \ 0 \ \ N_b \ \ N_c \ \ 0 \ \ 0 \ \ 0 \ \ N_d \ \ 0]$$

$\varXi$、Γ_1、Γ_2、$\varUpsilon$ 均与定理 5.1 中定义一致，则中立系统 (5.1) 鲁棒渐近稳定。

证明   将定理 5.1 中的参数矩阵 A、B、C、D 分别用 $A + MF(t)N_a$、$B + MF(t)N_b$、$C + MF(t)N_c$、$D + MF(t)N_d$ 替换，应用引理 2.2，便可得证。   □

5.4   数 值 实 例

例 5.1   考虑如下不确定中立系统：

$$A = \begin{bmatrix} -0.9 & 0.2 \\ 0.1 & -0.9 \end{bmatrix}, \quad B = \begin{bmatrix} -1.1 & -0.2 \\ -0.1 & -1.1 \end{bmatrix}$$

$$C = \begin{bmatrix} -0.2 & 0 \\ 0.2 & -0.1 \end{bmatrix}, \quad D = \begin{bmatrix} -0.12 & -0.12 \\ -0.12 & 0.12 \end{bmatrix}$$

$$M = I, \quad N_a = N_b = N_c = N_d = 0.1I$$

假设 $\tau = 0.1$，求取当 h 不同取值时，r 的最大上界以及当 r 不同取值时，h 的最大上界。由于文献 [117] 的结果要优于文献 [104] 和 [116] 中的结果，故本章只与

文献 [117] 中的结果进行比较。h 不同取值时的比较结果见表 5.1。从表 5.1 中可以看出，本章的方法可以获得更大的 r 的上界。尤其是当 $h \geqslant 1.5$ 时，文献 [117] 中的结果不能获得可行解，而应用本章的方法可以得到 r 的上界分别为 1.31、0.93 和 0.42。r 不同取值时的比较结果见表 5.2。从表中可以看出，应用本章提出方法计算得到的 h 的上界均大于文献 [117] 中的结果。这表明本章提出的方法较文献 [117] 中的方法具有更小的保守性。

表 5.1　h 不同取值时 r 的最大上界

h	0.1	0.5	1	1.5	1.6	1.7
文献 [117]	6.64	5.55	1.62	—	—	—
定理 5.2	6.67	6.12	2.75	1.31	0.93	0.42

表 5.2　r 不同取值时 h 的最大上界

r	1	2	3	4	5	6
文献 [117]	1.12	0.93	0.77	0.65	0.55	0.43
定理 5.2	1.58	1.20	0.95	0.77	0.64	0.51

例 5.2　考虑如下的不确定中立系统：

$$A = \begin{bmatrix} -3.4 & 0.2 \\ 0.1 & -0.9 \end{bmatrix}, \quad B = \begin{bmatrix} -1.1 & 0.1 \\ 0.1 & -1.2 \end{bmatrix}$$

$$C = \begin{bmatrix} c & 0 \\ 0 & c \end{bmatrix}, \quad D = \begin{bmatrix} 0.1 & -0.2 \\ -0.1 & 0.3 \end{bmatrix}$$

$$M = I, \quad N_a = N_b = N_c = N_d = 0.2I$$

假设 $\tau = 0.2$，当 c 与 r 分别取不同数值时计算 h 的最大上界。与文献 [117] 的比较结果见表 5.3。从表中可以看出，本章提出的方法比文献 [117] 中的方法具有明显的优越性，也就是本章的方法可以得到更大的 h 的最大上界。

表 5.3　c 与 r 不同取值时 h 的最大上界

方法	c	0.15	0.2	0.25	0.3
文献 [117]	$r = 0.6$	1.41	1.22	1.02	0.83
定理 5.2	$r = 0.6$	1.49	1.28	1.06	0.86
文献 [117]	$r = 0.4$	1.87	1.68	1.40	1.10
定理 5.2	$r = 0.4$	2.20	1.88	1.53	1.19
文献 [117]	$r = 0.2$	2.75	2.69	2.44	1.98
定理 5.2	$r = 0.2$	8.30	6.54	4.59	2.80

5.5 小　　结

本章考虑了具有分布式时滞的中立系统的稳定性问题。基于 Lyapunov 泛函法和积分不等式方法，得到了一种既与离散时滞，又与中立时滞和分布式时滞相关的稳定性判据。由于本章构造了新型的 Lyapunov-Krasovskii 泛函，本章得到的稳定性判据与目前文献中的结果相比具有更小的保守性。最后，通过两个仿真实例说明了本章提出方法的正确性和有效性。

第6章 线性不确定时滞系统鲁棒 H_∞ 滤波

6.1 引　　言

在实际控制系统中,测量信号往往受到各种随机噪声干扰。如何从受到干扰的测量信号中估计出系统的真实状态,这就需要滤波。在信号与噪声均为平稳随机过程的假设下,通过求解维纳–霍夫方程,得到均方误差最小意义下的滤波器,这就是"维纳滤波"[119]。通常求解维纳–霍夫方程是很困难的,即使得到解析解,在工程上也难于实现。卡尔曼提出了一种便于计算机实现的递推滤波方法 —— 卡尔曼滤波[120]。卡尔曼滤波适用于白噪声激励的任何平稳或非平稳随机过程的最优估计。卡尔曼滤波很好地克服了维纳滤波的缺点,在航空航天、火力控制等领域得到了广泛的应用。然而卡尔曼滤波是建立在精确的数学模型基础上的,并且要求外部噪声为严格的高斯噪声。在实际应用中,精确的数学模型往往难于建立,并且外部噪声的统计特性也难于获得。在这种条件下研究系统的状态估计问题无疑具有重要意义。H_∞ 滤波对系统干扰输入的统计特性不作要求且对模型不确定性也具有较好的鲁棒性,因此得到了越来越多的重视。

近年来,时滞系统的状态估计问题,尤其是时滞系统的 H_∞ 滤波问题得到了广泛的关注[110,121~134]。由于时滞相关条件比时滞无关条件具有更小的保守性,目前关于时滞系统 H_∞ 滤波的研究多集中于滤波器存在的时滞相关条件。由于系统建模时,往往只考虑工作点附近的情况,造成了数学模型的人为简化。此外,由于执行部件与控制元件存在老化、磨损以及环境和运行条件恶化等现象,大多数系统存在参数的不确定性。因此,本章考虑了不确定时滞系统鲁棒 H_∞ 滤波器的设计问题。将第 3 章、第 4 章中提出的 Lyapunov 泛函构造方法推广到不确定时滞系统的鲁棒 H_∞ 滤波器设计[135]。

6.2 系 统 描 述

考虑如下时变时滞线性系统:

$$\begin{cases} \dot{x}(t) = A_0 x(t) + A_1 x(t - \tau(t)) + B\omega(t) \\ y(t) = C_0 x(t) + C_1 x(t - \tau(t)) + D\omega(t) \\ z(t) = L_0 x(t) + L_1 x(t - \tau(t)) + G\omega(t) \\ x(t) = \phi(t), \quad t \in [-h, 0] \end{cases} \tag{6.1}$$

其中，$x(t) \in \mathbb{R}^n$ 为状态向量，$y(t) \in \mathbb{R}^m$ 为测量向量，$z(t) \in \mathbb{R}^p$ 为被估计信号，$\omega(t) \in \mathbb{R}^l$ 为外部干扰信号，初始条件 $\phi(t)$ 为连续可微的向量函数，A_0、A_1、B、C_0、C_1、D、L_0、L_1、G 为适维系统矩阵。系统矩阵部分参数未知，定义

$$\chi := [A_0,\ A_1,\ B,\ C_0,\ C_1,\ D,\ L_0,\ L_1,\ G] \in \Sigma$$

其中，Σ 为一个给定的凸多面体，即

$$\Sigma := \left\{ \chi(\lambda) = \sum_{i=1}^{q} \lambda_i \chi_i;\ 0 \leqslant \lambda_i \leqslant 1,\ \sum_{i=1}^{q} \lambda_i = 1 \right\} \tag{6.2}$$

凸多面体的顶点由下式描述：

$$\chi_i = \left[A_0^{(i)},\ A_1^{(i)},\ B^{(i)},\ C_0^{(i)},\ C_1^{(i)},\ D^{(i)},\ L_0^{(i)},\ L_1^{(i)},\ G^{(i)} \right]$$

假设本章所考虑的时变时滞满足以下两种情况：

(1) $\tau(t)$ 为可微函数，满足

$$0 \leqslant \tau(t) \leqslant h, \quad \dot{\tau}(t) \leqslant \mu \tag{6.3}$$

(2) $\tau(t)$ 为连续函数，满足

$$0 \leqslant \tau(t) \leqslant h \tag{6.4}$$

其中，$h > 0$，$\mu > 0$ 为恒定常量。

考虑如下全阶滤波器：

$$\begin{cases} \dot{\hat{x}}(t) = A_f \hat{x}(t) + B_f y(t), & \hat{x}(0) = 0 \\ \hat{z}(t) = C_f \hat{x}(t) + D_f y(t) \end{cases} \tag{6.5}$$

其中，A_f、B_f、C_f、D_f 为待定的滤波器参数。

定义增广向量 $\eta(t) = \left[x^{\mathrm{T}}(t)\ \ \hat{x}^{\mathrm{T}}(t) \right]^{\mathrm{T}}$，$z_e(t) = z(t) - \hat{z}(t)$，可得如下增广系统：

$$\begin{cases} \dot{\eta}(t) = \hat{A}_0 \eta(t) + \hat{A}_1 \eta(t - \tau(t)) + \hat{B}\omega(t) \\ z_e(t) = \hat{C}_0 \eta(t) + \hat{C}_1 \eta(t - \tau(t)) + \hat{D}\omega(t) \\ \eta(t) = \left[\phi^{\mathrm{T}}(t)\ \ 0 \right]^{\mathrm{T}}, \quad t \in [-h,\ 0] \end{cases} \tag{6.6}$$

其中

$$\hat{A}_0 = \begin{bmatrix} A_0 & 0 \\ B_f C_0 & A_f \end{bmatrix}, \quad \hat{A}_1 = \begin{bmatrix} A_1 & 0 \\ B_f C_1 & 0 \end{bmatrix}$$

$$\hat{B} = \begin{bmatrix} B \\ B_f D \end{bmatrix}, \quad \hat{C}_0 = \begin{bmatrix} L_0 - D_f C_0 & -C_f \end{bmatrix}$$

$$\hat{C}_1 = \left[\begin{array}{cc} L_1 - D_f C_1 & 0 \end{array}\right], \quad \hat{D} = G - D_f D$$

本章考虑的 H_∞ 滤波问题可以描述为：对于给定的标量 $\gamma > 0$，设计一个如式 (6.5) 所示的全阶滤波器，使得增广系统 (6.6) 在 $\omega(t) = 0$ 的情况下对于所有位于给定凸多面体内的参数及满足类型 1 或类型 2 的所有时滞均渐近稳定，且对于所有非零 $\omega(t) \in \mathcal{L}_2 [0, \infty)$ 使得 $\|z_e(t)\|_2 < \gamma \|\omega(t)\|_2$。

6.3　滤波器分析与设计

本节将给出鲁棒 H_∞ 滤波器存在的时滞相关条件及滤波器增益的求取方法。

6.3.1　H_∞ 性能分析

对于类型 1 时滞，如下定理给出了 H_∞ 滤波器 (6.5) 存在的充分性条件。

定理 6.1　对于给定向量 $h > 0$，$\gamma > 0$，$\mu > 0$，如果存在适维矩阵

$$P = \left[\begin{array}{ccc} P_1 & P_2 & P_4 \\ * & P_3 & P_5 \\ * & * & P_6 \end{array}\right] > 0, \quad Q_1 > 0, \quad Q_2 > 0$$

$$Z_1 > 0, \quad Z_2 > 0, \quad R > 0, \quad X = [X_{ij}]_{5 \times 5} \geqslant 0$$

以及任意矩阵 $Y = \left[\begin{array}{c} Y_1 \\ Y_2 \\ \vdots \\ Y_5 \end{array}\right]$，$M = \left[\begin{array}{c} M_1 \\ M_2 \\ \vdots \\ M_5 \end{array}\right]$，$H = \left[\begin{array}{c} H_1 \\ H_2 \\ \vdots \\ H_5 \end{array}\right]$，使线性矩阵不等式

(6.7)~(6.9) 对于所有 $i = 1, \cdots, q$ 成立：

$$\Phi^{(i)} = \left[\begin{array}{ccccc} \Xi^{(i)} + hX & \Gamma_1^{(i)\mathrm{T}} & hA_c^{(i)\mathrm{T}}Z_2 & \dfrac{h^2}{2}A_c^{(i)\mathrm{T}}R & \dfrac{h^2}{2}H \\ * & -I & 0 & 0 & 0 \\ * & * & -hZ_2 & 0 & 0 \\ * & * & * & -\dfrac{h^2}{2}R & 0 \\ * & * & * & * & -\dfrac{h^2}{2}R \end{array}\right] < 0 \qquad (6.7)$$

$$\Upsilon_1^{(i)} = \left[\begin{array}{ccc} X & H - \Gamma_2^{(i)\mathrm{T}} & M \\ * & Z_1 & 0 \\ * & * & Z_2 \end{array}\right] \geqslant 0 \qquad (6.8)$$

$$\Upsilon_2^{(i)} = \begin{bmatrix} X & H - \Gamma_2^{(i)\mathrm{T}} & N \\ * & Z_1 & 0 \\ * & * & Z_2 \end{bmatrix} \geqslant 0 \qquad (6.9)$$

其中

$$\Xi^{(i)} = \begin{bmatrix} \Xi_{11}^{(i)} & \Xi_{12}^{(i)} & \Xi_{13}^{(i)} & \Xi_{14}^{(i)} & \Xi_{15}^{(i)} \\ * & \Xi_{22}^{(i)} & \Xi_{23}^{(i)} & \Xi_{24}^{(i)} & \Xi_{25}^{(i)} \\ * & * & \Xi_{33}^{(i)} & \Xi_{34}^{(i)} & \Xi_{35}^{(i)} \\ * & * & * & \Xi_{44}^{(i)} & \Xi_{45}^{(i)} \\ * & * & * & * & \Xi_{55}^{(i)} \end{bmatrix}$$

$$A_c^{(i)} = \begin{bmatrix} A_0^{(i)} & 0 & A_1^{(i)} & 0 & B^{(i)} \end{bmatrix}$$

$$\Gamma_1^{(i)} = \begin{bmatrix} L_0^{(i)} - D_f C_0^{(i)} & -C_f & L_1^{(i)} - D_f C_1^{(i)} & 0 & G^{(i)} - D_f D^{(i)} \end{bmatrix}$$

$$\Gamma_2^{(i)} = \begin{bmatrix} P_4^{\mathrm{T}} A_0^{(i)} + P_5^{\mathrm{T}} B_f C_0^{(i)} + P_6 & P_5^{\mathrm{T}} A_f & P_4^{\mathrm{T}} A_1^{(i)} + P_5^{\mathrm{T}} B_f C_1^{(i)} \\ -P_6 & P_4^{\mathrm{T}} B^{(i)} + P_5^{\mathrm{T}} B_f D^{(i)} \end{bmatrix}$$

$$\Xi_{11}^{(i)} = P_1 A_0^{(i)} + A_0^{(i)\mathrm{T}} P_1 + P_2 B_f C_0^{(i)} + C_0^{(i)\mathrm{T}} B_f^{\mathrm{T}} P_2^{\mathrm{T}} + P_4 + P_4^{\mathrm{T}} \\ \quad + Q_1 + Q_2 + hZ_1 + M_1 + M_1^{\mathrm{T}} + hH_1 + hH_1^{\mathrm{T}}$$

$$\Xi_{12}^{(i)} = P_2 A_f + A_0^{(i)\mathrm{T}} P_2 + C_0^{(i)\mathrm{T}} B_f^{\mathrm{T}} P_3 + P_5^{\mathrm{T}} + M_2^{\mathrm{T}} + hH_2^{\mathrm{T}}$$

$$\Xi_{13}^{(i)} = P_1 A_1^{(i)} + P_2 B_f C_1^{(i)} - M_1 + Y_1 + M_3^{\mathrm{T}} + hH_3^{\mathrm{T}}$$

$$\Xi_{14}^{(i)} = -P_4 - Y_1 + M_4^{\mathrm{T}} + hH_4^{\mathrm{T}}$$

$$\Xi_{15}^{(i)} = P_1 B^{(i)} + P_2 B_f D^{(i)} + M_5^{\mathrm{T}} + hH_5^{\mathrm{T}}$$

$$\Xi_{22}^{(i)} = P_3 A_f + A_f^{\mathrm{T}} P_3$$

$$\Xi_{23}^{(i)} = P_2^{\mathrm{T}} A_1^{(i)} + P_3 B_f C_1^{(i)} - M_2 + Y_2$$

$$\Xi_{24}^{(i)} = -P_5 - Y_2$$

$$\Xi_{25}^{(i)} = P_2^{\mathrm{T}} B^{(i)} + P_3 B_f D^{(i)}$$

$$\Xi_{33}^{(i)} = -(1 - \mu)Q_2 - M_3 - M_3^{\mathrm{T}} + Y_3 + Y_3^{\mathrm{T}}$$

$$\Xi_{34}^{(i)} = -Y_3 - M_4^{\mathrm{T}} + Y_4^{\mathrm{T}}$$

$$\Xi_{35}^{(i)} = -M_5^{\mathrm{T}} + Y_5^{\mathrm{T}}$$

$$\Xi_{44}^{(i)} = -Q_1 - Y_4 - Y_4^{\mathrm{T}}$$

$$\Xi_{45}^{(i)} = -Y_5^{\mathrm{T}}$$

$$\Xi_{55}^{(i)} = -\gamma^2 I$$

则对于所有满足式 (6.3) 的时滞和位于给定凸多面体 (6.2) 内的参数，增广系统 (6.6) 鲁棒渐近稳定且 H_∞ 性能满足 $\|z_e(t)\|_2 < \gamma\|\omega(t)\|_2$。

证明　构造如下 Lyapunov 泛函：

$$
\begin{aligned}
V(x_t) = {} & \zeta^{\mathrm{T}}(t)P\zeta(t) + \int_{t-h}^{t} x^{\mathrm{T}}(s)Q_1 x(s)\mathrm{d}s \\
& + \int_{t-\tau(t)}^{t} x^{\mathrm{T}}(s)Q_2 x(s)\mathrm{d}s + \int_{-h}^{0}\int_{t+\theta}^{t} x^{\mathrm{T}}(s)Z_1 x(s)\mathrm{d}s\mathrm{d}\theta \\
& + \int_{-h}^{0}\int_{t+\theta}^{t} \dot{x}^{\mathrm{T}}(s)Z_2 \dot{x}(s)\mathrm{d}s\mathrm{d}\theta \\
& + \int_{-h}^{0}\int_{\theta}^{0}\int_{t+\lambda}^{t} \dot{x}^{\mathrm{T}}(s)R\dot{x}(s)\mathrm{d}s\mathrm{d}\lambda\mathrm{d}\theta
\end{aligned}
\tag{6.10}
$$

其中，$\zeta(t) = \begin{bmatrix} x(t) \\ \hat{x}(t) \\ \displaystyle\int_{t-h}^{t} x(s)\mathrm{d}s \end{bmatrix}$。

对 $V(x_t)$ 求导可得

$$
\begin{aligned}
\dot{V}(x_t) = {} & 2\zeta^{\mathrm{T}}(t)P\dot{\zeta}(t) + x^{\mathrm{T}}(t)(Q_1 + Q_2 + hZ_1)x(t) \\
& - x^{\mathrm{T}}(t-h)Q_1 x(t-h) - (1-\dot{\tau}(t))x^{\mathrm{T}}(t-\tau(t))Q_2 x(t-\tau(t)) \\
& + \dot{x}^{\mathrm{T}}(t)(hZ_2 + \frac{h^2}{2}R)\dot{x}(t) - \int_{t-h}^{t} x^{\mathrm{T}}(s)Z_1 x(s)\mathrm{d}s \\
& - \int_{t-h}^{t} \dot{x}^{\mathrm{T}}(s)Z_2 \dot{x}(s)\mathrm{d}s - \int_{-h}^{0}\int_{t+\theta}^{t} \dot{x}^{\mathrm{T}}(s)R\dot{x}(s)\mathrm{d}s\mathrm{d}\theta
\end{aligned}
\tag{6.11}
$$

易知，如下等式成立：

$$
2\xi^{\mathrm{T}}(t)M\left[x(t) - x(t-\tau(t)) - \int_{t-\tau(t)}^{t} \dot{x}(s)\mathrm{d}s\right] = 0
\tag{6.12}
$$

$$
2\xi^{\mathrm{T}}(t)Y\left[x(t-\tau(t)) - x(t-h) - \int_{t-h}^{t-\tau(t)} \dot{x}(s)\mathrm{d}s\right] = 0
\tag{6.13}
$$

$$
2\xi^{\mathrm{T}}(t)H\left[hx(t) - \int_{t-h}^{t-\tau(t)} x(s)\mathrm{d}s - \int_{t-\tau(t)}^{t} x(s)\mathrm{d}s - \int_{-h}^{0}\int_{t+\theta}^{t} \dot{x}(s)\mathrm{d}s\mathrm{d}\theta\right] = 0
\tag{6.14}
$$

$$
h\xi^{\mathrm{T}}(t)X\xi(t) - \int_{t-\tau(t)}^{t} \xi^{\mathrm{T}}(t)X\xi(t)\mathrm{d}s - \int_{t-h}^{t-\tau(t)} \xi^{\mathrm{T}}(t)X\xi(t)\mathrm{d}s = 0
\tag{6.15}
$$

其中，$\xi^{\mathrm{T}}(t) = \begin{bmatrix} x^{\mathrm{T}}(t) & \hat{x}^{\mathrm{T}}(t) & x^{\mathrm{T}}(t-\tau(t)) & x^{\mathrm{T}}(t-h) & \omega^{\mathrm{T}}(t) \end{bmatrix}$。

此外

$$-2\xi^{\mathrm{T}}(t)H\int_{-h}^{0}\int_{t+\theta}^{t}\dot{x}(s)\mathrm{d}s\mathrm{d}\theta$$

$$\leqslant \frac{1}{2}h^2\xi^{\mathrm{T}}(t)HR^{-1}H^{\mathrm{T}}\xi(t) + \int_{-h}^{0}\int_{t+\theta}^{t}\dot{x}^{\mathrm{T}}(s)R\dot{x}(s)\mathrm{d}s\mathrm{d}\theta \tag{6.16}$$

将式 (6.12)~ 式 (6.15) 的左侧加入 $\dot{V}(x_t)$ 并应用式 (6.16) 可得

$$\dot{V}(x_t) - \gamma^2\omega^{\mathrm{T}}(t)\omega(t) + z_e^{\mathrm{T}}(t)z_e(t) \leqslant$$

$$\xi^{\mathrm{T}}(t)\left[\Xi + hX + \Gamma_1^{\mathrm{T}}\Gamma_1 + hA_c^{\mathrm{T}}Z_2A_c + \frac{h^2}{2}A_c^{\mathrm{T}}RA_c + \frac{h^2}{2}HR^{-1}H^{\mathrm{T}}\right]\xi(t)$$

$$-\int_{t-\tau(t)}^{t}\xi^{\mathrm{T}}(t,\ s)\Upsilon_1\xi(t,\ s)\mathrm{d}s - \int_{t-h}^{t-\tau(t)}\xi^{\mathrm{T}}(t,\ s)\Upsilon_2\xi(t,\ s)\mathrm{d}s \tag{6.17}$$

由 Schur 补引理可知, 式 (6.7) 成立时必有

$$\Xi + hX + \Gamma_1^{\mathrm{T}}\Gamma_1 + hA_c^{\mathrm{T}}Z_2A_c + \frac{h^2}{2}A_c^{\mathrm{T}}RA_c + \frac{h^2}{2}HR^{-1}H^{\mathrm{T}} < 0$$

若式 (6.7)~ 式 (6.9) 成立则有 $\dot{V}(t) - \gamma^2\omega^{\mathrm{T}}(t)\omega(t) + z_e^{\mathrm{T}}(t)z_e(t) < 0$。从而可知, 增广系统 (6.6) 在 $\omega(t) = 0$ 的情况下渐近稳定。

易知

$$\int_0^{\infty}\left[z_e^{\mathrm{T}}(t)z_e(t) - \gamma^2\omega^{\mathrm{T}}(t)\omega(t)\right]\mathrm{d}t \leqslant V(t)|_{t=0} - V(t)|_{t\to\infty}$$

由零初始条件可得 $V(t)|_{t=0} = 0$, 进而可得

$$\int_0^{\infty}\left[z_e^{\mathrm{T}}(t)z_e(t) - \gamma^2\omega^{\mathrm{T}}(t)\omega(t)\right]\mathrm{d}t < 0$$

由此可得 $\|z_e(t)\|_2 < \gamma\|\omega(t)\|_2$。 □

对于类型 2 时滞, 类似地有如下定理。

定理 6.2 对于给定向量 $h > 0$, $\gamma > 0$, 如果存在适维矩阵

$$P = \begin{bmatrix} P_1 & P_2 & P_4 \\ * & P_3 & P_5 \\ * & * & P_6 \end{bmatrix} > 0, \quad Q_1 > 0, \quad Q_2 > 0$$

$$Z_1 > 0, \quad Z_2 > 0, \quad R > 0, \quad X = [X_{ij}]_{5\times 5} \geqslant 0$$

以及任意矩阵 $Y = \begin{bmatrix} Y_1 \\ Y_2 \\ \vdots \\ Y_5 \end{bmatrix}$, $M = \begin{bmatrix} M_1 \\ M_2 \\ \vdots \\ M_5 \end{bmatrix}$, $H = \begin{bmatrix} H_1 \\ H_2 \\ \vdots \\ H_5 \end{bmatrix}$, 使线性矩阵不等式

(6.18)~(6.20) 对于所有 $i = 1, \cdots, q$ 成立:

$$
\tilde{\varPhi}^{(i)} = \begin{bmatrix} \tilde{\varXi}^{(i)} + hX & \varGamma_1^{(i)\mathrm{T}} & hA_c^{(i)\mathrm{T}}Z_2 & \dfrac{h^2}{2}A_c^{(i)\mathrm{T}}R & \dfrac{h^2}{2}H \\ * & -I & 0 & 0 & 0 \\ * & * & -hZ_2 & 0 & 0 \\ * & * & * & -\dfrac{h^2}{2}R & 0 \\ * & * & * & * & -\dfrac{h^2}{2}R \end{bmatrix} < 0 \tag{6.18}
$$

$$
\varUpsilon_1^{(i)} = \begin{bmatrix} X & H - \varGamma_2^{(i)\mathrm{T}} & M \\ * & Z_1 & 0 \\ * & * & Z_2 \end{bmatrix} \geqslant 0 \tag{6.19}
$$

$$
\varUpsilon_2^{(i)} = \begin{bmatrix} X & H - \varGamma_2^{(i)\mathrm{T}} & N \\ * & Z_1 & 0 \\ * & * & Z_2 \end{bmatrix} \geqslant 0 \tag{6.20}
$$

其中

$$
\tilde{\varXi}^{(i)} = \begin{bmatrix} \tilde{\varXi}_{11}^{(i)} & \varXi_{12}^{(i)} & \varXi_{13}^{(i)} & \varXi_{14}^{(i)} & \varXi_{15}^{(i)} \\ * & \varXi_{22}^{(i)} & \varXi_{23}^{(i)} & \varXi_{24}^{(i)} & \varXi_{25}^{(i)} \\ * & * & \tilde{\varXi}_{33}^{(i)} & \varXi_{34}^{(i)} & \varXi_{35}^{(i)} \\ * & * & * & \varXi_{44}^{(i)} & \varXi_{45}^{(i)} \\ * & * & * & * & \varXi_{55}^{(i)} \end{bmatrix}
$$

$$
\tilde{\varXi}_{11}^{(i)} = \varXi_{11}^{(i)} - Q_2
$$

$$
\tilde{\varXi}_{33}^{(i)} = \varXi_{33}^{(i)} + (1-\mu)Q_2
$$

$\varXi_{jk}(1 \leqslant j \leqslant k \leqslant 5)$、$\varGamma_1^{(i)}$、$\varGamma_2^{(i)}$、$A_c^{(i)}$ 定义与定理 6.1 相同, 则对于所有满足 (6.4) 的时滞和位于给定凸多面体 (6.2) 内的参数, 增广系统 (6.6) 鲁棒渐近稳定且 H_∞ 性能满足 $\|z_e(t)\|_2 < \gamma \|\omega(t)\|_2$。

证明　构造如下 Lyapunov 泛函:

$$V(x_t) = \zeta^{\mathrm{T}}(t)P\zeta(t) + \int_{t-h}^{t} x^{\mathrm{T}}(s)Q_1 x(s)\mathrm{d}s$$

$$+ \int_{-h}^{0}\int_{t+\theta}^{t} x^{\mathrm{T}}(s)Z_1 x(s)\mathrm{d}s\mathrm{d}\theta$$

$$+ \int_{-h}^{0}\int_{t+\theta}^{t} \dot{x}^{\mathrm{T}}(s)Z_2 \dot{x}(s)\mathrm{d}s\mathrm{d}\theta$$

$$+ \int_{-h}^{0}\int_{\theta}^{0}\int_{t+\lambda}^{t} \dot{x}^{\mathrm{T}}(s)R\dot{x}(s)\mathrm{d}s\mathrm{d}\lambda\mathrm{d}\theta \tag{6.21}$$

证明过程与定理 6.1 类似，故略去。　　　　　　　　　　　　　　　　　　□

6.3.2　H_∞ 滤波器设计

本节将给出滤波器参数 $\{A_f,\ B_f,\ C_f,\ D_f\}$ 的设计方法。对于类型 1 时滞有如下定理。

定理 6.3　对于给定标量 $h > 0$，$\gamma > 0$，$\mu > 0$，ε，如果存在适维矩阵 $P_1 > 0$，$P_6 > 0$，$T > 0$，$Q_1 > 0$，$Q_2 > 0$，$Z_1 > 0$，$Z_2 > 0$，$R > 0$，P_4，$N_j(j = 1,\ 2,\ 3,\ 4)$，$\hat{X} = \left[\hat{X}_{ij}\right]_{5\times 5} \geqslant 0$，$Y = \begin{bmatrix} Y_1 \\ \hat{Y}_2 \\ Y_3 \\ Y_4 \\ Y_5 \end{bmatrix}$，$M = \begin{bmatrix} M_1 \\ \hat{M}_2 \\ M_3 \\ M_4 \\ M_5 \end{bmatrix}$，$H = \begin{bmatrix} H_1 \\ \hat{H}_2 \\ H_3 \\ H_4 \\ H_5 \end{bmatrix}$，使线性矩阵不等式 (6.22)~(6.25) 对于所有 $i = 1, \cdots, q$ 成立：

$$\begin{bmatrix} P_1 - T & 0 & P_4 - \varepsilon T \\ * & T & \varepsilon T \\ * & * & P_6 \end{bmatrix} > 0 \tag{6.22}$$

$$\Theta^{(i)} = \begin{bmatrix} \Omega^{(i)} + h\hat{X} & \Lambda_1^{(i)\mathrm{T}} & hA_c^{(i)\mathrm{T}}Z_2 & \dfrac{h^2}{2}A_c^{(i)\mathrm{T}}R & \dfrac{h^2}{2}H \\ * & -I & 0 & 0 & 0 \\ * & * & -hZ_2 & 0 & 0 \\ * & * & * & -\dfrac{h^2}{2}R & 0 \\ * & * & * & * & -\dfrac{h^2}{2}R \end{bmatrix} < 0 \tag{6.23}$$

$$\Pi_1^{(i)} = \begin{bmatrix} \hat{X} & H - \Lambda_2^{(i)\mathrm{T}} & M \\ * & Z_1 & 0 \\ * & * & Z_2 \end{bmatrix} \geqslant 0 \tag{6.24}$$

$$\Pi_2^{(i)} = \begin{bmatrix} \hat{X} & H - \Lambda_2^{(i)\mathrm{T}} & N \\ * & Z_1 & 0 \\ * & * & Z_2 \end{bmatrix} \geqslant 0 \qquad (6.25)$$

其中

$$\Omega^{(i)} = \begin{bmatrix} \Omega_{11}^{(i)} & \Omega_{12}^{(i)} & \Omega_{13}^{(i)} & \Omega_{14}^{(i)} & \Omega_{15}^{(i)} \\ * & \Omega_{22}^{(i)} & \Omega_{23}^{(i)} & \Omega_{24}^{(i)} & \Omega_{25}^{(i)} \\ * & * & \Omega_{33}^{(i)} & \Omega_{34}^{(i)} & \Omega_{35}^{(i)} \\ * & * & * & \Omega_{44}^{(i)} & \Omega_{45}^{(i)} \\ * & * & * & * & \Omega_{55}^{(i)} \end{bmatrix}$$

$$A_c^{(i)} = \begin{bmatrix} A_0^{(i)} & 0 & A_1^{(i)} & 0 & B^{(i)} \end{bmatrix}$$

$$\Lambda_1^{(i)} = \begin{bmatrix} L_0^{(i)} - N_4 C_0^{(i)} & -N_3 & L_1^{(i)} - N_4 C_1^{(i)} & 0 & G^{(i)} - N_4 D^{(i)} \end{bmatrix}$$

$$\Lambda_2^{(i)} = \begin{bmatrix} P_4^{\mathrm{T}} A^{(i)} + \varepsilon N_2 C_0^{(i)} + P_6 & \varepsilon N_1 & P_4^{\mathrm{T}} A_1^{(i)} + \varepsilon N_2 C_1^{(i)} \\ -P_6 & P_4^{\mathrm{T}} B^{(i)} + \varepsilon N_2 D^{(i)} \end{bmatrix}$$

$$\Omega_{11}^{(i)} = P_1 A_0^{(i)} + A_0^{(i)\mathrm{T}} P_1 + N_2 C_0^{(i)} + C_0^{(i)\mathrm{T}} N_2^{\mathrm{T}} + P_4 + P_4^{\mathrm{T}} + Q_1 \\ + Q_2 + h Z_1 + M_1 + M_1^{\mathrm{T}} + h H_1 + h H_1^{\mathrm{T}}$$

$$\Omega_{12}^{(i)} = N_1 + A_0^{(i)\mathrm{T}} T + C_0^{(i)\mathrm{T}} N_2^{\mathrm{T}} + \varepsilon T + \hat{M}_2^{\mathrm{T}} + h \hat{H}_2^{\mathrm{T}}$$

$$\Omega_{13}^{(i)} = P_1 A_1^{(i)} + N_2 C_1^{(i)} - M_1 + Y_1 + M_3^{\mathrm{T}} + h H_3^{\mathrm{T}}$$

$$\Omega_{14}^{(i)} = -P_4 - Y_1 + M_4^{\mathrm{T}} + h H_4^{\mathrm{T}}$$

$$\Omega_{15}^{(i)} = P_1 B^{(i)} + N_2 D^{(i)} + M_5^{\mathrm{T}} + h H_5^{\mathrm{T}}$$

$$\Omega_{22}^{(i)} = N_1 + N_1^{\mathrm{T}}$$

$$\Omega_{23}^{(i)} = T A_1^{(i)} + N_2 C_1^{(i)} - \hat{M}_2 + \hat{Y}_2$$

$$\Omega_{24}^{(i)} = -\varepsilon T - \hat{Y}_2$$

$$\Omega_{25}^{(i)} = T B^{(i)} + N_2 D^{(i)}$$

$$\Omega_{33}^{(i)} = -(1 - \mu) Q_2 - M_3 - M_3^{\mathrm{T}} + Y_3 + Y_3^{\mathrm{T}}$$

$$\Omega_{34}^{(i)} = -Y_3 - M_4^{\mathrm{T}} + Y_4^{\mathrm{T}}$$

$$\Omega_{35}^{(i)} = -M_5^{\mathrm{T}} + Y_5^{\mathrm{T}}$$

$$\Omega_{44}^{(i)} = -Q_1 - Y_4 - Y_4^{\mathrm{T}}$$

$$\Omega_{45}^{(i)} = -Y_5^{\mathrm{T}}$$

$$\Omega_{55}^{(i)} = -\gamma^2 I$$

则对于系统 (6.1) 存在滤波器 (6.5)，且滤波器增益为 $A_f = N_1 T^{-1}$，$B_f = N_2$，$C_f = N_3 T^{-1}$，$D_f = N_4$。

证明　由式 (6.22) 可知 $T > 0$，故总存在一个非奇异矩阵 P_2 和 $P_3 > 0$ 使得 $T = P_2 P_3^{-1} P_2^{\mathrm{T}}$。定义 $J = P_2 P_3^{-1}$，$P_5 = \varepsilon P_2^{\mathrm{T}}$，在式 (6.7) 两侧分别左乘、右乘 $\mathrm{diag}\{I, J, I, I, I, I, I, I\}$ 及其转置。在式 (6.8) 和式 (6.9) 的两侧分别左乘、右乘 $\mathrm{diag}\{I, J, I, I, I, I, I\}$ 及其转置，且引入新变量 $N_1 = P_2 A_f P_3^{-1} P_2^{\mathrm{T}}$，$N_2 = P_2 B_f$，$N_3 = C_f P_3^{-1} P_2^{\mathrm{T}}$，$N_4 = D_f$，$\hat{M}_2 = P_2 P_3^{-1} M_2$，$\hat{Y}_2 = P_2 P_3^{-1} Y_2$，$\hat{H}_2 = P_2 P_3^{-1} H_2$ 及

$$\hat{X} = \begin{bmatrix} I & 0 & 0 & 0 & 0 \\ 0 & J & 0 & 0 & 0 \\ 0 & 0 & I & 0 & 0 \\ 0 & 0 & 0 & I & 0 \\ 0 & 0 & 0 & 0 & I \end{bmatrix} X \begin{bmatrix} I & 0 & 0 & 0 & 0 \\ 0 & J^{\mathrm{T}} & 0 & 0 & 0 \\ 0 & 0 & I & 0 & 0 \\ 0 & 0 & 0 & I & 0 \\ 0 & 0 & 0 & 0 & I \end{bmatrix}$$

即得式 (6.23)～ 式 (6.25)。在 $\begin{bmatrix} P_1 & P_2 & P_4 \\ * & P_3 & P_5 \\ * & * & P_6 \end{bmatrix} > 0$ 的两侧分别左乘、右乘

$\begin{bmatrix} I & -J & 0 \\ 0 & J & 0 \\ 0 & 0 & I \end{bmatrix}$ 及其转置可得式 (6.22)。显然增益分别为 $A_f = P_2^{-1} N_1 T^{-1} P_2$，$B_f = P_2^{-1} N_2$，$C_f = N_3 T^{-1} P_2$，$D_f = N_4$ 的滤波器 (6.5) 可以保证增广系统 (6.6) 渐近稳定且 H_∞ 性能满足 $\|z_e(t)\|_2 < \gamma \|\omega(t)\|_2$。

从 $y(t)$ 到 $\hat{z}(t)$ 的传递函数矩阵为

$$\begin{aligned} T_{\hat{z}y} &= C_f(sI - A_f)^{-1} B_f + D_f \\ &= N_3 T^{-1} P_2 (sI - P_2^{-1} N_1 T^{-1} P_2)^{-1} P_2^{-1} N_2 + N_4 \\ &= N_3 T^{-1} (sI - N_1 T^{-1})^{-1} N_2 + N_4 \end{aligned}$$

故可得滤波器增益为 $A_f = N_1 T^{-1}$，$B_f = N_2$，$C_f = N_3 T^{-1}$，$D_f = N_4$。　　□

对于类型 2 时滞，有如下类似结果。

定理 6.4　对于给定标量 $h > 0$，$\gamma > 0$，ε，如果存在适维矩阵 $P_1 > 0$，$P_6 > 0$，$T > 0$，$Q_1 > 0$，$Z_1 > 0$，$Z_2 > 0$，$R > 0$，P_4，$N_j (j = 1, 2, 3, 4)$，$\hat{X} = \left[\hat{X}_{ij} \right]_{5 \times 5} \geqslant$

$$0,\ Y = \begin{bmatrix} Y_1 \\ \hat{Y}_2 \\ Y_3 \\ Y_4 \\ Y_5 \end{bmatrix},\ M = \begin{bmatrix} M_1 \\ \hat{M}_2 \\ M_3 \\ M_4 \\ M_5 \end{bmatrix},\ H = \begin{bmatrix} H_1 \\ \hat{H}_2 \\ H_3 \\ H_4 \\ H_5 \end{bmatrix},\ \text{使线性矩阵不等式 (6.26)～(6.29) 成}$$

立:

$$\begin{bmatrix} P_1 - T & 0 & P_4 - \varepsilon T \\ * & T & \varepsilon T \\ * & * & P_6 \end{bmatrix} > 0 \tag{6.26}$$

$$\tilde{\Theta}^{(i)} = \begin{bmatrix} \tilde{\Omega}^{(i)} + h\hat{X} & \Lambda_1^{(i)\mathrm{T}} & hA_c^{(i)\mathrm{T}}Z_2 & \dfrac{h^2}{2}A_c^{(i)\mathrm{T}}R & \dfrac{h^2}{2}H \\ * & -I & 0 & 0 & 0 \\ * & * & -hZ_2 & 0 & 0 \\ * & * & * & -\dfrac{h^2}{2}R & 0 \\ * & * & * & * & -\dfrac{h^2}{2}R \end{bmatrix} < 0 \tag{6.27}$$

$$\tilde{\Pi}_1^{(i)} = \begin{bmatrix} \hat{X} & H - \Lambda_2^{(i)\mathrm{T}} & M \\ * & Z_1 & 0 \\ * & * & Z_2 \end{bmatrix} \geqslant 0 \tag{6.28}$$

$$\tilde{\Pi}_2^{(i)} = \begin{bmatrix} \hat{X} & H - \Lambda_2^{(i)\mathrm{T}} & N \\ * & Z_1 & 0 \\ * & * & Z_2 \end{bmatrix} \geqslant 0 \tag{6.29}$$

其中

$$\tilde{\Omega}^{(i)} = \begin{bmatrix} \tilde{\Omega}_{11}^{(i)} & \Omega_{12}^{(i)} & \Omega_{13}^{(i)} & \Omega_{14}^{(i)} & \Omega_{15}^{(i)} \\ * & \Omega_{22}^{(i)} & \Omega_{23}^{(i)} & \Omega_{24}^{(i)} & \Omega_{25}^{(i)} \\ * & * & \tilde{\Omega}_{33}^{(i)} & \Omega_{34}^{(i)} & \Omega_{35}^{(i)} \\ * & * & * & \Omega_{44}^{(i)} & \Omega_{45}^{(i)} \\ * & * & * & * & \Omega_{55}^{(i)} \end{bmatrix}$$

$$\tilde{\Omega}_{11}^{(i)} = \Omega_{11}^{(i)} - Q_2$$

$$\tilde{\Omega}_{33}^{(i)} = \Omega_{33}^{(i)} + (1-\mu)Q_2$$

$\Omega_{jk}(1 \leqslant j \leqslant k \leqslant 5)$、$\Lambda_1^{(i)}$、$\Lambda_2^{(i)}$,$A_c^{(i)}$ 的定义与定理 6.3 相同,则对于系统 (6.1) 存在滤波器 (6.5),且滤波器增益为 $A_f = N_1 T^{-1}$, $B_f = N_2$, $C_f = N_3 T^{-1}$, $D_f = N_4$。

注 6.1   在定理 6.3 和定理 6.4 中存在调节参数 ε。采取类似于文献 [53] 中的方法，选择代价函数 $f(\varepsilon) = t_{\min}$，其中，$t_{\min}$ 是求解线性矩阵不等式可行性问题得到的结果。然后应用 MATLAB 优化工具箱中的数值优化方法，如 fminsearch，求解得到一个局部收敛的可行解。如果代价函数的最小值为负，那么此时的 ε 即为一个合适的调节参数。

6.4   数 值 实 例

例 6.1   考虑如下时滞系统：

$$A_0 = \begin{bmatrix} 0 & 2 \\ -1 & -2 \end{bmatrix}, \quad A_1 = \begin{bmatrix} -0.1 & 0 \\ 0.2 & -0.1 \end{bmatrix}, \quad B = \begin{bmatrix} 0 \\ 1 \end{bmatrix}$$

$$C_0 = [1 \ 0], \quad C_1 = [0 \ 1], \quad L_0 = [1 \ 2]$$

$$L_1 = [0 \ 1], \quad D = 1, \quad G = 0$$

当 $h < 1$ 且 μ 取不同数值时，求取 H_∞ 性能指标 γ 的最小值并与文献 [110] 中的结果进行比较，结果见表 6.1。当 $\gamma = 0.5$ 且 μ 取不同数值时，求取时滞上界 h 的最大值，并与文献 [110] 中的结果比较，结果见表 6.2。从表 6.1 和表 6.2 中可以看出，应用本章提出的方法可以得到保守性更小的结果。

当 $\gamma = 0.6123$，$h = 1$，$\mu = 0.5$ 时，可求得滤波器增益为

$$A_f = \begin{bmatrix} -1.4604 & 1.9599 \\ -1.8094 & -0.6524 \end{bmatrix}, \quad B_f = \begin{bmatrix} -0.3680 \\ -1.5530 \end{bmatrix}$$

$$C_f = [-0.1700 \ -0.9414], \quad D_f = 0.2723$$

假设外部扰动信号 $\omega(t) = \dfrac{1}{t^3 + 1}$，$z(t)$ 的估计误差如图 6.1 所示。从图中可以看出误差系统渐近稳定，这也证明了本章提出方法是正确和有效的。

表 6.1 μ 取不同数值时 γ 的最小值

μ	0.1	0.3	0.5	0.7	0.9	未知
文献 [110]	0.5278	0.5742	0.6362	0.7295	0.8893	1.0001
本章结果	0.5003	0.5477	0.6123	0.6778	0.6872	0.6872

表 6.2 μ 取不同数值时 h 的最大值

μ	0.1	0.3	0.5	0.7	0.9	未知
文献 [110]	0.8369	0.6655	0.5584	0.5019	0.4826	0.4819
本章结果	0.9987	0.7997	0.6972	0.6772	0.6772	0.6672

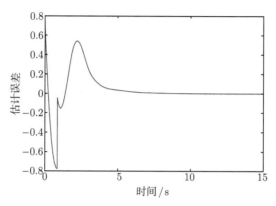

图 6.1　$z(t)$ 估计误差曲线

例 6.2　考虑如下时滞系统:

$$A_0 = \begin{bmatrix} -2 & 0 \\ 0 & -0.7 + \rho(t) \end{bmatrix}, \quad A_1 = \begin{bmatrix} -1 & -1 + \sigma(t) \\ -1 & -1 \end{bmatrix}$$

$$B = \begin{bmatrix} -0.5 \\ 2 \end{bmatrix}, \quad C_0 = [0 \ 1], \quad C_1 = [1 \ 2]$$

$$L_0 = [2 \ 1], \quad L_1 = [0 \ 0], \quad D = 1, \quad G = 0$$

不确定性参数满足 $|\rho(t)| \leqslant 0.2$, $|\sigma(t)| \leqslant 0.5$。

为了便于和文献 [110] 和 [125] 中的结果进行比较, 假设 $D_f = 0$。当 $h = 0.44$ 且 μ 取不同数值时, 求取 γ 的最小值, 比较结果见表 6.3。当 $\gamma = 5$ 且 μ 取不同数值时, 求取 h 的最大值, 比较结果见表 6.4。从表 6.3 和表 6.4 中可以看出, 本章提出的方法在时滞上界固定时, 可以求得较小的 γ, 而当 γ 固定时可以求得较大的时滞上界。

当 $\gamma = 5$, $h = 0.6366$, $\mu = 0.8$ 时, 可求得滤波器增益为

$$A_f = 10^4 \times \begin{bmatrix} -0.8622 & -2.5342 \\ -0.4341 & -1.2766 \end{bmatrix}, \quad B_f = \begin{bmatrix} 2.0740 \\ -0.9429 \end{bmatrix}$$

$$C_f = 10^4 \times [-0.4326 \ \ -1.2719]$$

假设外部扰动信号

$$\omega(t) = \begin{cases} 1, & 2 \leqslant t \leqslant 4 \\ 0, & \text{其他} \end{cases}$$

$z(t)$ 的估计误差如图 6.2 所示。从图中可以看出误差系统渐近稳定。

表 6.3 μ 取不同数值时 γ 的最小值

μ	0.2	0.4	0.6	0.8	未知
文献 [125]	5.9416	—	—	—	—
文献 [110]	1.6631	1.7819	2.0104	2.4557	4.2334
本章结果	1.4419	1.4419	1.4419	1.4419	1.4419

表 6.4 μ 取不同数值时 h 的最大值

μ	0.2	0.4	0.6	0.8	未知
文献 [125]	0.4213	0.3054	0.1944	0.0923	—
文献 [110]	0.6174	0.5765	0.5344	0.4894	0.4420
本章结果	0.6521	0.6393	0.6366	0.6366	0.6366

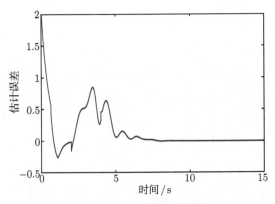

图 6.2 $z(t)$ 估计误差曲线

6.5   小   结

本章考虑了具有参数不确定性的时变时滞系统的鲁棒 H_∞ 滤波器设计问题。通过构造新型的 Lyapunov 泛函推导了 H_∞ 滤波器存在的充分性条件, 给出了滤波器增益的设计方法。最后通过数值仿真实例说明了本章提出方法的正确性和有效性。

第7章 时变时滞线性离散系统稳定性分析
——Lyapunov 泛函方法

7.1 引　　言

近年来，连续时滞系统的稳定性问题得到了广泛的关注。与连续时滞系统相比，离散时滞系统的稳定性问题受到了相对较少的关注。这是因为具有恒定时滞的离散系统通过 "lifting" 技术可以将其转化为无时滞的系统。因此，恒定时滞离散系统的分析与综合问题可以通过离散系统的相关理论解决，但是这种方法很难推广到时变时滞的情形。在目前的文献中，Lyapunvo 泛函方法被广泛地应用于时变时滞离散系统的稳定性分析。文献 [136] 利用 Moon 不等式建立了时变时滞离散系统的稳定性条件，并在此基础上研究了系统的输出反馈控制问题。文献 [137]结合 Descriptor 系统模型变换方法和 Moon 不等式考虑了离散时滞系统的保代价控制问题。文献 [138] 注意到一些文献在计算 Lyapunov 泛函的差分时忽略了一些重要的项，因而会引入比较大的保守性。在充分考虑这些项的影响的基础上，文献[138] 得到了保守性更小的时滞相关稳定性判据。但文献 [138] 仍然将一些项进行了缩放，如将 $\tau_2 - \tau(k)$ 缩放为 $\tau_2 - \tau_1$。因此，文献 [139] 应用自由权矩阵方法得到了保守性更小的稳定性判据。

本章将考虑离散时滞系统的稳定性问题。通过建立新的 Lyapunov 泛函，综合利用自由权矩阵方法、凸组合方法和有限和不等式方法，得到保守性更小的稳定性判据[140]。

7.2 系统描述

考虑如下的离散时滞系统：

$$\begin{cases} x(k+1) = A(k)x(k) + A_1(k)x(k - \tau(k)) \\ x(k) = \phi(k), \quad -\tau_2 \leqslant k \leqslant 0 \end{cases} \tag{7.1}$$

其中，$x(k) \in \mathbb{R}^n$ 为状态变量；$\tau(k)$ 为时变时滞，且满足

$$0 < \tau_1 \leqslant \tau(k) \leqslant \tau_2 \tag{7.2}$$

τ_1、τ_2 为恒定常数，分别表示时滞的下界与上界；$A(k) \in \mathbb{R}^{n \times n}$，$A_1(k) \in \mathbb{R}^{n \times n}$ 为适维系统矩阵，且满足

$$A(k) = A + DF(k)E_0 \tag{7.3}$$

$$A_1(k) = A_1 + DF(k)E_1 \tag{7.4}$$

这里 D、E_0、E_1 是已知恒定适维矩阵，$F(k)$ 是未知时变矩阵且满足

$$F^{\mathrm{T}}(k)F(k) \leqslant I, \quad \forall k$$

7.3   时滞范围相关稳定性

首先，考虑系统 (7.1) 的标称系统

$$x(k+1) = Ax(k) + A_1 x(k - \tau(k)) \tag{7.5}$$

定义 $\tau_{12} = \tau_2 - \tau_1$，$\tau_s = \dfrac{\tau_1^2 + \tau_1}{2}$，$\tau_d = \dfrac{\tau_2^2 - \tau_1^2 + \tau_{12}}{2}$，对于标称系统 (7.5) 有如下稳定性定理。

定理 7.1   对于给定标量 τ_1 与 τ_2，如果存在适维矩阵

$$P = \begin{bmatrix} P_{11} & P_{12} & P_{13} & P_{14} \\ * & P_{22} & P_{23} & P_{24} \\ * & * & P_{33} & P_{34} \\ * & * & * & P_{44} \end{bmatrix} > 0, \quad Q = \begin{bmatrix} Q_{11} & Q_{12} \\ * & Q_{22} \end{bmatrix} > 0$$

$$X = \begin{bmatrix} X_{11} & X_{12} \\ * & X_{22} \end{bmatrix} > 0, \quad Z = \begin{bmatrix} Z_{11} & Z_{12} \\ * & Z_{22} \end{bmatrix} > 0, \quad R = \begin{bmatrix} R_{11} & R_{12} \\ * & R_{22} \end{bmatrix} > 0$$

$U_1 > 0$，$U_2 > 0$ 和适维的任意矩阵 Y_i，S_i，$H_i(i = 1, \cdots, 4)$，使线性矩阵不等式 (7.6) 和 (7.7) 成立：

$$\Xi_1 = \begin{bmatrix} \Omega & \Psi^{\mathrm{T}} - H & -S & A_c^{\mathrm{T}}\Upsilon & H \\ * & -\dfrac{1}{\tau_{12}}R_{11} & -\dfrac{1}{\tau_{12}}R_{12} & 0 & 0 \\ * & * & -\dfrac{1}{\tau_{12}}R_{22} & 0 & 0 \\ * & * & * & -\Upsilon & 0 \\ * & * & * & * & -\dfrac{1}{\tau_d}U_2 \end{bmatrix} < 0 \tag{7.6}$$

$$\Xi_2 = \begin{bmatrix} \Omega & \Psi^{\mathrm{T}} - H & -Y & A_c^{\mathrm{T}}\Upsilon & H \\ * & -\dfrac{1}{\tau_{12}}R_{11} & -\dfrac{1}{\tau_{12}}R_{12} & 0 & 0 \\ * & * & -\dfrac{1}{\tau_{12}}R_{22} & 0 & 0 \\ * & * & * & -\Upsilon & 0 \\ * & * & * & * & -\dfrac{1}{\tau_d}U_2 \end{bmatrix} < 0 \qquad (7.7)$$

其中

$$\Omega = \begin{bmatrix} \Omega_{11} & \Omega_{12} & \Omega_{13} & \Omega_{14} & \Omega_{15} & \Omega_{16} & \Omega_{17} \\ * & \Omega_{22} & \Omega_{23} & \Omega_{24} & A_1^{\mathrm{T}}P_{12} & A_1^{\mathrm{T}}P_{13} & A_1^{\mathrm{T}}P_{14} \\ * & * & \Omega_{33} & \Omega_{34} & \Omega_{35} & P_{23} & \dfrac{1}{\tau_1}Z_{12}^{\mathrm{T}} \\ * & * & * & \Omega_{44} & \Omega_{45} & \Omega_{46} & -P_{44} \\ * & * & * & * & \Omega_{55} & P_{23} & P_{24} \\ * & * & * & * & * & \Omega_{66} & P_{34} \\ * & * & * & * & * & * & \Omega_{77} \end{bmatrix}$$

$$\Omega_{11} = P_{14} + P_{14}^{\mathrm{T}} + P_{44} + \Sigma_{11} - \frac{1}{\tau_1}Z_{22} - \frac{2\tau_1}{\tau_1+1}U_1$$
$$\qquad + \tau_{12}H_1 + \tau_{12}H_1^{\mathrm{T}} + \Lambda(A-I) + (A-I)^{\mathrm{T}}\Lambda^{\mathrm{T}}$$

$$\Omega_{12} = \Lambda A_1 + Y_1 - S_1 + \tau_{12}H_2^{\mathrm{T}}$$

$$\Omega_{13} = (A-I)^{\mathrm{T}}P_{12} + P_{24}^{\mathrm{T}} + h_{12}H_3^{\mathrm{T}} + \frac{1}{\tau_1}Z_{22} + S_1$$

$$\Omega_{14} = (A-I)^{\mathrm{T}}P_{13} - (A-I)^{\mathrm{T}}P_{14} + P_{34}^{\mathrm{T}} + h_{12}H_4^{\mathrm{T}} - P_{14}^{\mathrm{T}} - Y_1$$

$$\Omega_{15} = (A-I)^{\mathrm{T}}P_{12} + P_{12} + P_{24}^{\mathrm{T}}$$

$$\Omega_{16} = (A-I)^{\mathrm{T}}P_{13} + P_{13} + P_{34}^{\mathrm{T}}$$

$$\Omega_{17} = (A-I)^{\mathrm{T}}P_{14} + P_{44} - \frac{1}{\tau_1}Z_{12}^{\mathrm{T}} + \frac{2}{\tau_1+1}U_1$$

$$\Omega_{22} = Y_2 + Y_2^{\mathrm{T}} - S_2 - S_2^{\mathrm{T}}$$

$$\Omega_{23} = A_1^{\mathrm{T}}P_{12} + S_2 + Y_3^{\mathrm{T}} - S_3^{\mathrm{T}}$$

$$\Omega_{24} = A_1^{\mathrm{T}}P_{13} - A_1^{\mathrm{T}}P_{14} - Y_2 + Y_4^{\mathrm{T}} - S_4^{\mathrm{T}}$$

$$\Omega_{33} = -Q_{11} + X_{11} - \frac{1}{\tau_1}Z_{22} + S_3 + S_3^{\mathrm{T}}$$

$$\Omega_{34} = -P_{24} - Y_3 + S_4^{\mathrm{T}}$$

$$\Omega_{35} = P_{22} - Q_{12} + X_{12}$$

$$\Omega_{44} = -P_{34} - P_{34}^{\mathrm{T}} + P_{44} - X_{11} - Y_4 - Y_4^{\mathrm{T}}$$

$$\Omega_{45} = P_{23}^{\mathrm{T}} - P_{24}^{\mathrm{T}}$$

$$\Omega_{46} = P_{33} - P_{34}^{\mathrm{T}} - X_{12}$$

$$\Omega_{55} = P_{22} - Q_{22} + X_{22}$$

$$\Omega_{66} = P_{33} - X_{22}$$

$$\Omega_{77} = -\frac{1}{\tau_1} Z_{11} - \frac{1}{\tau_s} U_1$$

$$\Sigma_{11} = Q_{11} + \tau_1 Z_{11} + \tau_{12} R_{11}$$

$$\Sigma_{12} = Q_{12} + \tau_1 Z_{12} + \tau_{12} R_{12}$$

$$\Sigma_{22} = Q_{22} + \tau_1 Z_{22} + \tau_{12} R_{22}$$

$$\Lambda = P_{11} + P_{14}^{\mathrm{T}} + \Sigma_{11}$$

$$\Psi = \begin{bmatrix} P_{14}^{\mathrm{T}}(A-I) + P_{44} & P_{14}^{\mathrm{T}} A_1 & 0 & -P_{44} & P_{24} & P_{34} & 0 \end{bmatrix}$$

$$H^{\mathrm{T}} = \begin{bmatrix} H_1^{\mathrm{T}} & H_2^{\mathrm{T}} & H_3^{\mathrm{T}} & H_4^{\mathrm{T}} & 0 & 0 & 0 \end{bmatrix}$$

$$S^{\mathrm{T}} = \begin{bmatrix} S_1^{\mathrm{T}} & S_2^{\mathrm{T}} & S_3^{\mathrm{T}} & S_4^{\mathrm{T}} & 0 & 0 & 0 \end{bmatrix}$$

$$Y^{\mathrm{T}} = \begin{bmatrix} Y_1^{\mathrm{T}} & Y_2^{\mathrm{T}} & Y_3^{\mathrm{T}} & Y_4^{\mathrm{T}} & 0 & 0 & 0 \end{bmatrix}$$

$$\Upsilon = P_{11} + \Sigma_{22} + \tau_s U_1 + \tau_d U_2$$

则对于任意满足式 (7.2) 的时滞, 标称系统 (7.5) 渐近稳定。

证明   构造如下 Lyapunov 泛函:

$$
\begin{aligned}
V(k) = {} & \zeta^{\mathrm{T}}(k) P \zeta(k) \\
& + \sum_{i=k-\tau_1}^{k-1} \eta^{\mathrm{T}}(i) Q \eta(i) + \sum_{i=k-\tau_2}^{k-\tau_1-1} \eta^{\mathrm{T}}(i) X \eta(i) \\
& + \sum_{j=-\tau_1}^{-1} \sum_{i=k+j}^{k-1} \eta^{\mathrm{T}}(i) Z \eta(i) + \sum_{j=-\tau_2}^{-\tau_1-1} \sum_{i=k+j}^{k-1} \eta^{\mathrm{T}}(i) R \eta(i) \\
& + \sum_{m=-\tau_1}^{-1} \sum_{j=m}^{-1} \sum_{i=k+j}^{k-1} d^{\mathrm{T}}(i) U_1 d(i) \\
& + \sum_{m=-\tau_2}^{-\tau_1-1} \sum_{j=m}^{-1} \sum_{i=k+j}^{k-1} d^{\mathrm{T}}(i) U_2 d(i)
\end{aligned}
\tag{7.8}
$$

其中，$\zeta(k) = \begin{bmatrix} x(k) \\ x(k-\tau_1) \\ x(k-\tau_2) \\ \sum\limits_{i=k-\tau_2}^{k-1} x(i) \end{bmatrix}$，$\eta(i) = \begin{bmatrix} x(i) \\ d(i) \end{bmatrix}$，$d(i) = x(i+1) - x(i)$。

易知，下列等式成立：

$$2\xi^{\mathrm{T}}(k)Y \left[x(k-\tau(k)) - x(k-\tau_2) - \sum_{i=k-\tau_2}^{k-\tau(k)-1} d(i) \right] = 0 \tag{7.9}$$

$$2\xi^{\mathrm{T}}(k)S \left[x(k-\tau_1) - x(k-\tau(k)) - \sum_{i=k-\tau(k)}^{k-\tau_1-1} d(i) \right] = 0 \tag{7.10}$$

$$2\xi^{\mathrm{T}}(k)H \left[\tau_{12}x(k) - \sum_{i=k-\tau(k)}^{k-\tau_1-1} x(i) - \sum_{i=k-\tau_2}^{k-\tau(k)-1} x(i) - \sum_{j=-\tau_2}^{-\tau_1-1}\sum_{i=k+j}^{k-1} d(i) \right] = 0 \tag{7.11}$$

其中，$\xi^{\mathrm{T}} = \begin{bmatrix} x^{\mathrm{T}}(k) & x^{\mathrm{T}}(k-\tau(k)) & x^{\mathrm{T}}(k-\tau_1) & x^{\mathrm{T}}(k-\tau_2) & d^{\mathrm{T}}(k-\tau_1) & d^{\mathrm{T}}(k-\tau_2) \end{bmatrix}$。

定义 $\Delta V(k) = V(k+1) - V(k)$，可得

$$\begin{aligned}
\Delta V(k) = &\, 2\zeta^{\mathrm{T}}(k)P\vartheta(k) + \vartheta(k)^{\mathrm{T}}P\vartheta(k) \\
&+ \eta^{\mathrm{T}}(k)Q\eta(k) - \eta^{\mathrm{T}}(k-\tau_1)Q\eta(k-\tau_1) \\
&+ \eta^{\mathrm{T}}(k-\tau_1)X\eta(k-\tau_1) - \eta^{\mathrm{T}}(k-\tau_2)X\eta(k-\tau_2) \\
&+ \tau_1\eta^{\mathrm{T}}(k)Z\eta(k) - \sum_{i=k-\tau_1}^{k-1}\eta^{\mathrm{T}}(i)Z\eta(i) \\
&+ \tau_{12}\eta^{\mathrm{T}}(k)R\eta(k) - \sum_{i=k-\tau_2}^{k-\tau_1-1}\eta^{\mathrm{T}}(i)R\eta(i) \\
&+ \tau_s d^{\mathrm{T}}(k)U_1 d(k) - \sum_{j=-\tau_1}^{-1}\sum_{i=k+j}^{k-1} d^{\mathrm{T}}(i)U_1 d(i) \\
&+ \tau_d d^{\mathrm{T}}(k)U_2 d(k) - \sum_{j=-\tau_2}^{-\tau_1-1}\sum_{i=k+j}^{k-1} d^{\mathrm{T}}(i)U_2 d(i)
\end{aligned} \tag{7.12}$$

其中，$\vartheta(k) = \begin{bmatrix} d(k) \\ d(k-\tau_1) \\ d(k-\tau_2) \\ x(k) - x(k-\tau_2) \end{bmatrix}$。

由引理 2.7 可得

$$- \sum_{i=k-\tau_1}^{k-1} \eta^{\mathrm{T}}(i) Z \eta(i)$$

$$\leqslant -\frac{1}{\tau_1} \sum_{i=k-\tau_1}^{k-1} \eta^{\mathrm{T}}(i) Z \sum_{i=k-\tau_1}^{k-1} \eta(i)$$

$$= -\frac{1}{\tau_1} \left[\begin{array}{c} \sum\limits_{i=k-\tau_1}^{k-1} x(i) \\ x(k) - x(k - \tau_1) \end{array} \right]^{\mathrm{T}} Z \left[\begin{array}{c} \sum\limits_{i=k-\tau_1}^{k-1} x(i) \\ x(k) - x(k - \tau_1) \end{array} \right] \tag{7.13}$$

$$- \sum_{j=-\tau_1}^{-1} \sum_{i=k+j}^{k-1} d^{\mathrm{T}}(i) U_1 d(i)$$

$$\leqslant -\frac{1}{\tau_s} \sum_{j=-\tau_1}^{-1} \sum_{i=k+j}^{k-1} d^{\mathrm{T}}(i) U_1 \sum_{j=-\tau_1}^{-1} \sum_{i=k+j}^{k-1} d(i)$$

$$= -\frac{1}{\tau_s} \left[\tau_1 x(k) - \sum_{i=k-\tau_1}^{k-1} x(i) \right]^{\mathrm{T}} U_1 \left[\tau_1 x(k) - \sum_{i=k-\tau_1}^{k-1} x(i) \right] \tag{7.14}$$

由式 (7.12)~ 式 (7.14) 可得

$$\Delta V(k) \leqslant 2 \left[\begin{array}{c} x(k) \\ x(k - \tau_1) \\ x(k - \tau_2) \end{array} \right]^{\mathrm{T}} \left[\begin{array}{cccc} P_{11} & P_{12} & P_{13} & P_{14} \\ P_{12}^{\mathrm{T}} & P_{22} & P_{23} & P_{24} \\ P_{13}^{\mathrm{T}} & P_{23}^{\mathrm{T}} & P_{33} & P_{34} \end{array} \right] \vartheta(k)$$

$$+ 2 \sum_{i=k-\tau_2}^{k-1} x^{\mathrm{T}}(i) \left[P_{14}^{\mathrm{T}} \quad P_{24}^{\mathrm{T}} \quad P_{34}^{\mathrm{T}} \quad P_{44} \right] \vartheta(k) + \vartheta(k)^{\mathrm{T}} P \vartheta(k)$$

$$+ \eta^{\mathrm{T}}(k)(Q + \tau_1 Z + \tau_{12} R) \eta(k) - \eta^{\mathrm{T}}(k - \tau_1)(Q - X) \eta(k - \tau_1)$$

$$- \eta^{\mathrm{T}}(k - \tau_2) X \eta(k - \tau_2) - \sum_{i=k-\tau_2}^{k-\tau_1-1} \eta^{\mathrm{T}}(i) R \eta(i)$$

$$- \frac{1}{\tau_1} \left[\begin{array}{c} \sum\limits_{i=k-\tau_1}^{k-1} x(i) \\ x(k) - x(k - \tau_1) \end{array} \right]^{\mathrm{T}} Z \left[\begin{array}{c} \sum\limits_{i=k-\tau_1}^{k-1} x(i) \\ x(k) - x(k - \tau_1) \end{array} \right]$$

$$- \frac{1}{\tau_s} \left[\tau_1 x(k) - \sum_{i=k-\tau_1}^{k-1} x(i) \right]^{\mathrm{T}} U_1 \left[\tau_1 x(k) - \sum_{i=k-\tau_1}^{k-1} x(i) \right]$$

$$+ d^{\mathrm{T}}(k)(\tau_s U_1 + \tau_d U_2) d(k) - \sum_{j=-\tau_2}^{-\tau_1-1} \sum_{i=k+j}^{k-1} d^{\mathrm{T}}(i) U_2 d(i)$$

$$
+ 2\xi^{\mathrm{T}}(k)H \left[\tau_{12}x(k) - \sum_{i=k-\tau(k)}^{k-\tau_1-1} x(i) - \sum_{i=k-\tau_2}^{k-\tau(k)-1} x(i) - \sum_{j=-\tau_2}^{-\tau_1-1} \sum_{i=k+j}^{k-1} d(i) \right]
$$

$$
+ 2\xi^{\mathrm{T}}(k)Y \left[x(k-\tau(k)) - x(k-\tau_2) - \sum_{i=k-\tau_2}^{k-\tau(k)-1} d(i) \right]
$$

$$
+ 2\xi^{\mathrm{T}}(k)S \left[x(k-\tau_1) - x(k-\tau(k)) - \sum_{i=k-\tau(k)}^{k-\tau_1-1} d(i) \right] \tag{7.15}
$$

易知

$$
\sum_{i=k-\tau_2}^{k-1} x^{\mathrm{T}}(i) \left[P_{14}^{\mathrm{T}} \quad P_{24}^{\mathrm{T}} \quad P_{34}^{\mathrm{T}} \quad P_{44} \right] \vartheta(k)
$$

$$
= \left(\sum_{i=k-\tau_2}^{k-\tau(k)-1} x^{\mathrm{T}}(i) + \sum_{i=k-\tau(k)}^{k-\tau_1-1} x^{\mathrm{T}}(i) + \sum_{i=k-\tau_1}^{k-1} x^{\mathrm{T}}(i) \right) \left[P_{14}^{\mathrm{T}} \quad P_{24}^{\mathrm{T}} \quad P_{34}^{\mathrm{T}} \quad P_{44} \right] \vartheta(k)
$$

并且

$$
2 \sum_{k-\tau(k)}^{k-\tau_1-1} x^{\mathrm{T}}(i) \left[P_{14}^{\mathrm{T}} \quad P_{24}^{\mathrm{T}} \quad P_{34}^{\mathrm{T}} \quad P_{44} \right] \vartheta(k)
$$

$$
- 2\xi^{\mathrm{T}}(k)H \sum_{i=k-\tau(k)}^{k-\tau_1-1} x(i) - 2\xi^{\mathrm{T}}(k)S \sum_{i=k-\tau(k)}^{k-\tau_1-1} d(i)
$$

$$
\leqslant (\tau(k) - \tau_1)\xi^{\mathrm{T}}(k)\Gamma_1^{\mathrm{T}} R^{-1} \Gamma_1 \xi(k) + \sum_{i=k-\tau(k)}^{k-\tau_1-1} \eta^{\mathrm{T}}(i)R\eta(i) \tag{7.16}
$$

$$
2 \sum_{i=k-\tau_2}^{k-\tau(k)-1} x^{\mathrm{T}}(i) \left[P_{14}^{\mathrm{T}} \quad P_{24}^{\mathrm{T}} \quad P_{34}^{\mathrm{T}} \quad P_{44} \right] \vartheta(k)
$$

$$
- 2\xi^{\mathrm{T}}(k)H \sum_{i=k-\tau_2}^{k-\tau(k)-1} x(i) - 2\xi^{\mathrm{T}}(k)Y \sum_{i=k-\tau_2}^{k-\tau(k)-1} d(i)
$$

$$
\leqslant (\tau_2 - \tau(k))\xi^{\mathrm{T}}(k)\Gamma_2^{\mathrm{T}} R^{-1} \Gamma_2 \xi(k) + \sum_{i=k-\tau_2}^{k-\tau(k)-1} \eta^{\mathrm{T}}(i)R\eta(i) \tag{7.17}
$$

$$
- 2\xi^{\mathrm{T}}(k)H \sum_{j=-\tau_2}^{-\tau_1-1} \sum_{i=k+j}^{k-1} d(i)
$$

$$
\leqslant \tau_d \xi^{\mathrm{T}}(k)HU_2^{-1}H^{\mathrm{T}}\xi(k) + \sum_{j=-\tau_2}^{-\tau_1-1} \sum_{i=k+j}^{k-1} d^{\mathrm{T}}(i)U_2 d(i) \tag{7.18}
$$

其中，$\varGamma_1^{\mathrm{T}} = \begin{bmatrix} \varPsi^{\mathrm{T}} & -H & -S \end{bmatrix}$，$\varGamma_2^{\mathrm{T}} = \begin{bmatrix} \varPsi^{\mathrm{T}} & -H & -Y \end{bmatrix}$。

由式 (7.15)~ 式 (7.18) 可得

$$\Delta V(k) \leqslant \xi^{\mathrm{T}}(k) \big[\varOmega + A_c^{\mathrm{T}} \varUpsilon A_c + \tau_d H U_2^{-1} H^{\mathrm{T}}$$
$$+ (\tau(k) - \tau_1) \varGamma_1^{\mathrm{T}} R^{-1} \varGamma_1 + (\tau_2 - \tau(k)) \varGamma_2^{\mathrm{T}} R^{-1} \varGamma_2 \big] \xi(k) \tag{7.19}$$

可见，如果 $\varOmega + A_c^{\mathrm{T}} \varUpsilon A_c + \tau_d H U_2^{-1} H^{\mathrm{T}} + (\tau(k) - \tau_1) \varGamma_1^{\mathrm{T}} R^{-1} \varGamma_1 + (\tau_2 - \tau(k)) \varGamma_2^{\mathrm{T}} R^{-1} \varGamma_2 < 0$，那么 $\Delta V(k) < 0$。由于 $\tau_1 \leqslant \tau(k) \leqslant \tau_2$，由文献 [56] 中的凸组合方法可知：$\varOmega + A_c^{\mathrm{T}} \varUpsilon A_c + \tau_d H U_2^{-1} H^{\mathrm{T}} + (\tau(k) - \tau_1) \varGamma_1^{\mathrm{T}} R^{-1} \varGamma_1 + (\tau_2 - \tau(k)) \varGamma_2^{\mathrm{T}} R^{-1} \varGamma_2 < 0$ 成立的充要条件为

$$\varOmega + A_c^{\mathrm{T}} \varUpsilon A_c + \tau_d H U_2^{-1} H^{\mathrm{T}} + \tau_{12} \varGamma_1^{\mathrm{T}} R^{-1} \varGamma_1 < 0 \tag{7.20}$$

$$\varOmega + A_c^{\mathrm{T}} \varUpsilon A_c + \tau_d H U_2^{-1} H^{\mathrm{T}} + \tau_{12} \varGamma_2^{\mathrm{T}} R^{-1} \varGamma_2 < 0 \tag{7.21}$$

由 Schur 补引理可知，式 (7.20) 和式 (7.21) 与式 (7.6) 和式 (7.7) 等价。故当式 (7.6) 和式 (7.7) 成立时，$\Delta V(k) < 0$。由 Lyapunov 稳定性理论可知，系统 (7.5) 渐近稳定。 □

注 7.1　对于线性离散时滞系统，在 Lyapunov 泛函中引入了三重求和项，即
$$\sum_{m=-\tau_2}^{-1} \sum_{j=m}^{-1} \sum_{i=k+j}^{k-1} d^{\mathrm{T}}(i) U_1 d(i) \text{ 和 } \sum_{m=-\tau_2}^{-\tau_1 -1} \sum_{j=m}^{-1} \sum_{i=k+j}^{k-1} d^{\mathrm{T}}(i) U_2 d(i)。$$ 与连续时滞系统类似，这些三重求和项对于减少稳定性判据的保守性具有重要作用。同时，这些三重求和项必须与增广向量中的一重求和项同时存在，才能起到减小保守性的作用。

注 7.2　在定理 7.1 的推导过程中，应用了如引理 2.7 所示的有限和不等式，它是积分不等式在离散域内的直接推广。综合应用自由权矩阵方法、有限和不等式方法和凸组合方法，从而保证既不增加所得结论的保守性又尽可能地减少决策变量的个数。

7.4　时滞范围相关鲁棒稳定性

在定理 7.1 的基础上，对于不确定时滞系统 (7.1)，有如下稳定性条件。

定理 7.2　对于给定标量 τ_1 与 τ_2，如果存在标量 $\varepsilon > 0$ 及适维矩阵

$$P = \begin{bmatrix} P_{11} & P_{12} & P_{13} & P_{14} \\ * & P_{22} & P_{23} & P_{24} \\ * & * & P_{33} & P_{34} \\ * & * & * & P_{44} \end{bmatrix} > 0, \quad Q = \begin{bmatrix} Q_{11} & Q_{12} \\ * & Q_{22} \end{bmatrix} > 0$$

$$X = \begin{bmatrix} X_{11} & X_{12} \\ * & X_{22} \end{bmatrix} > 0, \quad Z = \begin{bmatrix} Z_{11} & Z_{12} \\ * & Z_{22} \end{bmatrix} > 0, \quad R = \begin{bmatrix} R_{11} & R_{12} \\ * & R_{22} \end{bmatrix} > 0$$

$U_1 > 0$，$U_2 > 0$ 和适维的任意矩阵 Y_i，S_i，$H_i(i = 1, \cdots, 4)$，使线性矩阵不等式 (7.22) 和 (7.23) 成立：

$$
\Xi_1 = \begin{bmatrix}
\hat{\Omega} & \Psi^{\mathrm{T}} - H & -S & A_c^{\mathrm{T}}\Upsilon & H & \Phi \\
* & -\dfrac{1}{\tau_{12}}R_{11} & -\dfrac{1}{\tau_{12}}R_{12} & 0 & 0 & P_{14}^{\mathrm{T}} \\
* & * & -\dfrac{1}{\tau_{12}}R_{22} & 0 & 0 & 0 \\
* & * & * & -\Upsilon & 0 & \Upsilon \\
* & * & * & * & -\dfrac{1}{\tau_d}U_2 & 0 \\
* & * & * & * & * & -\varepsilon I
\end{bmatrix} < 0 \tag{7.22}
$$

$$
\Xi_2 = \begin{bmatrix}
\hat{\Omega} & \Psi^{\mathrm{T}} - H & -Y & A_c^{\mathrm{T}}\Upsilon & H & \Phi \\
* & -\dfrac{1}{\tau_{12}}R_{11} & \dfrac{1}{\tau_{12}}R_{12} & 0 & 0 & P_{14}^{\mathrm{T}} \\
* & * & -\dfrac{1}{\tau_{12}}R_{22} & 0 & 0 & 0 \\
* & * & * & -\Upsilon & 0 & \Upsilon \\
* & * & * & * & -\dfrac{1}{\tau_d}U_2 & 0 \\
* & * & * & * & * & -\varepsilon I
\end{bmatrix} < 0 \tag{7.23}
$$

其中

$$
\begin{aligned}
&\hat{\Omega} = \Omega + \varepsilon \hat{E}^{\mathrm{T}}\hat{E} \\
&\hat{E} = [E_0 \quad E_1 \quad 0 \quad 0 \quad 0 \quad 0] \\
&\Phi = \begin{bmatrix} \Lambda^{\mathrm{T}} & 0 & P_{12} & P_{13} - P_{14} & P_{12} & P_{13} & P_{14} \end{bmatrix}^{\mathrm{T}}
\end{aligned}
$$

其他符号均与定理 7.1 相同，则对于任意满足式 (7.2) 的时滞及满足式 (7.3) 和式 (7.4) 的不确定性，系统 (7.1) 鲁棒渐近稳定。

证明　在定理 7.1 的基础上应用引理 2.2 即可得证。　　　　　□

7.5　数 值 实 例

例 7.1　考虑如下的离散时滞系统：

$$
A = \begin{bmatrix} 0.8 & 0 \\ 0.05 & 0.9 \end{bmatrix}, \quad A_1 = \begin{bmatrix} -0.2 & 0 \\ -0.5 & -0.1 \end{bmatrix}
$$

当时滞下界 τ_1 取不同数值时，求取系统的最大时滞上界。将本章提出的方法与文献 [138] 和 [139] 中的方法进行比较，具体的比较结果见表 7.1。从表中可以看出，利用本章方法得到了比文献 [138] 和 [139] 具有更小保守性的结果。

表 7.1　τ_1 不同取值时 τ_2 的上界

τ_1	1	7	14	20
文献 [138]	6	8	14	20
文献 [139]	8	10	16	21
定理 7.1	8	10	16	22

例 7.2　考虑如下不确定离散时滞系统：

$$A = \begin{bmatrix} 0.8 & 0 \\ 0 & 0.9 \end{bmatrix}, \quad A_1 = \begin{bmatrix} -0.1 & 0 \\ -0.1 & -0.1 \end{bmatrix}$$

$$D = \begin{bmatrix} \bar{\alpha} \\ 0 \end{bmatrix}, \quad E_0 = [1 \ 1], \quad E_1 = [0 \ 0], \quad \Delta(k) = \alpha(k)/\bar{\alpha}$$

计算保证系统对于所有 $|\alpha(k)| \leqslant \bar{\alpha}$ 及给定的时滞范围 $\tau_1 \leqslant \tau(k) \leqslant \tau_2$ 均鲁棒渐近稳定的 $\bar{\alpha}$ 的上界，仿真结果见表 7.2。从表 7.2 中可以看出，本章提出的方法可以求得较大的 $\bar{\alpha}$ 的上界，尤其是当 $2 \leqslant \tau(k) \leqslant 14$ 时，文献 [136] 和 [138] 中的方法均不能获得可行解，而应用本章提出的方法可以得到 $\bar{\alpha}$ 的上界为 0.1287。可见，本章提出的方法具有更小的保守性。

表 7.2　不同时滞范围情况下 $\bar{\alpha}$ 的上界

方法	$3 \leqslant \tau(k) \leqslant 5$	$2 \leqslant \tau(k) \leqslant 7$	$2 \leqslant \tau(k) \leqslant 14$
文献 [136]	0.1615	0.0830	—
文献 [138]	0.2405	0.1901	—
文献 [139]	0.2405	0.1942	0.0971
定理 7.2	0.2612	0.2281	0.1287

7.6　小　　结

本章考虑了时变时滞离散系统的稳定性问题。与目前文献中的 Lyapunov 泛函形式不同，本章所构造的 Lyapunov 泛函中包含一些三重求和项。应用有限和不等式和凸组合方法并引入一些自由权矩阵，得到了保守性更小的稳定性条件。对于系统参数具有范数有界不确定性的情形，得到了系统鲁棒渐近稳定的充分性条件。数值仿真例子证明了本章提出方法的正确性和有效性。

第8章　时变时滞线性离散系统稳定性分析与镇定设计 —— 切换系统方法

8.1　引　　言

如第 7 章所述，对于时变时滞离散系统的稳定性分析问题，目前文献中最常见的方法是基于 Lyapunov 泛函的方法[130,136,138,139,141~143]。但这种方法有一个基本的假设：对于形如 $x(k+1) = Ax(k) + A_1x(k-\tau(k))$ 的时滞系统，$A + A_1$ 的所有特征根必须在单位圆内，也就是，当时滞为零时系统渐近稳定。然而在实际应用中，往往会存在这样的系统[49]：当不存在时滞时系统不稳定，而当存在一定的时滞时系统稳定。对于这类系统，上述基于 Lyapunov 泛函的方法不再适用。对于此类系统的稳定性问题，在目前文献中还鲜有报道。

具有恒定时滞的离散系统可以通过 "lifting" 技术将其转化为无时滞的系统。由于这种处理方法会引发 "维数灾难" 问题，且这种方法不适合处理时变时滞的情形，故没有得到更加广泛的重视。但随着高速处理器技术的不断进步，"维数灾难" 问题在一定程度上得以克服。一些学者开始尝试将 "lifting" 技术应用于时变时滞离散系统的稳定性分析问题。例如，Xia 等[144] 将具有时变时滞的离散系统转化为切换系统，应用公共 Lyapunov 函数方法分析了系统的稳定性并考虑了镇定控制器设计问题。更进一步，文献 [145] 证明了切换系统方法 (应用切换 Lyapunov 函数) 与一类 Lyapunov-Krasovskii 泛函方法是等价的。

目前的文献中一般假设时滞处于某个区间，即 $0 \leqslant \tau_1 \leqslant \tau(k) \leqslant \tau_2$。如果在系统的时滞序列中某一时刻或某一段时间内的时滞突然大于 τ_2，称之为 "大时滞现象"，那么此时系统是否仍然可以保持稳定？从直观上讲，如果这种 "大时滞现象"发生的比率很小，那么系统仍然可以保持稳定。遗憾的是，关于此方面的研究在目前文献中还不多见，只有文献 [146] 考虑了类似的问题，但文献 [146] 采用的是 Lyapunov-Krasovskii 泛函方法，并不适用于零时滞不稳定的系统。

本章将应用切换系统的理论与方法分析离散时滞系统的稳定性和镇定控制器设计问题。$A + A_1$ 的特征根不再要求全部位于单位圆内。应用 "lifting" 技术将离散时滞系统变换成无时滞的切换系统。应用切换系统稳定性的相关结论，得到时变时滞离散系统渐近稳定的充要条件。为了得到更便于检验的稳定性条件，应用切换 Lyapunov 函数方法和平均驻留时间方法得到时变时滞离散系统稳定的充分性条件, 并在此基础上考虑镇定器的设计问题[147]。最后通过仿真实例证明本章提出方法的正确性和有效性。

8.2 系统描述

考虑如下的离散时滞系统:

$$\begin{cases} x(k+1) = Ax(k) + A_1 x(k - \tau(k)) + Bu(k) \\ x(k) = \phi(k), \quad -\tau_2 \leqslant k \leqslant 0 \end{cases} \tag{8.1}$$

其中, $x(k) \in \mathbb{R}^n$ 为状态变量; $A \in \mathbb{R}^{n \times n}$, $A_1 \in \mathbb{R}^{n \times n}$, $B \in \mathbb{R}^{n \times l}$ 为适维系统矩阵; $\tau(k)$ 为时变时滞, 且满足

$$0 < \tau_1 \leqslant \tau(k) \leqslant \tau_2 \tag{8.2}$$

τ_1、τ_2 为恒定常数, 分别表示时滞的下界与上界。

定义 $z(k) = \begin{bmatrix} x(k) \\ \vdots \\ x(k - \tau_2 + 1) \\ x(k - \tau_2) \end{bmatrix}$, 在不考虑控制输入 $u(k)$ 的情况下, 系统 (8.1)

可以变换为如下的切换系统:

$$z(k+1) = \Xi_{\sigma(k)} z(k) \tag{8.3}$$

其中, $\sigma(k) \in \mathcal{I}$ 为分段恒定函数, 代表系统切换模式; $\mathcal{I} = \{1, 2, \cdots, \bar{\tau}\}$, $\bar{\tau} = \tau_2 - \tau_1 + 1$; 且

$$\Xi_j = \begin{bmatrix} A & \overbrace{0 \cdots 0}^{j-1} & A_1 & 0 & \cdots & 0 \\ & & & & & 0 \\ & I_{\tau_2 n \times \tau_2 n} & & & \vdots \\ & & & & & 0 \end{bmatrix}, \quad j \in \mathcal{I}$$

可见, 如果切换系统 (8.3) 在任意切换情况下渐近稳定, 则系统 (8.1) 对于任意满足式 (8.2) 的时滞渐近稳定。

8.3　稳定性充要条件

对于切换系统 (8.3) 在任意切换情况下的稳定性问题,目前文献中有一些充分必要稳定性条件[148]。因此,对于具有时变时滞的离散系统,可以得到如下类似的充分必要稳定性条件。

定理 8.1　对于任意满足式 (8.2) 的时滞,系统 (8.1) 渐近稳定,当且仅当存在一个充分大的整数 N 使

$$\|\Xi_{i_1}\Xi_{i_2}\cdots\Xi_{i_N}\| < 1, \quad \forall \, \Xi_{i_j} \in \{\Xi_1, \Xi_2, \cdots, \Xi_{\bar{\tau}}\}, \, j = 1, 2, \cdots, N$$

其中,$\|\cdot\|$ 为矩阵的 1- 范数或 ∞- 范数。

证明　参见文献 [148] 及其参考文献,从略。　　□

定理 8.2　对于任意满足式 (8.2) 的时滞,系统 (8.1) 渐近稳定,当且仅当存在一个充分大的整数 N 使

$$\|P^{-1}\Xi_{i_1}\Xi_{i_2}\cdots\Xi_{i_N}P\| < 1, \quad \forall \, \Xi_{i_j} \in \{\Xi_1, \Xi_2, \cdots, \Xi_{\bar{\tau}}\}, \, j = 1, 2, \cdots, N$$

其中,$\|\cdot\|$ 为矩阵的 1-范数或 ∞-范数,P 为可逆矩阵。

证明　参见文献 [149],从略。　　□

定理 8.3　对于任意满足式 (8.2) 的时滞,系统 (8.1) 渐近稳定,当且仅当对于所有的 $\Xi_i(i \in \mathcal{I})$,存在整数 $m \geqslant \bar{n}$ 及行满秩矩阵 $L \in \mathbb{R}^{\bar{n} \times m}$,以及矩阵 $\bar{\Xi}_i \in \mathbb{R}^{m \times m}$ 使下列条件成立:

(1) $\Xi_i^{\mathrm{T}} L = L \bar{\Xi}_i^{\mathrm{T}}$;

(2) $\bar{\Xi}_i$ 每一列的非零元素均不超过 $\bar{n}$ 且 $\|\bar{\Xi}_i\|_\infty < 1$。

其中,$\bar{n}$ 为 Ξ_i 的维数,$i \in \mathcal{I}$。

证明　参见文献 [148] 及其参考文献,从略。　　□

上述定理虽然给出了具有时变时滞的离散系统渐近稳定的充要条件,但上述定理应用起来并不容易。例如,求取定理 8.3 中的广义变换 L 是一个 NP 难问题[150]。但上述定理建立了离散时滞系统与切换系统以及鲁棒控制系统之间的联系,其他切换系统以及鲁棒控制的相关理论可以用来研究离散时滞系统的稳定性问题。

8.4　切换 Lyapunov 函数方法

本节应用切换 Lyapunov 函数方法分析离散时滞系统的稳定性,并设计系统的镇定控制器。

8.4.1 稳定性条件

对于离散时滞系统 (8.1)，应用切换 Lyapunov 函数方法，有如下稳定性定理。

定理 8.4　对于任意满足式 (8.2) 的时滞，如果存在适维矩阵 $P_i > 0$，以及任意适维矩阵 G_i、$F_i (i \in \mathcal{I})$，使线性矩阵不等式 (8.4) 对于所有 $(i, j) \in \mathcal{I} \times \mathcal{I}$ 成立：

$$\begin{bmatrix} -P_i + F_i \Xi_i + \Xi_i^{\mathrm{T}} F_i^{\mathrm{T}} & \Xi_i^{\mathrm{T}} G_i^{\mathrm{T}} - F_i \\ * & P_j - G_i - G_i^{\mathrm{T}} \end{bmatrix} < 0 \tag{8.4}$$

则系统 (8.1) 渐近稳定。

证明　类似于文献 [151]，定义如下标识函数：$\alpha(k) = [\alpha_1(k) \quad \alpha_2(k) \quad \cdots \quad \alpha_{\bar{\tau}}(k)]^{\mathrm{T}}$，且

$$\alpha_i(k) = \begin{cases} 1, & \tau(k) = i + \tau_1 - 1 \\ 0, & \text{其他} \end{cases}$$

构造如下切换 Lyapunov 函数[152]：

$$V(k, z_k) = z(k)^{\mathrm{T}} P(\alpha(k)) z(k) = z^{\mathrm{T}}(k) \left(\sum_{i=1}^{\bar{\tau}} \alpha_i(k) P_i \right) z(k) \tag{8.5}$$

对于所有 $(i, j) \in \mathcal{I} \times \mathcal{I}$，有

$$\begin{aligned} \Delta V &= V(k+1, z_{k+1}) - V(k, z_k) \\ &= z^{\mathrm{T}}(k+1) P(\alpha(k+1)) z(k+1) - z(k)^{\mathrm{T}} P(\alpha(k)) z(k) \\ &= z^{\mathrm{T}}(k+1) P_j z(k+1) - z^{\mathrm{T}}(k) P_i z(k) \end{aligned} \tag{8.6}$$

显见，对于所有 $(i, j) \in \mathcal{I} \times \mathcal{I}$ 如下等式成立：

$$0 = 2 \left[z^{\mathrm{T}}(k+1) G_i + z^{\mathrm{T}}(k) F_i \right] \left[-z(k+1) + \Xi_i z(k) \right] \tag{8.7}$$

将式 (8.7) 两侧加入式 (8.6) 两侧可得

$$\begin{aligned} \Delta V &= z^{\mathrm{T}}(k+1)(P_j - G_i - G_i^{\mathrm{T}}) z(k+1) + z^{\mathrm{T}}(k)(F_i \Xi_i + \Xi_i^{\mathrm{T}} F_i^{\mathrm{T}} - P_i) z(k) \\ &\quad + 2 z^{\mathrm{T}}(k+1)(G_i \Xi_i - F_i^{\mathrm{T}}) z(k) \\ &= \begin{bmatrix} z(k) \\ z(k+1) \end{bmatrix}^{\mathrm{T}} \begin{bmatrix} F_i \Xi_i + \Xi_i^{\mathrm{T}} F_i^{\mathrm{T}} - P_i & \Xi_i^{\mathrm{T}} G_i^{\mathrm{T}} - F_i \\ * & P_j - G_i - G_i^{\mathrm{T}} \end{bmatrix} \begin{bmatrix} z(k) \\ z(k+1) \end{bmatrix} \end{aligned} \tag{8.8}$$

因此，如果式 (8.4) 成立，那么 $\Delta V < 0$，即系统 (8.1) 渐近稳定。　　　　□

应用切换 Lyapunov 函数方法, 定理 8.4 给出了系统 (8.1) 渐近稳定的充分性条件。显见, 式 (8.4) 可以改写为

$$\begin{bmatrix} -P_i & 0 \\ 0 & P_j \end{bmatrix} + \begin{bmatrix} F_i \\ G_i \end{bmatrix} [\Xi_i \quad -I] + \begin{bmatrix} \Xi_i^{\mathrm{T}} \\ -I \end{bmatrix} [F_i^{\mathrm{T}} \quad G_i^{\mathrm{T}}] < 0 \tag{8.9}$$

由引理 2.5 可知, 式 (8.9) 等价于

$$\mathcal{N}_L^{\mathrm{T}} \begin{bmatrix} -P_i & 0 \\ 0 & P_j \end{bmatrix} \mathcal{N}_L < 0 \tag{8.10}$$

其中, $\mathcal{N}_L$ 为 $[\Xi_i \quad -I]$ 零空间的任意基底。易知, $\mathcal{N}_L = \begin{bmatrix} I \\ \Xi_i \end{bmatrix}$, 代入式 (8.10) 可得

$$\begin{bmatrix} I \\ \Xi_i \end{bmatrix}^{\mathrm{T}} \begin{bmatrix} -P_i & 0 \\ 0 & P_j \end{bmatrix} \begin{bmatrix} I \\ \Xi_i \end{bmatrix} = -P_i + \Xi_i^{\mathrm{T}} P_j \Xi_i < 0 \tag{8.11}$$

因此, 有如下的稳定性定理。

定理 8.5　对于任意满足式 (8.2) 的时滞, 如果存在适维矩阵 $P_i > 0$, 使线性矩阵不等式 (8.12) 对于所有 $(i, j) \in \mathcal{I} \times \mathcal{I}$ 成立:

$$-P_i + \Xi_i^{\mathrm{T}} P_j \Xi_i < 0 \tag{8.12}$$

则系统 (8.1) 渐近稳定。

定理 8.5 与文献 [152] 中定理 2 的条件 ii) 等价, 结合文献 [152] 中定理 2 的内容, 有如下稳定性定理。

定理 8.6　对于系统 (8.1) 及任意满足式 (8.2) 的时滞, 下列结论相互等价:

(1) 存在形如式 (8.5) 的切换 Lyapunov 函数, 且其差分小于零, 保证系统 (8.1) 对于任意满足式 (8.2) 的时滞渐近稳定。

(2) 如果存在适维矩阵 $P_i > 0 (i \in \mathcal{I})$, 使线性矩阵不等式 (8.13) 对于所有 $(i, j) \in \mathcal{I} \times \mathcal{I}$ 成立:

$$\begin{bmatrix} -P_i & \Xi_i^{\mathrm{T}} P_j \\ * & -P_j \end{bmatrix} < 0 \tag{8.13}$$

(3) 如果存在适维矩阵 $S_i > 0$, 以及任意适维矩阵 $G_i (i \in \mathcal{I})$, 使线性矩阵不等式 (8.14) 对于所有 $(i, j) \in \mathcal{I} \times \mathcal{I}$ 成立:

$$\begin{bmatrix} S_i - G_i - G_i^{\mathrm{T}} & G_i^{\mathrm{T}} \Xi_i^{\mathrm{T}} \\ * & -S_j \end{bmatrix} < 0 \tag{8.14}$$

此时, Lyapunov 函数为 $V(k, z_k) = z^{\mathrm{T}}(k)\left(\sum_{i=1}^{\bar{\tau}} \alpha_i(k)S_i^{-1}\right)z(k)$。

(4) 如果存在适维矩阵 $P_i > 0$, 以及任意适维矩阵 G_i、$F_i (i \in \mathcal{I})$, 使线性矩阵不等式 (8.15) 对于所有 $(i, j) \in \mathcal{I} \times \mathcal{I}$ 成立:

$$\begin{bmatrix} -P_i + F_i\Xi_i + \Xi_i^{\mathrm{T}}F_i^{\mathrm{T}} & \Xi_i^{\mathrm{T}}G_i^{\mathrm{T}} - F_i \\ * & P_j - G_i - G_i^{\mathrm{T}} \end{bmatrix} < 0 \tag{8.15}$$

如果在定理 8.6 中令 $P_i = P(i \in \mathcal{I})$ 可以得到如下推论。

推论 8.1 对于系统 (8.1) 及任意满足式 (8.2) 的时滞, 下列结论相互等价:

(1) 存在形如 $z^{\mathrm{T}}(k)Pz(k)$ 的 Lyapunov 函数, 且其差分小于零, 保证系统 (8.1) 对于任意满足式 (8.2) 的时滞渐近稳定。

(2) 存在适维矩阵 $P > 0$, 使线性矩阵不等式 (8.16) 对于 $i \in \mathcal{I}$ 成立:

$$\begin{bmatrix} -P & \Xi_i^{\mathrm{T}}P \\ * & -P \end{bmatrix} < 0 \tag{8.16}$$

(3) 如果存在适维矩阵 $S > 0$, 以及任意适维矩阵 G_i, 使线性矩阵不等式 (8.17) 对于 $i \in \mathcal{I}$ 成立:

$$\begin{bmatrix} S - G_i - G_i^{\mathrm{T}} & G_i^{\mathrm{T}}\Xi_i^{\mathrm{T}} \\ * & -S \end{bmatrix} < 0 \tag{8.17}$$

此时 Lyapunov 函数为 $V(k, z_k) = z^{\mathrm{T}}(k)S^{-1}z(k)$。

(4) 如果存在适维矩阵 $P > 0$, 以及任意适维矩阵 G_i、F_i, 使线性矩阵不等式 (8.18) 对于 $i \in \mathcal{I}$ 成立:

$$\begin{bmatrix} -P + F_i\Xi_i + \Xi_i^{\mathrm{T}}F_i^{\mathrm{T}} & \Xi_i^{\mathrm{T}}G_i^{\mathrm{T}} - F_i \\ * & P - G_i - G_i^{\mathrm{T}} \end{bmatrix} < 0 \tag{8.18}$$

注 8.1 推论 8.1 中的结论 2 与结论 3 即为文献 [144] 中的推论 1 和引理 2。可见文献 [144] 中的结果为本章结果的一个特例。

对于时滞恒定的情况, 增广系统 (8.3) 变为

$$z(k + 1) = \Xi_{\tau} z(k)$$

其中

$$\Xi_{\tau} = \begin{bmatrix} A & \overbrace{0 \ \cdots \ 0}^{\tau-1} & A_1 \\ & & 0 \\ & I_{\tau n \times \tau n} & \vdots \\ & & 0 \end{bmatrix}$$

在定理 8.6 的基础上，有如下推论。

推论 8.2　若 $\tau(k) = \tau$，系统 (8.1) 渐近稳定的充要条件是下列任意一个条件成立：

(1) 存在适维矩阵 $P > 0$，使

$$\begin{bmatrix} -P & \varXi_\tau^{\mathrm{T}} P \\ * & -P \end{bmatrix} < 0 \tag{8.19}$$

(2) 如果存在适维矩阵 $S > 0$，以及任意适维矩阵 G，使

$$\begin{bmatrix} S - G - G^{\mathrm{T}} & G^{\mathrm{T}} \varXi_\tau^{\mathrm{T}} \\ * & -S \end{bmatrix} < 0 \tag{8.20}$$

(3) 如果存在适维矩阵 $P > 0$，以及任意适维矩阵 G、F，使

$$\begin{bmatrix} -P + F\varXi_\tau + \varXi_\tau^{\mathrm{T}} F^{\mathrm{T}} & \varXi_\tau^{\mathrm{T}} G^{\mathrm{T}} - F \\ * & P - G - G^{\mathrm{T}} \end{bmatrix} < 0 \tag{8.21}$$

8.4.2　镇定控制器设计

如果系统 (8.1) 中的状态时滞 $\tau(k)$ 已知，那么可以设计变增益的状态反馈控制器 $u(k) = K_{\tau(k)} x(k)$ 使系统稳定。与恒定增益的反馈控制器相比，变增益的反馈控制器可以根据系统时滞的大小而改变控制器的增益，因而具有更大的灵活性。本节将设计变增益状态反馈控制器 $u(k) = K_{\tau(k)} x(k)$ 使系统 (8.1) 渐近稳定。

将 $u(k) = K_{\tau(k)} x(k)$ 代入系统 (8.1) 可得

$$x(k+1) = (A + BK_{\tau(k)})x(k) + A_1 x(k - \tau(k)) \tag{8.22}$$

类似地，系统 (8.22) 可以转换为如下切换系统：

$$z(k+1) = \hat{\varXi}_{\sigma(k)} z(k) \tag{8.23}$$

其中，$\sigma(k) \in \mathcal{I}$，$\mathcal{I} = \{1, 2, \cdots, \bar{\tau}\}$；且

$$\hat{\varXi}_j = \begin{bmatrix} A + BK_j & \overbrace{0 \cdots 0}^{j-1} & A_1 & 0 & \cdots & 0 \\ & & & & & 0 \\ & & I_{\bar{\tau}n \times \bar{\tau}n} & & & \vdots \\ & & & & & 0 \end{bmatrix}$$

$$= \varXi_j + \hat{B}K_j E_1, \quad j \in \mathcal{I}$$

这里 $\hat{B}^{\mathrm{T}} = \begin{bmatrix} B^{\mathrm{T}} & 0 & \cdots & 0 & 0 \end{bmatrix}$，$E_1 = \begin{bmatrix} I & 0 & \cdots & 0 & 0 \end{bmatrix}$。

在定理 8.4 的基础上，下面的定理将给出反馈控制器的设计方法。

定理 8.7　对于任意满足式 (8.2) 的时滞和给定标量 δ_i，如果存在适维矩阵 $P_i > 0$，以及任意适维矩阵 $G_i = V \begin{bmatrix} G_{i1} & G_{i3} \\ 0 & G_{i2} \end{bmatrix} V^{\mathrm{T}} (i \in \mathcal{I})$，使线性矩阵不等式 (8.24) 对于所有 $(i, j) \in \mathcal{I} \times \mathcal{I}$ 成立：

$$\begin{bmatrix} \Omega_{11} & \Xi_i^{\mathrm{T}} G_i^{\mathrm{T}} + E_1^{\mathrm{T}} \hat{K}_i^{\mathrm{T}} \hat{B}^{\mathrm{T}} - \delta_i G_i^{\mathrm{T}} \\ * & P_j - G_i - G_i^{\mathrm{T}} \end{bmatrix} < 0 \tag{8.24}$$

其中，$\Omega_{11} = -P_i + \delta_i G_i \Xi_i + \delta_i \Xi_i^{\mathrm{T}} G_i^{\mathrm{T}} + \delta_i \hat{B} \hat{K}_i E_1 + \delta_i E_1^{\mathrm{T}} \hat{K}_i^{\mathrm{T}} \hat{B}^{\mathrm{T}}$，反馈控制器增益 $K_i = U \Sigma^{-1} G_{1i}^{-\mathrm{T}} \Sigma U^{\mathrm{T}} \hat{K}_i$，式中 Σ、U、V 由 $B^{\mathrm{T}} = U \begin{bmatrix} \Sigma & 0 \end{bmatrix} V^{\mathrm{T}}$ 确定。

证明　将 $\hat{\Xi}_i = \Xi_i + \hat{B} K_i E_1$ 代入式 (8.4) 可得

$$\begin{bmatrix} \Upsilon_{11} & \Xi_i^{\mathrm{T}} G_i^{\mathrm{T}} + E_1^{\mathrm{T}} K_i^{\mathrm{T}} \hat{B}^{\mathrm{T}} G_i^{\mathrm{T}} - F_i \\ * & P_j - G_i - G_i^{\mathrm{T}} \end{bmatrix} < 0 \tag{8.25}$$

其中，$\Upsilon_{11} = -P_i + F_i \Xi_i + \Xi_i^{\mathrm{T}} F_i^{\mathrm{T}} + F_i \hat{B} K_i E_1 + E_1^{\mathrm{T}} K_i^{\mathrm{T}} \hat{B}^{\mathrm{T}} F_i^{\mathrm{T}}$。

由于 $G_i^{\mathrm{T}} = V \begin{bmatrix} G_{i1}^{\mathrm{T}} & 0 \\ G_{i3}^{\mathrm{T}} & G_{i2}^{\mathrm{T}} \end{bmatrix} V^{\mathrm{T}}$，$B^{\mathrm{T}} = U \begin{bmatrix} \Sigma & 0 \end{bmatrix} V^{\mathrm{T}}$，由引理 2.4 可知存在矩阵 X_i 使

$$B^{\mathrm{T}} G_i^{\mathrm{T}} = X_i B^{\mathrm{T}}$$

将上式代入式 (8.25)，并设 $F_i = \delta_i G_i$，$\hat{K}_i = X_i^{\mathrm{T}} K_i$ 可得式 (8.24)。由 $B^{\mathrm{T}} G_i^{\mathrm{T}} = X_i B^{\mathrm{T}}$ 且 $B^{\mathrm{T}} = U \begin{bmatrix} \Sigma & 0 \end{bmatrix} V^{\mathrm{T}}$ 可得

$$U \begin{bmatrix} \Sigma & 0 \end{bmatrix} V^{\mathrm{T}} G_i^{\mathrm{T}} = X_i U \begin{bmatrix} \Sigma & 0 \end{bmatrix} V^{\mathrm{T}}$$

即

$$U \begin{bmatrix} \Sigma & 0 \end{bmatrix} V^{\mathrm{T}} G_i^{\mathrm{T}} V = X_i U \begin{bmatrix} \Sigma & 0 \end{bmatrix}$$

即

$$U \begin{bmatrix} \Sigma & 0 \end{bmatrix} \begin{bmatrix} G_{i1}^{\mathrm{T}} & 0 \\ G_{i3}^{\mathrm{T}} & G_{i2}^{\mathrm{T}} \end{bmatrix} = X_i U \begin{bmatrix} \Sigma & 0 \end{bmatrix}$$

即

$$\begin{bmatrix} U \Sigma G_{i1}^{\mathrm{T}} & 0 \end{bmatrix} = \begin{bmatrix} X_i U \Sigma & 0 \end{bmatrix}$$

由上式可得

$$X_i = U \Sigma G_{i1}^{\mathrm{T}} \Sigma^{-1} U^{\mathrm{T}}$$

由 $\hat{K}_i = X_i^{\mathrm{T}} K_i$ 可得 $K_i = U \Sigma^{-1} G_{1i}^{-1} \Sigma U^{\mathrm{T}} \hat{K}_i$。　　　　□

注 8.2　可以看到，在定理 8.7 中存在一些调节参数 $\delta_i(i \in \mathcal{I})$。与第 6 章中的方法类似，应用一些数值优化算法，如 MATLAB 优化工具箱中的fminsearch，可得到一个局部收敛的可行解。

8.4.3　数值实例

例 8.1　考虑如下离散时滞系统：

$$A = \begin{bmatrix} 0.4 & -0.8 \\ 0.5 & 1.0 \end{bmatrix}, \quad A_1 = \begin{bmatrix} 0.1 & 0.2 \\ 0.2 & 0.4 \end{bmatrix}$$

可以验证，上述系统 $A + A_1$ 的最大特征根为 1.0583，也就是系统在时滞为零的情况下不稳定。因此，文献 [136]、[138] 和 [139] 均不再适用。应用推论 8.1 可得上述系统对于任意满足 $1 \leqslant \tau(k) \leqslant 3$ 的时滞渐近稳定。应用定理 8.6，可知上述系统对于任意满足 $1 \leqslant \tau(k) \leqslant 4$ 的时滞渐近稳定。

例 8.2　考虑如下离散时滞系统：

$$A = \begin{bmatrix} 0.9 & 0.5 \\ 0.8 & 1.0 \end{bmatrix}, \quad A_1 = \begin{bmatrix} 0.3 & 0 \\ 0.8 & 0.5 \end{bmatrix}, \quad B = \begin{bmatrix} 1 \\ 0.5 \end{bmatrix}$$

假设时滞满足 $3 \leqslant \tau(k) \leqslant 5$，如图 8.1 所示。取 $\delta_1 = 0.1$，$\delta_2 = 0.1$，$\delta_3 = 0.1$，应用定理 8.7 可得

$$K_1 = [-0.9580 \quad -0.7515]$$

$$K_2 = [-1.0490 \quad -0.8072]$$

$$K_3 = [-1.0394 \quad -0.8398]$$

假设系统初始状态 $x_0 = [1 \ 0]^{\mathrm{T}}$，闭环系统零输入状态响应曲线如图 8.2 所示。从图中可以看出系统渐近稳定。这也证明了本节提出方法是正确和有效的。

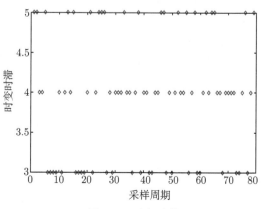

图 8.1　时变时滞

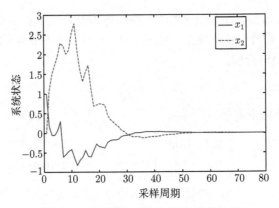

图 8.2 闭环系统零输入状态响应曲线

8.5 平均驻留时间方法

本节应用切换系统中的平均驻留时间方法分析离散时滞系统 (8.1) 的稳定性并设计反馈镇定控制器。

8.5.1 稳定性条件

记 $r_i(i \in \mathcal{I})$ 为系统 (8.3) 第 i 个子系统在 $(0, k)$ 这段时间内发生的比率，则 $r_i = n_i/k$，其中，n_i 表示第 i 个子系统发生的次数。首先给出几个重要的定义。

定义 8.1[153]   如果系统 (8.3) 的解 $x(k)$ 满足如下条件：

$$\|x(k)\| \leqslant c\lambda^{-k}\|x(0)\|, \quad \forall k \geqslant 0$$

其中，常数 $c > 0$，收敛率 $\lambda > 1$，则称系统 (8.3) 全局指数收敛。

定义 8.2[154, 155]   对于任意 $k \geqslant 1$，将区间 $[0, k)$ 上 $\sigma(k)$ 切换的次数记为 $N_\sigma[0, k)$。如果对于 $N_0 \geqslant 0$ 及 $T_a > 0$，$N_\sigma[0, k) \leqslant N_0 + k/T_a$ 成立，那么称 T_a 为平均驻留时间，N_0 为振动界且经常设置为 $N_0 = 0$。

对于系统 (8.3) 的第 i 个子系统，选取如下的 Lyapunov 函数：

$$V_i(k) = z^{\mathrm{T}}(k)P_i z(k) \tag{8.26}$$

下面的引理给出了上述 Lyapunov 函数衰减或上升速率的一个估计。

引理 8.1   对于给定标量 $\lambda_i > 0$，如果存在适维矩阵 $P_i > 0$ 以及任意矩阵 F_i、$G_i(i \in \mathcal{I})$，使线性矩阵不等式 (8.27) 成立：

$$\Sigma_i = \begin{bmatrix} \Sigma_i^{11} & \lambda_i \Xi_i^{\mathrm{T}} G_i^{\mathrm{T}} - F_i \\ * & P_i - G_i - G_i^{\mathrm{T}} \end{bmatrix} < 0, \quad i \in \mathcal{I} \tag{8.27}$$

其中，$\Sigma_i^{11} = -P_i + \lambda_i F_i \Xi_i + \lambda_i \Xi_i^{\mathrm{T}} F_i^{\mathrm{T}}$，那么 Lyapunov 函数 (8.26) 有如下的衰减或上升特性：

$$V_i(k) \leqslant \lambda_i^{-2(k-k_0)} V_i(k_0) \tag{8.28}$$

证明　按照文献 [153] 中的方法，定义 $\xi(k) = \lambda_i^{k-k_0} z(k)$，可以得到

$$\xi(k+1) = \lambda_i \Xi_i \xi(k) \tag{8.29}$$

对于系统 (8.29) 的每一个子系统，选取 Lyapunov 函数 $\mathcal{V}_i(k) = \xi^{\mathrm{T}}(k) P_i \xi(k)$，可得

$$\begin{aligned}
\Delta \mathcal{V}_i(k) &= \mathcal{V}_i(k+1) - \mathcal{V}_i(k) \\
&= \xi^{\mathrm{T}}(k+1) P_i \xi(k+1) - \xi^{\mathrm{T}}(k) P_i \xi(k)
\end{aligned} \tag{8.30}$$

对于任意适维矩阵 F_i 与 G_i，等式 (8.31) 成立：

$$2 \left[\xi^{\mathrm{T}}(k+1) G_i + \xi^{\mathrm{T}}(k) F_i \right] \left[-\xi(k+1) + \lambda_i \Xi_i \xi(k) \right] = 0 \tag{8.31}$$

由式 (8.30) 及式 (8.31) 可得

$$\begin{aligned}
\Delta \mathcal{V}_i(k) &= \xi^{\mathrm{T}}(k+1) P_i \xi(k+1) - \xi^{\mathrm{T}}(k) P_i \xi(k) \\
&\quad + 2 \left[\xi^{\mathrm{T}}(k+1) G_i + \xi^{\mathrm{T}}(k) F_i \right] \left[-\xi(k+1) + \lambda_i \Xi_i \xi(k) \right] \\
&= \begin{bmatrix} \xi(k) \\ \xi(k+1) \end{bmatrix}^{\mathrm{T}} \Sigma_i \begin{bmatrix} \xi(k) \\ \xi(k+1) \end{bmatrix}
\end{aligned} \tag{8.32}$$

因此，如果 $\Sigma_i < 0$，那么 $\Delta \mathcal{V}_i(k) < 0$。由此可知 $\mathcal{V}_i(k) < \mathcal{V}_i(k_0)$。显见

$$\begin{aligned}
V_i(k) &= \lambda_i^{-2(k-k_0)} \mathcal{V}_i(k) \\
&< \lambda_i^{-2(k-k_0)} \mathcal{V}_i(k_0) \\
&= \lambda_i^{-2(k-k_0)} V_i(k_0)
\end{aligned} \qquad \qquad \square$$

在引理 8.1 的基础上，可以得到系统 (8.1) 指数稳定的充分条件，如以下定理所示。

定理 8.8　对于给定正标量 $\lambda_i > 0$，$r_i > 0$ 及 $\mu > 1$，如果存在适维矩阵 $P_i > 0$，以及任意适维矩阵 F_i、$G_i (i \in \mathcal{I})$，使不等式 (8.33)~(8.36) 成立：

$$\prod_{i=1}^{\bar{\tau}} \lambda_i^{r_i} > \lambda > 1 \tag{8.33}$$

$$T_a > T_a^* = \frac{\ln \mu}{2 \ln \lambda} \tag{8.34}$$

$$\Sigma_i < 0, \quad i \in \mathcal{I} \tag{8.35}$$

$$P_i \leqslant \mu P_j, \quad \forall\, i,\, j \in \mathcal{I} \tag{8.36}$$

那么对于任意满足式 (8.2) 的时滞，系统 (8.1) 指数稳定且

$$\|x(k)\| \leqslant \sqrt{\frac{b}{a}}\, \lambda^{-k + \frac{\ln \mu}{2 T_a \ln \lambda} k} \|x(0)\|$$

其中，$b = \max\limits_{i \in \mathcal{I}} \lambda_{\max}(P_i)$，$a = \min\limits_{i \in \mathcal{I}} \lambda_{\min}(P_i)$。

证明　选取如下分段连续 Lyapunov 函数：

$$V_{\sigma(k)}(k) = z^{\mathrm{T}}(k) P_{\sigma(k)} z(k) \tag{8.37}$$

令 $0 < k_1 < k_2 < \cdots < k_i (i \geqslant 1)$ 表示在 $[0,\, k)$ 区间内系统的切换时刻。按照文献 [153] 中的方法即可得证。　　　　　　　　　　　　　　　　　　　　　　　□

　　注 8.3　值得注意的是，定理 8.8 中并不要求每一个 λ_i 都大于 1，也就是不要求每一个子系统都稳定。定理 8.8 建立了时滞出现的比率与系统稳定性之间的联系。

　　注 8.4　如果令 $\mu = 1$，可以得到 $T_a^* = 0$，即子系统之间可以任意切换，也就是说时滞可以在给定的区间内任意变化。更进一步，如果在此基础上令 $\lambda_i = 1$，那么定理 8.8 便退化为推论 8.1 中的结论 4。推论 8.1 则包含了文献 [144] 中的结果。因此，文献 [144] 中的结果可以看做是定理 8.8 的一种特殊情况。此外，文献 [144] 只考虑了系统的渐近稳定性，而定理 8.8 则考虑了系统的指数稳定性。

8.5.2　镇定控制器设计

　　在定理 8.8 的基础上，本节将考虑系统 (8.1) 的状态反馈控制器设计问题，也就是设计固定增益的状态反馈控制器 $u(k) = Kx(k)$ 使闭环系统稳定。

　　将 $u(k) = Kx(k)$ 代入系统 (8.1) 可以得到如下闭环系统：

$$x(k+1) = (A + BK)x(k) + A_1 x(k - \tau(k)) \tag{8.38}$$

类似地，系统 (8.38) 也可表示为如下切换系统：

$$z(k+1) = \hat{\bar{\Xi}}_{\sigma(k)} z(k) \tag{8.39}$$

其中，$\sigma(k) \in \mathcal{I}$，$\mathcal{I} = \{1,\, 2,\, \cdots,\, \bar{\tau}\}$；且

$$\hat{\varXi}_j = \begin{bmatrix} A+BK & \overbrace{0 \ \cdots \ 0}^{j-1} & A_1 & 0 & \cdots & 0 \\ & & & & & 0 \\ & & I_{\bar{\tau}n \times \bar{\tau}n} & & & \vdots \\ & & & & & 0 \end{bmatrix}$$

$$= \varXi_j + \hat{B}KE_1, \quad j \in \mathcal{I}$$

这里 $\hat{B}^{\mathrm{T}} = [\ B^{\mathrm{T}} \ \ 0 \ \ \cdots \ \ 0 \ \ 0\ ]$，$E_1 = [\ I \ \ 0 \ \ \cdots \ \ 0 \ \ 0\ ]$。

如下定理给出了设计状态反馈控制器的方法。

定理 8.9　对于给定标量 $\lambda_i > 0$，$r_i > 0$，$\mu > 1$，δ_i，如果存在适维矩阵 $R_i > 0$ 及任意适维矩阵 Y、M_i 且 M_i 具有如下形式：

$$M_i = \begin{bmatrix} M^{11} & M_i^{12} \\ 0 & M_i^{22} \end{bmatrix}, \quad i \in \mathcal{I}$$

使不等式 (8.40)~(8.43) 成立：

$$\prod_{i=1}^{\bar{\tau}} \lambda_i^{r_i} > \lambda > 1 \tag{8.40}$$

$$T_a > T_a^* = \frac{\ln \mu}{2 \ln \lambda} \tag{8.41}$$

$$\begin{bmatrix} \varOmega_i^{11} & \lambda_i M_i \varXi_i^{\mathrm{T}} + \lambda_i E_1^{\mathrm{T}} Y^{\mathrm{T}} B^{\mathrm{T}} - \delta_i M_i^{\mathrm{T}} \\ * & R_i - M_i - M_i^{\mathrm{T}} \end{bmatrix} < 0, \quad i \in \mathcal{I} \tag{8.42}$$

$$R_i \leqslant \mu R_j, \quad \forall\, i,\, j \in \mathcal{I} \tag{8.43}$$

其中，$\varOmega_i^{11} = -R_i + \delta_i \lambda_i M_i \varXi_i^{\mathrm{T}} + \delta_i \lambda_i E_1^{\mathrm{T}} Y^{\mathrm{T}} \hat{B}^{\mathrm{T}} + \delta_i \lambda_i \varXi_i M_i^{\mathrm{T}} + \delta_i \lambda_i \hat{B} Y E_1$，那么对于任意满足式 (8.2) 的时滞，系统 (8.1) 指数稳定，且

$$\|x(k)\| \leqslant \sqrt{\frac{b}{a}} \lambda^{-k + \frac{\ln \mu}{2T_a \ln \lambda} k} \|x(0)\|$$

其中，$b = \max\limits_{i \in \mathcal{I}} \lambda_{\max}(M_i^{-1} R_i M_i^{-\mathrm{T}})$，$a = \min\limits_{i \in \mathcal{I}} \lambda_{\min}(M_i^{-1} R_i M_i^{-\mathrm{T}})$。控制器增益 $K = Y(M^{11})^{-\mathrm{T}}$。

证明　将 $\hat{\varXi} = \varXi + \hat{B}KE_1$ 代入式 (8.35) 可得

$$\begin{bmatrix} \hat{\varSigma}_i^{11} & \lambda_i \hat{\varXi}_i^{\mathrm{T}} G_i^{\mathrm{T}} - F_i \\ * & P_i - G_i - G_i^{\mathrm{T}} \end{bmatrix} < 0 \tag{8.44}$$

其中，$\hat{\varSigma}_i^{11} = -P_i + \lambda_i F_i \hat{\varXi}_i + \lambda_i \hat{\varXi}_i^{\mathrm{T}} F_i^{\mathrm{T}}$。令 $F_i = \delta_i G_i$ 可得

$$\left[\begin{array}{cc} \bar{\Sigma}_i^{11} & \lambda_i \hat{\Xi}_i^{\mathrm{T}} G_i^{\mathrm{T}} - \delta_i G_i \\ * & P_i - G_i - G_i^{\mathrm{T}} \end{array}\right] < 0 \tag{8.45}$$

其中，$\bar{\Sigma}_i^{11} = -P_i + \delta_i \lambda_i G_i \hat{\Xi}_i + \delta_i \lambda_i \hat{\Xi}_i^{\mathrm{T}} G_i^{\mathrm{T}}$。由式 (8.45) 的可行性可知 G_i 为非奇异矩阵。令 $M_i = G_i^{-1}$，为了获得线性矩阵不等式条件将其限制为具有一类特殊的结构，即 $M_i = \left[\begin{array}{cc} M^{11} & M_i^{12} \\ 0 & M_i^{22} \end{array}\right]$。在式 (8.45) 的两侧分别左乘和右乘 $\mathrm{diag}\{M_i, M_i\}$ 及其转置，并引入新的矩阵变量 $R_i = M_i P_i M_i^{\mathrm{T}}$，$Y^{\mathrm{T}} = M^{11} K^{\mathrm{T}}$，便可得到式 (8.42)。□

注 8.5　定理 8.9 中的条件 (8.42) 和 (8.43) 均为线性矩阵不等式条件，可以利用凸优化工具箱方便地进行求解。

注 8.6　可以看到在定理 8.9 中存在一些调节参数 $\delta_i (i \in \mathcal{I})$。与第 6 章中的方法类似，应用一些数值优化算法，如 MATLAB 优化工具箱中的fminsearch，便可得到一个局部收敛的可行解。

8.5.3　数值实例

例 8.3　考虑如下离散时滞系统：

$$A = \left[\begin{array}{cc} 0.8 & 0.2 \\ 0 & 0.9 \end{array}\right], \quad A_1 = \left[\begin{array}{cc} -0.1 & 0 \\ -0.2 & -0.1 \end{array}\right]$$

假设时滞的下界 $\tau_1 = 1$，求取能保证系统稳定的时滞上界 τ_2。应用定理 8.8 且令 $\mu = 1$，可以得到时滞上界 $\tau_2 = 5$。这说明上述系统对于任意满足 $1 \leqslant \tau(k) \leqslant 5$ 的时滞均稳定。此外，可以看出 Ξ_6 是不稳定的，因为它的最大特征根在单位圆外。因此，当 $\tau(k) = 6$ 出现在时滞序列中时，无论其出现的比率为何值，文献 [138] 和 [139] 中的结果均无法判定系统是否稳定。假设每种可能时滞出现的比率分别为 $r_1 = 30\%$，$r_2 = 20\%$，$r_3 = 20\%$，$r_4 = 10\%$，$r_5 = 10\%$，$r_6 = 10\%$，也就是，在 $[0, k)$ 区间内时滞为 1 出现的比率为 30%，时滞为 2 出现的比率 20%，时滞为 3 出现的比率 20%，时滞为 4 出现的比率 10%，时滞为 5 出现的比率 10%，时滞为 6 出现的比率 10%。设 $\lambda_1 = 1.1$，$\lambda_2 = 1.05$，$\lambda_3 = 1.01$，$\lambda_4 = 0.95$，$\lambda_5 = 0.92$，$\lambda_6 = 0.87$，故 $\prod_{i=1}^{6} \lambda_i^{r_i} = 1.013$。应用定理 8.8，可得 $T_a^* = 0.4$。显见，在 $[0, k)$ 区间上，切换次数的最大值为 $k - 1$，也就是说平均驻留时间的最小值为 $T_a = \dfrac{k}{k-1} > 1$。可见 $T_a > T_a^*$，由定理 8.8 可知系统指数稳定。

例 8.4　考虑如下离散时滞系统：

$$A = \left[\begin{array}{cc} 0.5 & 0.3 \\ 0.2 & 1 \end{array}\right], \quad A_1 = \left[\begin{array}{cc} 0.1 & 0.4 \\ 0.2 & 0.1 \end{array}\right], \quad B = \left[\begin{array}{c} 1 \\ 1 \end{array}\right]$$

假设时滞满足 $1 \leqslant \tau(k) \leqslant 5$，取 $\lambda_1 = 1.3$，$\lambda_2 = 1.3$，$\lambda_3 = 1.2$，$\lambda_4 = 1.2$，$\lambda_5 = 1$，$\delta_1 = 0.2$，$\delta_2 = 0.3$，$\delta_3 = 0.1$，$\delta_4 = 0$，$\delta_5 = 0$，$\mu = 1.2$，应用定理 8.9 可以得到

$$K = [-0.3117 \quad -0.7499]$$

为了便于仿真，假设在 $[0, 30)$ 的时间段内系统时滞如图 8.3 所示。由图 8.3 可以得到 $r_1 = 0.2$，$r_2 = 0.2$，$r_3 = 0.2$，$r_4 = 0.2$，$r_5 = 0.2$。此时，$\prod_{i=1}^{6} \lambda_i^{r_i} = 1.1947$。取 $\lambda = 1.194$，可以得到 $T_a^* = 0.514$。此外，由图 8.3 可以看到在 $[0, 30)$ 的时间段内，时滞的变化次数，即系统的切换次数为 26。因此，系统的平均驻留时间 $T_a = 30/26 = 1.1538$。可见，定理 8.8 的所有条件均满足，故系统指数稳定。系统的衰减率为 $\lambda^* = \lambda^{1 - \frac{\ln \mu}{2 T_a \ln \lambda}} = 1.103$。

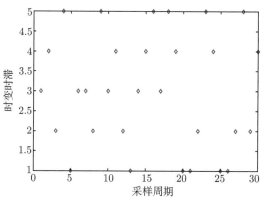

图 8.3　时变时滞

假设系统的初始状态 $x(0) = [1 \quad 0]^{\mathrm{T}}$，系统的零输入响应曲线如图 8.4 所示。从图 8.4 可以看到闭环系统指数稳定。这也证明本节所提出的方法是正确和有效的。

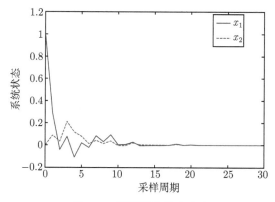

图 8.4　闭环系统状态响应

8.6 小　　结

本章应用切换系统的理论与方法考虑了离散时滞系统的稳定性和镇定控制器设计问题。首先，利用切换系统的稳定性条件，给出时变时滞离散系统稳定的充分必要条件。然后，分别应用切换 Lyapunov 函数方法和平均驻留时间方法分析了时变时滞离散系统的稳定性，给出了镇定控制器的设计方法。仿真例子验证了本章所提出的方法是正确、有效的。

第9章 时滞神经网络的稳定性分析

9.1 引 言

人工神经网络是一种应用类似于大脑神经突触连接的结构进行信息处理的数学模型。它是对人脑或自然神经网络若干特性的抽象和模拟。神经网络已经在诸如信号处理、网络通信、人工智能等领域内取得了广泛的应用。实际上，由于神经元之间的信息传输速率有限，以及电路系统中的放大器开关速率有限，在生物神经网络与人工神经网络中必然存在时滞现象。近年来，研究人员将时滞引入到神经网络模型，得到了相应的时滞神经网络模型。时滞神经网络的稳定性问题受到了广泛的关注，取得了丰富的成果。

与时滞系统的稳定性类似，时滞神经网络的稳定性条件也可分为：时滞无关稳定性条件[156~160] 和时滞相关稳定性条件[161~171]。由于时滞相关条件比时滞无关条件具有更小的保守性，因此目前的研究多集中于时滞相关稳定性条件。文献 [172] 应用 Descriptor 系统模型变换方法得到了时滞神经网络的时滞相关指数稳定性条件。通过建立新的 Lyapunov 泛函和应用 $\mathcal{S}$-procedure，文献 [161] 得到了一种保守性较小的时滞相关稳定性条件。应用自由权矩阵方法，文献 [162] 进一步降低了稳定性判据的保守性。在上述的研究中，在估计 Lyapunov 泛函导数的上界时，往往忽略一些重要的项，从而导致一些保守性。文献 [163] 和 [173] 考虑了这些项的影响，得到了保守性更小的稳定性判据。

本章将考虑时滞神经网络的稳定性问题，将第 3 章、第 4 章中提出的构造 Lyapunov 泛函的方法应用于时滞神经网络的稳定性分析[174, 175]。

9.2 时滞变化率范围相关稳定性

9.2.1 系统描述

考虑如下时滞神经网络：

$$\dot{x}(t) = -Cx(t) + Ag(x(t)) + Bg(x(t - \tau(t))) + u \qquad (9.1)$$

其中，$x(\cdot) = [x_1(\cdot) \ x_2(\cdot) \ \cdots \ x_n(\cdot)]^{\mathrm{T}}$ 为神经元状态向量；$g(x(\cdot)) = [g_1(x_1(\cdot)) \ g_2(x_2(\cdot)) \ \cdots \ g_n(x_n(\cdot))]^{\mathrm{T}}$ 为神经元激活函数；$u = [u_1 \ u_2 \ \cdots \ u_n]^{\mathrm{T}}$ 为恒定输入向量；$C =$

$\text{diag}\{c_1,\ c_2,\ \cdots,\ c_n\}$ 且 $c_i > 0(i = 1,\ 2, \cdots,\ n)$，为自反馈项；$A$ 为连接权重矩阵；B 为时滞连接权重矩阵；$\tau(t)$ 为时变可微函数且满足

$$0 \leqslant \tau(t) \leqslant h \tag{9.2}$$

$$\mu_1 \leqslant \dot{\tau}(t) \leqslant \mu_2 < 1 \tag{9.3}$$

这里 $h \geqslant 0$、μ_1、μ_2 为常量。假设每个神经元激活函数 $g_i(\cdot)(i = 1,\ 2, \cdots,\ n)$ 为单调非减有界函数且满足下列条件：

$$0 \leqslant \frac{g_i(x) - g_i(y)}{x - y} \leqslant k_i, \quad \forall x,\ y \in \mathbb{R},\ x \neq y,\ i = 1,\ 2, \cdots,\ n \tag{9.4}$$

其中，$k_i(i = 1,\ 2, \cdots,\ n)$ 为正值常量。

假设 $x^* = [x_1^*\ x_2^* \cdots x_n^*]$ 为系统 (9.1) 的平衡点。应用模型变换 $z(\cdot) = x(\cdot) - x^*$ 可将系统 (9.1) 变为如下误差系统：

$$\dot{z}(t) = -Cz(t) + Af(z(t)) + Bf(z(t - \tau(t))) \tag{9.5}$$

其中，$z(\cdot) = [z_1(\cdot)\ z_2(\cdot)\ \cdots\ z_n(\cdot)]^{\mathrm{T}}$ 为状态向量；$f(z(\cdot)) = [f_1(z_1(\cdot))\ f_2(z_2(\cdot))\ \cdots\ f_n(z_n(\cdot))]^{\mathrm{T}}$，$f_i(z_i(\cdot)) = g_i(z_i(\cdot) + x_i^*) - g_i(x_i^*)(i = 1,\ 2, \cdots,\ n)$。

由式 (9.4) 可得 $f_i(\cdot)(i = 1,\ 2, \cdots,\ n)$ 满足下列条件：

$$0 \leqslant \frac{f_i(z_i)}{z_i} \leqslant k_i, \quad f_i(0) = 0,\ \forall z_i \neq 0,\ i = 1,\ 2, \cdots,\ n \tag{9.6}$$

等价为

$$f_i(z_i)\left[f_i(z_i) - k_i z_i\right] \leqslant 0, \quad f_i(0) = 0,\ i = 1,\ 2, \cdots,\ n \tag{9.7}$$

9.2.2 稳定性判据

对于时滞神经网络 (9.1) 有如下时滞变化率范围相关稳定性定理。

定理 9.1 对于给定标量 $h \geqslant 0$，μ_1，μ_2，如果存在适维矩阵

$$P = \begin{bmatrix} P_{11} & P_{12} & P_{13} & P_{14} \\ * & P_{22} & P_{23} & P_{24} \\ * & * & P_{33} & P_{34} \\ * & * & * & P_{44} \end{bmatrix} > 0, \quad Q = \begin{bmatrix} Q_{11} & Q_{12} & Q_{12} \\ * & Q_{22} & Q_{23} \\ * & * & Q_{33} \end{bmatrix} > 0$$

$X = [X_{ij}]_{5 \times 5} \geqslant 0$，$\Lambda = \text{diag}\{\lambda_1,\ \lambda_2, \cdots,\ \lambda_n\} \geqslant 0$，$W_k = \text{diag}\{W_{1k},\ W_{2k}, \cdots,\ W_{nk}\} \geqslant 0(k = 1,\ 2)$，$R_l > 0$，$S_l > 0(l = 1,\ 2)$，$U > 0$，以及任意适维矩阵 L、N、H，使线性矩阵不等式 (9.8)~(9.10) 成立：

$$\begin{bmatrix} \varXi & A_c^{\mathrm{T}}Y & \frac{1}{2}h^2H \\ YA_c & -Y & 0 \\ \frac{1}{2}h^2H^{\mathrm{T}} & 0 & -\frac{1}{2}h^2U \end{bmatrix} < 0 \tag{9.8}$$

$$\varPi_1 = \begin{bmatrix} X & \varGamma + H & L \\ \varGamma^{\mathrm{T}} + H^{\mathrm{T}} & S_1 & 0 \\ L^{\mathrm{T}} & 0 & S_2 \end{bmatrix} \geqslant 0 \tag{9.9}$$

$$\varPi_2 = \begin{bmatrix} X & \varGamma + H & N \\ \varGamma^{\mathrm{T}} + H^{\mathrm{T}} & S_1 & 0 \\ N^{\mathrm{T}} & 0 & S_2 \end{bmatrix} \geqslant 0 \tag{9.10}$$

其中

$$\varXi = \begin{bmatrix} \varXi_{11} & \varXi_{12} & \varXi_{13} & \varXi_{14} & \varXi_{15} & \varXi_{16} & \varXi_{17} \\ * & \varXi_{22} & \varXi_{23} & \varXi_{24} & \varXi_{25} & \varXi_{26} & \varXi_{27} \\ * & * & \varXi_{33} & \varXi_{34} & \varXi_{35} & \varXi_{36} & \varXi_{37} \\ * & * & * & \varXi_{44} & \varXi_{45} & \varXi_{46} & \varXi_{47} \\ * & * & * & * & \varXi_{55} & \varXi_{56} & \varXi_{57} \\ * & * & * & * & * & \varXi_{66} & \varXi_{67} \\ * & * & * & * & * & * & \varXi_{77} \end{bmatrix}$$

$$\varXi_{11} = -P_{11}C - C^{\mathrm{T}}P_{11} - Q_{12}C - C^{\mathrm{T}}Q_{12}^{\mathrm{T}} + P_{14} + P_{14}^{\mathrm{T}}$$
$$\quad + Q_{11} + R_1 + hS_1 + L_1 + L_1^{\mathrm{T}} + hH_1 + hH_1^{\mathrm{T}} + hX_{11}$$

$$\varXi_{12} = -L_1 + L_2^{\mathrm{T}} + N_1 - C^{\mathrm{T}}P_{12} + P_{24}^{\mathrm{T}} + hH_2^{\mathrm{T}} + hX_{12}$$

$$\varXi_{13} = P_{12} + L_3^{\mathrm{T}} + hH_3^{\mathrm{T}} + hX_{13}$$

$$\varXi_{14} = -C^{\mathrm{T}}P_{13} + P_{34}^{\mathrm{T}} + L_4^{\mathrm{T}} - P_{14} - N_1 + hH_4^{\mathrm{T}} + hX_{14}$$

$$\varXi_{15} = P_{13} + L_5^{\mathrm{T}} + hH_5^{\mathrm{T}} + hX_{15}$$

$$\varXi_{16} = P_{11}A + Q_{12}A + Q_{13} - C^{\mathrm{T}}Q_{23} + L_6^{\mathrm{T}} + hH_6^{\mathrm{T}} - C^{\mathrm{T}}\varLambda + KW_1 + hX_{16}$$

$$\varXi_{17} = P_{11}B + Q_{12}B + L_7^{\mathrm{T}} + hH_7^{\mathrm{T}} + hX_{17}$$

$$\varXi_{22} = -(1 - \mu_2)Q_{11} - L_2 - L_2^{\mathrm{T}} + N_2 + N_2^{\mathrm{T}} + hX_{22}$$

$$\varXi_{23} = P_{22} - Q_{12} - L_3^{\mathrm{T}} + N_3^{\mathrm{T}} + hX_{23}$$

$$\varXi_{24} = -L4^{\mathrm{T}} + N_4^{\mathrm{T}} - P_{24} - N_2 + hX_{24}$$

$$\varXi_{25} = -L_5^{\mathrm{T}} + N_5^{\mathrm{T}} + P_{23} + hX_{25}$$

$$\varXi_{26} = -L_6^{\mathrm{T}} + N_6^{\mathrm{T}} + P_{12}^{\mathrm{T}}A + hX_{26}$$

$$\Xi_{27} = -L_7^T + N_7^T + P_{12}^T B - (1 - \mu_2)Q_{13} + KW_2 + hX_{27}$$

$$\Xi_{33} = -Q_{22}/(1 - \mu_1) + hX_{33}$$

$$\Xi_{34} = P_{23} - N_3 + hX_{34}$$

$$\Xi_{35} = hX_{35}$$

$$\Xi_{36} = hX_{36}$$

$$\Xi_{37} = -Q_{23} + hX_{37}$$

$$\Xi_{44} = -P_{34} - P_{34}^T - R_1 - N_4 - N_4^T + hX_{44}$$

$$\Xi_{45} = P_{33} - N_5^T + hX_{45}$$

$$\Xi_{46} = -N_6^T + P_{13}^T A + hX_{46}$$

$$\Xi_{47} = -N_7^T + P_{13}^T B + hX_{47}$$

$$\Xi_{55} = -R_2 + hX_{55}$$

$$\Xi_{56} = hX_{56}$$

$$\Xi_{57} = hX_{57}$$

$$\Xi_{66} = \Lambda A + A^T \Lambda + A^T Q_{23} + Q_{23}^T A + Q_{33} - 2W_1 + hX_{66}$$

$$\Xi_{67} = \Lambda B + Q_{23}^T B + hX_{67}$$

$$\Xi_{77} = -(1 - \mu_2)Q_{33} - 2W_2 + hX_{77}$$

$$Y = Q_{22} + R_2 + hS_2 + \frac{h^2}{2}U$$

$$A_c = \begin{bmatrix} -C & 0 & 0 & 0 & A & B \end{bmatrix}$$

$$K = \mathrm{diag}\{k_1,\ k_2,\ \cdots,\ k_n\}$$

$$\Gamma = \begin{bmatrix} P_{14}^T C - P_{44} & 0 & -P_{24}^T & P_{44} & -P_{34}^T & -P_{14}^T A & -P_{14}^T B \end{bmatrix}^T$$

则对于任意满足式 (9.2) 和式 (9.3) 的时滞, 系统 (9.5) 渐近稳定。

证明   构造如下 Lyapunov 泛函:

$$V(z(t)) = V_1(z(t)) + V_2(z(t)) + V_3(z(t)) + V_4(z(t)) + V_5(z(t)) \tag{9.11}$$

其中

$$V_1(z(t)) = \zeta^T(t)P\zeta(t) + 2\sum_{i=1}^{n} \lambda_i \int_0^{z_i} f_i(s)\mathrm{d}s$$

$$V_2(z(t)) = \int_{t-\tau(t)}^{t} \xi^T(s)Q\xi(s)\mathrm{d}s$$

$$V_3(z(t)) = \int_{t-h}^{t} z^{\mathrm{T}}(s)R_1 z(s)\mathrm{d}s + \int_{t-h}^{t} \dot{z}^{\mathrm{T}}(s)R_2 \dot{z}(s)\mathrm{d}s$$

$$V_4(z(t)) = \int_{-h}^{0}\int_{t+\theta}^{t} z^{\mathrm{T}}(s)S_1 z(s)\mathrm{d}s\mathrm{d}\theta + \int_{-h}^{0}\int_{t+\theta}^{t} \dot{z}^{\mathrm{T}}(s)S_2 \dot{z}(s)\mathrm{d}s\mathrm{d}\theta$$

$$V_5(z(t)) = \int_{-h}^{0}\int_{\theta}^{0}\int_{t+\lambda}^{t} \dot{z}^{\mathrm{T}}(s)U\dot{z}(s)\mathrm{d}s\mathrm{d}\lambda\mathrm{d}\theta$$

这里 $\zeta(t) = \begin{bmatrix} z(t) \\ z(t-\tau(t)) \\ z(t-h) \\ \int_{t-h}^{t} z(s)\mathrm{d}s \end{bmatrix}$, $\xi(s) = \begin{bmatrix} z(s) \\ \dot{z}(s) \\ f(z(s)) \end{bmatrix}$。

对 $V(z(t))$ 求导可得

$$\dot{V}_1(z(t)) = 2\zeta^{\mathrm{T}}(t)P\dot{\zeta}(t) + 2\sum_{i=1}^{n} \lambda_i f_i(z_i(t))\dot{z}_i(t)$$

$$= 2\zeta^{\mathrm{T}}(t)P\dot{\zeta}(t) + 2f^{\mathrm{T}}(z(t))\Lambda\dot{z}(t) \tag{9.12}$$

$$\dot{V}_2(z(t)) = \xi^{\mathrm{T}}(t)Q\xi(t) - (1-\dot{\tau}(t))\xi^{\mathrm{T}}(t-\tau(t))Q\xi(t-\tau(t)) \tag{9.13}$$

$$\dot{V}_3(z(t)) = z^{\mathrm{T}}(t)R_1 z(t) - z^{\mathrm{T}}(t-h)R_1 z(t-h)$$

$$+ \dot{z}^{\mathrm{T}}(t)R_2 \dot{z}(t) - \dot{z}^{\mathrm{T}}(t-h)R_2 \dot{z}(t-h) \tag{9.14}$$

$$\dot{V}_4(z(t)) = hz^{\mathrm{T}}(t)S_1 z(t) - \int_{t-h}^{t} z^{\mathrm{T}}(s)S_1 z(s)\mathrm{d}s$$

$$+ h\dot{z}^{\mathrm{T}}(t)S_2 \dot{z}(t) - \int_{t-h}^{t} \dot{z}^{\mathrm{T}}(s)S_2 \dot{z}(s)\mathrm{d}s$$

$$= hz^{\mathrm{T}}(t)S_1 z(t) - \int_{t-\tau(t)}^{t} z^{\mathrm{T}}(s)S_1 z(s)\mathrm{d}s$$

$$- \int_{t-h}^{t-\tau(t)} z^{\mathrm{T}}(s)S_1 z(s)\mathrm{d}s + h\dot{z}^{\mathrm{T}}(t)S_2 \dot{z}(t)$$

$$- \int_{t-\tau(t)}^{t} \dot{z}^{\mathrm{T}}(s)S_2 \dot{z}(s)\mathrm{d}s - \int_{t-h}^{t-\tau(t)} \dot{z}^{\mathrm{T}}(s)S_2 \dot{z}(s)\mathrm{d}s \tag{9.15}$$

$$\dot{V}_5(z(t)) = \frac{1}{2}h^2\dot{z}^{\mathrm{T}}(t)U\dot{z}(t) - \int_{-h}^{0}\int_{t+\theta}^{t} \dot{z}^{\mathrm{T}}(s)U\dot{z}(s)\mathrm{d}s\mathrm{d}\theta \tag{9.16}$$

由式 (9.6) 和式 (9.7) 可得

$$f_i(z_i(t))\left[f_i(z_i(t)) - k_i z_i(t)\right] \leqslant 0, \quad i=1, 2, \cdots, n \tag{9.17}$$

$$f_i(z_i(t-\tau(t)))\left[f_i(z_i(t-\tau(t))) - k_i z_i(t-\tau(t))\right] \leqslant 0, \quad i=1, 2, \cdots, n \tag{9.18}$$

对于任意 $W_i = \mathrm{diag}\{W_{1i},\ W_{2i},\ \cdots,\ W_{ni}\} \geqslant 0(i = 1,\ 2)$ 有

$$
\begin{aligned}
0 \leqslant &-2\sum_{i=1}^{n} W_{i1} f_i(z_i(t)) \left[f_i(z_i(t)) - k_i z_i(t) \right] \\
&- 2\sum_{i=1}^{n} W_{i2} f_i(z_i(t - \tau(t))) \left[f_i(z_i(t - \tau(t))) - k_i z_i(t - \tau(t)) \right] \\
= &\, 2z^{\mathrm{T}}(t) K W_1 f(z(t)) - 2f^{\mathrm{T}}(z(t)) W_1 f(z(t)) \\
&+ 2z^{\mathrm{T}}(t - \tau(t)) K W_2 f(z(t - \tau(t))) \\
&- 2f^{\mathrm{T}}(z(t - \tau(t))) W_2 f(z(t - \tau(t)))
\end{aligned} \tag{9.19}
$$

类似于文献 [163]，下列等式成立：

$$
\Delta_1 := 2\theta^{\mathrm{T}}(t) L \left[z(t) - z(t - \tau(t)) - \int_{t-\tau(t)}^{t} \dot{z}(s)\mathrm{d}s \right] = 0 \tag{9.20}
$$

$$
\Delta_2 := 2\theta^{\mathrm{T}}(t) N \left[z(t - \tau(t)) - z(t - h) - \int_{t-h}^{t-\tau(t)} \dot{z}(s)\mathrm{d}s \right] = 0 \tag{9.21}
$$

$$
\begin{aligned}
\Delta_3 := 2\theta^{\mathrm{T}}(t) H \Bigg[& hz(t) - \int_{t-\tau(t)}^{t} z(s)\mathrm{d}s - \int_{t-h}^{t-\tau(t)} z(s)\mathrm{d}s \\
& - \int_{-h}^{0}\int_{t+\theta}^{t} \dot{z}(s)\mathrm{d}s\mathrm{d}\theta \Bigg] = 0
\end{aligned} \tag{9.22}
$$

$$
\begin{aligned}
\Delta_4 := & h\theta^{\mathrm{T}}(t) X \theta(t) - \int_{t-\tau(t)}^{t} \theta^{\mathrm{T}}(t) X \theta(t)\mathrm{d}s \\
& - \int_{t-h}^{t-\tau(t)} \theta^{\mathrm{T}}(t) X \theta(t)\mathrm{d}s = 0
\end{aligned} \tag{9.23}
$$

其中

$$
\theta(t) = \begin{bmatrix} \theta_1(t) \\ \theta_2(t) \end{bmatrix}, \quad \theta_1(t) = \begin{bmatrix} z(t) \\ z(t - \tau(t)) \\ \dot{z}(t - \tau(t))(1 - \dot{\tau}(t)) \end{bmatrix}, \quad \theta_2(t) = \begin{bmatrix} z(t - h) \\ \dot{z}(t - h) \\ f(z(t)) \\ f(z(t - \tau(t))) \end{bmatrix}
$$

此外

$$
\begin{aligned}
& -2\theta^{\mathrm{T}}(t) H \int_{-h}^{0}\int_{t+\theta}^{t} \dot{z}(s)\mathrm{d}s\mathrm{d}\theta \\
& \leqslant \frac{1}{2} h^2 \theta^{\mathrm{T}}(t) H U^{-1} H^{\mathrm{T}} \theta(t) + \int_{-h}^{0}\int_{t+\theta}^{t} \dot{z}^{\mathrm{T}}(s) U \dot{z}(s)\mathrm{d}s\mathrm{d}\theta
\end{aligned} \tag{9.24}
$$

由式 (9.12)~ 式 (9.16) 及式 (9.20)~ 式 (9.23) 可得

$$\dot{V}(z(t)) = \sum_{i=1}^{5} \dot{V}_i(z(t)) + \sum_{j=1}^{4} \Delta_j \tag{9.25}$$

将式 (9.19) 两侧加入式 (9.25) 两侧且应用式 (9.24) 可得

$$\dot{V}(z(t)) \leqslant \theta^{\mathrm{T}}(t) \left[\hat{\varXi} + A_c^{\mathrm{T}} Y A_c + \frac{1}{2} h^2 H U^{-1} H^{\mathrm{T}} \right] \theta(t)$$
$$- \int_{t-\tau(t)}^{t} \theta^{\mathrm{T}}(t,s) \varPi_1 \theta(t,s) \mathrm{d}s - \int_{t-h}^{t-\tau(t)} \theta^{\mathrm{T}}(t,s) \varPi_2 \theta(t,s) \mathrm{d}s \tag{9.26}$$

其中, $\theta^{\mathrm{T}}(t,s) = \begin{bmatrix} \theta^{\mathrm{T}}(t) & z(s) & \dot{z}(s) \end{bmatrix}$; $\hat{\varXi} = \begin{bmatrix} \hat{\varXi}_{ij} \end{bmatrix}_{7\times 7}$ 且 $\hat{\varXi}_{22} = -(1-\dot{\tau}(t))Q_{11} - L_2 - L_2^{\mathrm{T}} + N_2 + N_2^{\mathrm{T}} + hX_{22}$, $\hat{\varXi}_{27} = -L_7^{\mathrm{T}} + N_7^{\mathrm{T}} + P_{12}^{\mathrm{T}}B - (1-\dot{\tau}(t))Q_{13} + KW_2 + hX_{27}$, $\hat{\varXi}_{33} = -Q_{22}/(1-\dot{\tau}(t)) + hX_{33}$, $\hat{\varXi}_{77} = -(1-\dot{\tau}(t))Q_{33} - 2W_2 + hX_{77}$, 其余 $\hat{\varXi}_{ij}(i \leqslant j \leqslant 7)$ 定义与 $\varXi_{ij}$ 相同。

由式 (9.3) 可知 $\hat{\varXi} \leqslant \varXi$。如果 $\varXi + A_c^{\mathrm{T}} Y A_c + \frac{1}{2} h^2 H U^{-1} H^{\mathrm{T}} < 0$, $\varPi_1 \geqslant 0$, $\varPi_2 \geqslant 0$ 成立，那么对于充分小的 $\varepsilon > 0$ 有 $\dot{V}(z(t)) < -\varepsilon\|z(t)\|^2$。因此，系统 (9.5) 渐近稳定。由 Schur 补引理可知 $\varXi + A_c^{\mathrm{T}} Y A_c + \frac{1}{2} h^2 H U^{-1} H^{\mathrm{T}} < 0$ 与式 (9.8) 等价。　　□

注 9.1　通过在 Lyapunov 泛函中引入三重积分项构造了一种全新 Lyapunov 泛函。与前几章类似，增广向量 $\zeta(t)$ 中包含一重积分项 $\int_{t-h}^{t} x(s)\mathrm{d}s$。如第 3 章所述，一重积分项必须与三重积分项同时存在于 Lyapunov 泛函中。缺少其中的任何一项，另一项均对减小保守性不起作用。

注 9.2　从上述定理的证明中可知，$\zeta^{\mathrm{T}}(t)P\zeta(t)$ 的导数中存在一些 $1-\dot{\tau}(t)$。为了估计 $\zeta^{\mathrm{T}}(t)P\zeta(t)$ 的导数，文献 [47] 应用不等式对其进行了缩放，从而引入了较大的保守性。本章采用第 4 章中的方法，在 $\theta(t)$ 的定义中引入了 $\dot{z}^{\mathrm{T}}(t-\tau(t))(1-\dot{\tau}(t))$ 而不是传统的 $\dot{z}^{\mathrm{T}}(t-\tau(t))$。经过这样的处理，使估计 $\zeta^{\mathrm{T}}(t)P\zeta(t)$ 的导数变得十分容易，且不引入额外的保守性。

注 9.3　定理 9.1 是一种时滞相关的稳定性条件。此外，定理 9.1 还与时滞变化率的上、下界有关系，是一种时滞变化率范围相关稳定性条件。

对于 Lyapunov 泛函 (9.11)，如果设 $S_1 = \varepsilon_1 I$, $S_2 = \varepsilon_2 I$, $U = \varepsilon_3 I$, $P_{44} = \varepsilon_4 I$, 其中，$\varepsilon_i(i=1,\cdots,4)$ 为充分小的正标量，且 $P_{j4} = 0(j=1,\cdots,3)$, 则可以得到如下的时滞无关稳定性条件。

推论 9.1　对于给定的标量 μ_1, μ_2, $h \geqslant 0$, 如果存在适维矩阵

$$P = \begin{bmatrix} P_{11} & P_{12} & P_{13} \\ * & P_{22} & P_{23} \\ * & * & P_{33} \end{bmatrix} > 0, \quad Q = \begin{bmatrix} Q_{11} & Q_{12} & Q_{12} \\ * & Q_{22} & Q_{23} \\ * & * & Q_{33} \end{bmatrix} > 0$$

$\Lambda = \mathrm{diag}\{\lambda_1,\ \lambda_2,\ \cdots,\ \lambda_n\} \geqslant 0,\ W_i = \mathrm{diag}\{W_{1i},\ W_{2i},\ \cdots,\ W_{ni}\} \geqslant 0(i = 1,\ 2)$，使线性矩阵不等式 (9.27) 成立：

$$
\begin{bmatrix}
\Sigma_{11} & -C^{\mathrm{T}}P_{12} & P_{12} & -C^{\mathrm{T}}P_{13} & P_{13} & \Sigma_{16} & \Sigma_{17} & -C^{\mathrm{T}}Y \\
* & -(1-\mu_2)Q_{11} & \Sigma_{23} & 0 & P_{23} & P_{12}^{\mathrm{T}}A & \Sigma_{27} & 0 \\
* & * & -\dfrac{Q_{22}}{1-\mu_1} & P_{23} & 0 & 0 & -Q_{23} & 0 \\
* & * & * & -R_1 & P_{33} & P_{13}^{\mathrm{T}}A & P_{13}^{\mathrm{T}}B & 0 \\
* & * & * & * & -R_2 & 0 & 0 & 0 \\
* & * & * & * & * & \Sigma_{66} & \Sigma_{67} & A^{\mathrm{T}}Y \\
* & * & * & * & * & * & \Sigma_{77} & B^{\mathrm{T}}Y \\
* & * & * & * & * & * & * & -Y
\end{bmatrix} < 0
$$

$$(9.27)$$

其中

$$\Sigma_{11} = -P_{11}C - C^{\mathrm{T}}P_{11} + Q_{11} - Q_{12}C - C^{\mathrm{T}}Q_{12}^{\mathrm{T}}$$

$$\Sigma_{16} = P_{11}A + Q_{12}A + Q_{13} - C^{\mathrm{T}}Q_{23} - C^{\mathrm{T}}\Lambda + KW_1$$

$$\Sigma_{17} = P_{11}B + Q_{12}B$$

$$\Sigma_{23} = P_{22} - Q_{12}$$

$$\Sigma_{27} = P_{12}^{\mathrm{T}}B - (1-\mu_2)Q_{13} + KW_2$$

$$\Sigma_{66} = \Lambda A + A^{\mathrm{T}}\Lambda + A^{\mathrm{T}}Q_{23} + Q_{23}^{\mathrm{T}}A + Q_{33} - 2W_1$$

$$\Sigma_{67} = \Lambda B + Q_{23}^{\mathrm{T}}B$$

$$\Sigma_{77} = -(1-\mu_2)Q_{33} - 2W_2$$

$$Y = Q_{22} + R_2$$

$$K = \mathrm{diag}\{k_1,\ k_2,\ \cdots,\ k_n\}$$

则对于任意满足式 (9.3) 的时滞，系统 (9.5) 渐近稳定。

9.2.3 数值实例

例 9.1   考虑如下时滞神经网络：

$$C = \mathrm{diag}\{1.2769,\ 0.6231,\ 0.9230,\ 0.4480\}$$

$$
A = \begin{bmatrix}
-0.0373 & 0.4852 & -0.3351 & 0.2336 \\
-1.6033 & 0.5988 & -0.3224 & 1.2352 \\
0.3394 & -0.0860 & -0.3824 & -0.5785 \\
-0.1311 & 0.3253 & -0.9634 & -0.5015
\end{bmatrix}
$$

$$B = \begin{bmatrix} 0.8674 & -1.2405 & -0.5325 & 0.0220 \\ 0.0474 & -0.9164 & 0.0360 & 0.9816 \\ 1.8495 & 2.6117 & -0.3788 & 0.8428 \\ -2.0413 & 0.5179 & 1.1734 & -0.2775 \end{bmatrix}$$

$$k_1 = 0.1137, \quad k_2 = 0.1279, \quad k_3 = 0.7994, \quad k_4 = 0.2368$$

假设 $|\dot{\tau}(t)| \leqslant \mu$，当 μ 取不同数值时，应用定理 9.1 求取系统所能允许的最大时滞上界，仿真结果见表 9.1。从表中可以看出，本节所提出的方法具有最小的保守性。

表 9.1　μ 不同取值下的最大时滞上界

μ	0.1	0.5	0.9
文献 [164]	3.2775	2.1502	1.3164
文献 [163]	3.2793	2.2245	1.5847
文献 [173]	3.3039	2.5376	2.0853
定理 9.1	3.7008	3.1245	2.5979

例 9.2　考虑如下时滞神经网络：

$$C = \begin{bmatrix} 1.5 & 0 \\ 0 & 0.7 \end{bmatrix}, \quad A = \begin{bmatrix} 0.0503 & 0.0454 \\ 0.0987 & 0.2075 \end{bmatrix}$$

$$B = \begin{bmatrix} 0.2381 & 0.9320 \\ 0.0388 & 0.5062 \end{bmatrix}, \quad k_1 = 0.3, \quad k_2 = 0.8$$

假设 $|\dot{\tau}(t)| \leqslant \mu$。

考虑定理 9.1 的三种特殊情况。第一种情况是去掉 Lyapunov 泛函中增广向量 $\zeta(t)$ 中的一重积分项 $\int_{t-h}^{t} x(s)\mathrm{d}s$ 保留其余项，由定理 9.1 可以得到一个推论，称之为推论 a。类似地去掉三重积分项而保留其余项得到推论 b，将增广向量 $\zeta(t)$ 中的一重积分项 $\int_{t-h}^{t} x(s)\mathrm{d}s$ 和三重积分项均从 Lyapunov 泛函中去掉得到推论 c。应用推论 a、b、c 及定理 9.1 求取系统所能允许的最大时滞，并与文献 [173] 中结果进行比较。仿真结果见表 9.2。

表 9.2　μ 不同取值下的最大时滞上界

μ	0.4	0.45	0.5	0.55
文献 [173]	3.9972	3.2760	3.0594	2.9814
推论 a	4.2093	3.4515	3.2307	3.1668
推论 b	4.2093	3.4515	3.2307	3.1668
推论 c	4.2093	3.4515	3.2307	3.1668
定理 9.1	4.3814	3.6008	3.3377	3.2350

从表 9.2 可以看出，推论 a、b、c 可以得到相同的结果，但比由定理 9.1 得到的结果的保守性要大。这就说明了 $\int_{t-h}^{t} x(s)\mathrm{d}s$ 和三重积分项必须同时存在于 Lyapunov 泛函中，只有这样才能起到减小保守性的作用。此外，从表中还可以看出，推论 a、b、c 仍然要比文献 [173] 具有更小的保守性。这主要是因为推论 a、b、c 用到了时滞变化率的下界信息。

9.3 时滞范围相关稳定性

9.3.1 系统描述

考虑如式 (9.1) 所示的时滞神经网络，假设时滞满足如下条件：

$$h_1 \leqslant \tau(t) \leqslant h_2 \tag{9.28}$$

$$\dot{\tau}(t) \leqslant \mu \tag{9.29}$$

其中，$h_2 > h_1 > 0$，$\mu \geqslant 0$ 为常量。

9.3.2 稳定性判据

在目前的文献中，如文献 [173]，Lyapunov 泛函经常具有如下的形式：

$$
\begin{aligned}
\bar{V}(z_t) = {}& z^{\mathrm{T}}(t)Pz(t) + 2\sum_{i=1}^{n}\lambda_i \int_{0}^{z_i} f_i(s)\mathrm{d}s \\
& + \int_{t-\tau(t)}^{t} z^{\mathrm{T}}(s)Q_1 z(s)\mathrm{d}s + \int_{t-\tau(t)}^{t} f^{\mathrm{T}}(z(s))Q_2 f(z(s))\mathrm{d}s \\
& + \int_{t-h_1}^{t} z^{\mathrm{T}}(s)Q_3 z(s)\mathrm{d}s + \int_{t-h_2}^{t} z^{\mathrm{T}}(s)Q_4 z(s)\mathrm{d}s \\
& + \int_{-h_2}^{0}\int_{t+\theta}^{t} \dot{z}^{\mathrm{T}}(s)Z_1 \dot{z}(s)\mathrm{d}s\mathrm{d}\theta \\
& + \int_{-h_2}^{-h_1}\int_{t+\theta}^{t} \dot{z}^{\mathrm{T}}(s)Z_2 \dot{z}(s)\mathrm{d}s\mathrm{d}\theta
\end{aligned}
\tag{9.30}
$$

虽然上述的 Lyapunov 泛函也用到了时滞的下界信息，但如第 3 章所述，上述 Lyapunov 泛函并没有充分利用时滞的下界信息，尤其是当时滞下界不为零的时候。因此，本节构造如下的比较充分地利用了时滞下界信息的 Lyapunov 泛函：

$$
\begin{aligned}
V(z_t) = {}& z^{\mathrm{T}}(t)Pz(t) + 2\sum_{i=1}^{n}\lambda_i \int_{0}^{z_i} f_i(s)\mathrm{d}s \\
& + \int_{t-\tau(t)}^{t-h_1} z^{\mathrm{T}}(s)Q_1 z(s)\mathrm{d}s + \int_{t-\tau(t)}^{t} f^{\mathrm{T}}(z(s))Q_2 f(z(s))\mathrm{d}s
\end{aligned}
$$

$$+ \int_{t-h_1}^{t} z^{\mathrm{T}}(s)Q_3 z(s)\mathrm{d}s + \int_{t-h_2}^{t-h_1} z^{\mathrm{T}}(s)Q_4 z(s)\mathrm{d}s$$

$$+ \int_{-h_1}^{0} \int_{t+\theta}^{t} \dot{z}^{\mathrm{T}}(s)Z_1 \dot{z}(s)\mathrm{d}s\mathrm{d}\theta$$

$$+ \int_{-h_2}^{-h_1} \int_{t+\theta}^{t} \dot{z}^{\mathrm{T}}(s)Z_2 \dot{z}(s)\mathrm{d}s\mathrm{d}\theta \tag{9.31}$$

基于如式 (9.31) 所示的 Lyapunov 泛函，可以得到如下时滞范围相关稳定性判据。

定理 9.2　给定标量 $h_2 > h_1 > 0$ 及 $\mu \geqslant 0$，如果存在适维矩阵 $P > 0$，$Q_j > 0(j = 1, 2, 3, 4)$，$Z_1 > 0$，$Z_2 > 0$，$\varLambda = \mathrm{diag}\{\lambda_1, \lambda_2, \cdots, \lambda_n\} \geqslant 0$，$W_i = \mathrm{diag}\{W_{1i}, W_{2i}, \cdots, W_{ni}\} \geqslant 0(i = 1, 2)$，以及任意适维矩阵 N_1、N_2、M_1、M_2、S_1、S_2，使线性矩阵不等式 (9.32) 和 (9.33) 成立：

$$\varPhi_1 = \begin{bmatrix} \varPhi & \varGamma Y & h_1 N & h_{12}S \\ * & -Y & 0 & 0 \\ * & * & -h_1 Z_1 & 0 \\ * & * & * & -h_{12}Z_2 \end{bmatrix} < 0 \tag{9.32}$$

$$\varPhi_2 = \begin{bmatrix} \varPhi & \varGamma Y & h_1 N & h_{12}M \\ * & -Y & 0 & 0 \\ * & * & -h_1 Z_1 & 0 \\ * & * & * & -h_{12}Z_2 \end{bmatrix} < 0 \tag{9.33}$$

其中

$$\varPhi = \begin{bmatrix} \varPhi_{11} & \varPhi_{12} & \varPhi_{13} & PB & S_1 - N_1 & -M_1 \\ * & \varPhi_{22} & 0 & KW_2 & S_2 - N_2 & -M_2 \\ * & * & \varPhi_{33} & \varLambda B & 0 & 0 \\ * & * & * & \varPhi_{44} & 0 & 0 \\ * & * & * & * & \varPhi_{55} & 0 \\ * & * & * & * & * & -Q_4 \end{bmatrix}$$

$$\varPhi_{11} = -PC - C^{\mathrm{T}}P + Q_3 + N_1 + N_1^{\mathrm{T}}$$

$$\varPhi_{12} = N_2^{\mathrm{T}} + M_1 - S_1$$

$$\varPhi_{13} = PA - C^{\mathrm{T}}\varLambda + KW_1$$

$$\varPhi_{22} = -(1-\mu)Q_1 - S_2 - S_2^{\mathrm{T}} + M_2 + M_2^{\mathrm{T}}$$

$$\varPhi_{33} = Q_2 - 2W_1 + \varLambda A + A^{\mathrm{T}}\varLambda^{\mathrm{T}}$$

$$\Phi_{44} = -(1-\mu)Q_2 - 2W_2$$

$$\Phi_{55} = -Q_3 + Q_1 + Q_4$$

$$Y = h_1 Z_1 + h_{12} Z_2$$

$$\Gamma = [-C \quad 0 \quad A \quad B \quad 0 \quad 0]^{\mathrm{T}}$$

$$N = \begin{bmatrix} N_1^{\mathrm{T}} & N_2^{\mathrm{T}} & 0 & 0 & 0 & 0 \end{bmatrix}^{\mathrm{T}}$$

$$S = \begin{bmatrix} S_1^{\mathrm{T}} & S_2^{\mathrm{T}} & 0 & 0 & 0 & 0 \end{bmatrix}^{\mathrm{T}}$$

$$M = \begin{bmatrix} M_1^{\mathrm{T}} & M_2^{\mathrm{T}} & 0 & 0 & 0 & 0 \end{bmatrix}^{\mathrm{T}}$$

$$K = \mathrm{diag}\{k_1, \ k_2, \ \cdots, \ k_n\}$$

$$h_{12} = h_2 - h_1$$

则对于任意满足式 (9.28) 和式 (9.29) 的时滞, 系统 (9.5) 渐近稳定。

证明 求取 Lyapunov 泛函 (9.31) 沿系统 (9.5) 的导数, 可得

$$
\begin{aligned}
\dot{V}(z_t) =\ & 2z^{\mathrm{T}}(t)P\dot{z}(t) + 2\sum_{i=1}^{n}\lambda_i f_i(z_i(t))\dot{z}_i(t) \\
& - (1-\dot{\tau}(t))z^{\mathrm{T}}(t-\tau(t))Q_1 z(t-\tau(t)) \\
& + z^{\mathrm{T}}(t-h_1)Q_1 z(t-h_1) + f^{\mathrm{T}}(z(t))Q_2 f(z(t)) \\
& - (1-\dot{\tau}(t))f^{\mathrm{T}}(z(t-\tau(t)))Q_2 f(z(t-\tau(t))) \\
& - z^{\mathrm{T}}(t-h_1)(Q_3-Q_4)z(t-h_1) \\
& + z^{\mathrm{T}}(t)Q_3 z(t) - z^{\mathrm{T}}(t-h_2)Q_4 z(t-h_2) \\
& + h_1 \dot{z}^{\mathrm{T}}(t)Z_1 \dot{z}(t) - \int_{t-h_1}^{t} \dot{z}^{\mathrm{T}}(s)Z_1 \dot{z}(s)\mathrm{d}s \\
& + h_{12}\dot{z}^{\mathrm{T}}(t)Z_2 \dot{z}(t) - \int_{t-h_2}^{t-h_1} \dot{z}^{\mathrm{T}}(s)Z_2 \dot{z}(s)\mathrm{d}s \\
\leqslant\ & 2z^{\mathrm{T}}(t)P\dot{z}(t) + 2f^{\mathrm{T}}(z(t))\Lambda\dot{z}(t) \\
& - (1-\mu)z^{\mathrm{T}}(t-\tau(t))Q_1 z(t-\tau(t)) \\
& + f^{\mathrm{T}}(z(t))Q_2 f(z(t)) + z^{\mathrm{T}}(t)Q_3 z(t) \\
& - (1-\mu)f^{\mathrm{T}}(z(t-\tau(t)))Q_2 f(z(t-\tau(t))) \\
& - z^{\mathrm{T}}(t-h_1)(Q_3-Q_1-Q_4)z(t-h_1) \\
& - z^{\mathrm{T}}(t-h_2)Q_4 z(t-h_2) + h_1 \dot{z}^{\mathrm{T}}(t)Z_1 \dot{z}(t) \\
& - \int_{t-h_1}^{t} \dot{z}^{\mathrm{T}}(s)Z_1 \dot{z}(s)\mathrm{d}s + h_{12}\dot{z}^{\mathrm{T}}(t)Z_2 \dot{z}(t)
\end{aligned}
$$

$$-\int_{t-\tau(t)}^{t-h_1} \dot{z}^{\mathrm{T}}(s)Z_2\dot{z}(s)\mathrm{d}s - \int_{t-h_2}^{t-\tau(t)} \dot{z}^{\mathrm{T}}(s)Z_2\dot{z}(s)\mathrm{d}s \tag{9.34}$$

类似于文献 [173]，由牛顿–莱布尼茨公式可得

$$0 = 2\xi^{\mathrm{T}}(t)N\left[z(t) - z(t-h_1) - \int_{t-h_1}^{t} \dot{z}(s)\mathrm{d}s\right] \tag{9.35}$$

$$0 = 2\xi^{\mathrm{T}}(t)S\left[z(t-h_1) - z(t-\tau(t)) - \int_{t-\tau(t)}^{t-h_1} \dot{z}(s)\mathrm{d}s\right] \tag{9.36}$$

$$0 = 2\xi^{\mathrm{T}}(t)M\left[z(t-\tau(t)) - z(t-h_2) - \int_{t-h_2}^{t-\tau(t)} \dot{z}(s)\mathrm{d}s\right] \tag{9.37}$$

其中，$\xi(t) = \begin{bmatrix} z^{\mathrm{T}}(t) & z^{\mathrm{T}}(t-\tau(t)) & f^{\mathrm{T}}(z(t)) & f^{\mathrm{T}}(z(t-\tau(t))) & z^{\mathrm{T}}(t-h_1) & z^{\mathrm{T}}(t-h_2) \end{bmatrix}^{\mathrm{T}}$。

易得

$$-2\xi^{\mathrm{T}}(t)N\int_{t-h_1}^{t} \dot{z}(s)\mathrm{d}s \leqslant h_1\xi^{\mathrm{T}}(t)NZ_1^{-1}N^{\mathrm{T}}\xi(t) + \int_{t-h_1}^{t} \dot{z}^{\mathrm{T}}(s)Z_1\dot{z}(s)\mathrm{d}s \tag{9.38}$$

$$-2\xi^{\mathrm{T}}(t)S\int_{t-\tau(t)}^{t-h_1} \dot{z}(s)\mathrm{d}s$$
$$\leqslant (\tau(t)-h_1)\xi^{\mathrm{T}}(t)SZ_2^{-1}S^{\mathrm{T}}\xi(t) + \int_{t-\tau(t)}^{t-h_1} \dot{z}^{\mathrm{T}}(s)Z_2\dot{z}(s)\mathrm{d}s \tag{9.39}$$

$$-2\xi^{\mathrm{T}}(t)M\int_{t-h_2}^{t-\tau(t)} \dot{z}(s)\mathrm{d}s$$
$$\leqslant (h_2-\tau(t))\xi^{\mathrm{T}}(t)MZ_2^{-1}M^{\mathrm{T}}\xi(t) + \int_{t-h_2}^{t-\tau(t)} \dot{z}^{\mathrm{T}}(s)Z_2\dot{z}(s)\mathrm{d}s \tag{9.40}$$

由式 (9.6) 和式 (9.7) 可得

$$f_i(z_i(t))\left[f_i(z_i(t)) - k_iz_i(t)\right] \leqslant 0, \quad i = 1, 2, \cdots, n \tag{9.41}$$

$$f_i(z_i(t-\tau(t)))\left[f_i(z_i(t-\tau(t))) - k_iz_i(t-\tau(t))\right] \leqslant 0, \quad i = 1, 2, \cdots, n \tag{9.42}$$

可见，对于任意 $W_i = \mathrm{diag}\{W_{1i}, W_{2i}, \cdots, W_{ni}\} \geqslant 0(i = 1, 2)$ 不等式 (9.43) 成立：

$$0 \leqslant -2\sum_{i=1}^{n} W_{i1}f_i(z_i(t))\left[f_i(z_i(t)) - k_iz_i(t)\right]$$
$$-2\sum_{i=1}^{n} W_{i2}f_i(z_i(t-\tau(t)))\left[f_i(z_i(t-\tau(t))) - k_iz_i(t-\tau(t))\right]$$

$$= 2z^{\mathrm{T}}(t)KW_1f(z(t)) - 2f^{\mathrm{T}}(z(t))W_1f(z(t))$$

$$+ 2z^{\mathrm{T}}(t - \tau(t))KW_2f(z(t - \tau(t)))$$

$$- 2f^{\mathrm{T}}(z(t - \tau(t)))W_2f(z(t - \tau(t))) \tag{9.43}$$

将式 (9.35)~ 式 (9.37) 及式 (9.43) 的左右两侧分别加入式 (9.34) 左右两侧并由式 (9.38)~ 式 (9.40) 可得

$$\dot{V}(z_t) \leqslant \xi^{\mathrm{T}}(t)\Sigma\xi(t) \tag{9.44}$$

其中

$$\Sigma = \Phi + \Gamma Y \Gamma^{\mathrm{T}} + h_1 N Z_1^{-1} N^{\mathrm{T}} + (\tau(t) - h_1)S Z_2^{-1}S^{\mathrm{T}} + (h_2 - \tau(t))M Z_2^{-1}M^{\mathrm{T}}$$

由于 $h_1 \leqslant \tau(t) \leqslant h_2$, 因此 $(\tau(t) - h_1)S Z_2^{-1}S^{\mathrm{T}} + (h_2 - \tau(t))M Z_2^{-1}M^{\mathrm{T}}$ 可以看做是 $S Z_2^{-1}S^{\mathrm{T}}$ 与 $M Z_2^{-1}M^{\mathrm{T}}$ 关于 $\tau(t)$ 的凸组合。因此, $\Sigma < 0$ 成立的充分必要条件是

$$\Phi + \Gamma Y \Gamma^{\mathrm{T}} + h_1 N Z_1^{-1} N^{\mathrm{T}} + h_{12}S Z_2^{-1}S^{\mathrm{T}} < 0 \tag{9.45}$$

且

$$\Phi + \Gamma Y \Gamma^{\mathrm{T}} + h_1 N Z_1^{-1} N^{\mathrm{T}} + h_{12}M Z_2^{-1}M^{\mathrm{T}} < 0 \tag{9.46}$$

由 Schur 补引理可知式 (9.45) 与 $\Phi_1 < 0$ 等价, 式 (9.46) 与 $\Phi_2 < 0$ 等价。因此, 如果 $\Phi_1 < 0$ 与 $\Phi_2 < 0$ 成立, 那么对于一个充分小的数 $\varepsilon > 0$, 有 $\dot{V}(z_t) < -\varepsilon\|z(t)\|^2$。由 Lyapunov 稳定性理论[4] 可知系统 (9.5) 渐近稳定。   □

当 μ 未知时, 定理 9.2 不再适用。对于这种情况, 令 $Q_1 = \varepsilon_1 I$, $Q_2 = \varepsilon_2 I$, 其中, $\varepsilon_1 > 0$, $\varepsilon_2 > 0$ 为充分小的标量, 由定理 9.2 可以得到如下推论。

推论 9.2   对于给定标量 $h_2 > h_1 > 0$, 如果存在适维矩阵 $P > 0$, $Q_j > 0(j = 3, 4)$, $Z_1 > 0$, $Z_2 > 0$, $\Lambda = \mathrm{diag}\{\lambda_1, \lambda_2, \cdots, \lambda_n\} \geqslant 0$, 以及 $W_i = \mathrm{diag}\{W_{1i}, W_{2i}, \cdots, W_{ni}\} \geqslant 0(i = 1, 2)$, 以及任意适维矩阵 N_1、N_2、M_1、M_2、S_1、S_2, 使线性矩阵不等式 (9.47) 和 (9.48) 成立:

$$\hat{\Phi}_1 = \begin{bmatrix} \hat{\Phi} & \Gamma Y & h_1 N & h_{12}S \\ * & -Y & 0 & 0 \\ * & * & -h_1 Z_1 & 0 \\ * & * & * & -h_{12}Z_2 \end{bmatrix} < 0 \tag{9.47}$$

$$\hat{\Phi}_2 = \begin{bmatrix} \hat{\Phi} & \Gamma Y & h_1 N & h_{12}M \\ * & -Y & 0 & 0 \\ * & * & -h_1 Z_1 & 0 \\ * & * & * & -h_{12}Z_2 \end{bmatrix} < 0 \tag{9.48}$$

其中

$$\hat{\Phi} = \begin{bmatrix} \Phi_{11} & \Phi_{12} & \Phi_{13} & PB & S_1 - N_1 & -M_1 \\ * & \hat{\Phi}_{22} & 0 & KW_2 & S_2 - N_2 & -M_2 \\ * & * & \hat{\Phi}_{33} & \Lambda B & 0 & 0 \\ * & * & * & \hat{\Phi}_{44} & 0 & 0 \\ * & * & * & * & \hat{\Phi}_{55} & 0 \\ * & * & * & * & * & -Q_4 \end{bmatrix}$$

$$\hat{\Phi}_{22} = -S_2 - S_2^{\mathrm{T}} + M_2 + M_2^{\mathrm{T}}$$

$$\hat{\Phi}_{33} = -2W_1 + \Lambda A + A^{\mathrm{T}}\Lambda^{\mathrm{T}}$$

$$\hat{\Phi}_{44} = -2W_2$$

$$\hat{\Phi}_{55} = -Q_3 + Q_4$$

其他符号均与定理 9.2 相同，则对于满足式 (9.28) 的时滞，系统 (9.5) 渐近稳定。

9.3.3　保守性降低

通过在 Lyapunov 泛函中引入三重积分项，本节将进一步降低上节所得结果的保守性。在本节，引入如下 Lyapunov 泛函：

$$\begin{aligned} V_a(z_t) = {} & \eta^{\mathrm{T}}(t)P\eta(t) + 2\sum_{i=1}^{n}\lambda_i \int_0^{z_i} f_i(s)\mathrm{d}s \\ & + \int_{t-\tau(t)}^{t-h_1} z^{\mathrm{T}}(s)Q_1 z(s)\mathrm{d}s + \int_{t-\tau(t)}^{t} f^{\mathrm{T}}(z(s))Q_2 f(z(s))\mathrm{d}s \\ & + \int_{t-h_1}^{t} z^{\mathrm{T}}(s)Q_3 z(s)\mathrm{d}s + \int_{t-h_2}^{t-h_1} z^{\mathrm{T}}(s)Q_4 z(s)\mathrm{d}s \\ & + \int_{t-h_1}^{t} \dot{z}^{\mathrm{T}}(s)Q_5 \dot{z}(s)\mathrm{d}s + \int_{t-h_2}^{t-h_1} \dot{z}^{\mathrm{T}}(s)Q_6 \dot{z}(s)\mathrm{d}s \\ & + \int_{-h_1}^{0}\int_{t+\theta}^{t} \dot{z}^{\mathrm{T}}(s)Z_1 \dot{z}(s)\mathrm{d}s\mathrm{d}\theta \\ & + \int_{-h_2}^{-h_1}\int_{t+\theta}^{t} \dot{z}^{\mathrm{T}}(s)Z_2 \dot{z}(s)\mathrm{d}s\mathrm{d}\theta \\ & + \int_{-h_1}^{0}\int_{t+\theta}^{t} z^{\mathrm{T}}(s)Z_3 z(s)\mathrm{d}s\mathrm{d}\theta \\ & + \int_{-h_2}^{-h_1}\int_{t+\theta}^{t} z^{\mathrm{T}}(s)Z_4 z(s)\mathrm{d}s\mathrm{d}\theta \\ & + \int_{-h_1}^{0}\int_{\theta}^{0}\int_{t+\lambda}^{t} \dot{z}^{\mathrm{T}}(s)R_1 \dot{z}(s)\mathrm{d}s\mathrm{d}\lambda\mathrm{d}\theta \\ & + \int_{-h_2}^{-h_1}\int_{\theta}^{0}\int_{t+\lambda}^{t} \dot{z}^{\mathrm{T}}(s)R_2 \dot{z}(s)\mathrm{d}s\mathrm{d}\lambda\mathrm{d}\theta \end{aligned} \tag{9.49}$$

其中，$\eta^{\mathrm{T}}(t) = \begin{bmatrix} z^{\mathrm{T}}(t) & z^{\mathrm{T}}(t-h_1) & z^{\mathrm{T}}(t-h_2) & \displaystyle\int_{t-h_1}^{t} z^{\mathrm{T}}(s)\mathrm{d}s & \displaystyle\int_{t-h_2}^{t-h_1} z^{\mathrm{T}}(s)\mathrm{d}s \end{bmatrix}$。

基于上面的 Lyapunov 泛函，可以得到如下的稳定性条件。

定理 9.3　对于给定标量 $h_2 > h_1 > 0$ 及 $\mu \geqslant 0$，如果存在适维矩阵 $P = [P_{ij}]_{5\times5} > 0$，$Q_j > 0(j=1,\cdots,6)$，$Z_l > 0(l=1,\cdots,4)$，$\Lambda = \mathrm{diag}\{\lambda_1, \lambda_2, \cdots, \lambda_n\} \geqslant 0$，$W_i = \mathrm{diag}\{W_{1i}, W_{2i}, \cdots, W_{ni}\} \geqslant 0(i=1,2)$，以及任意适维矩阵 N_1、N_2、M_1、M_2、S_1、S_2，使线性矩阵不等式 (9.50) 和 (9.51) 成立：

$$\begin{bmatrix} \Theta & \Gamma Y & \frac{h_1^2}{2}L & h_\delta H & h_1 N & h_1 \Upsilon_1 & h_{12}S & h_{12}\Upsilon_2 \\ * & -Y & 0 & 0 & 0 & 0 & 0 & 0 \\ * & * & -\frac{h_1^2}{2}R_1 & 0 & 0 & 0 & 0 & 0 \\ * & * & * & -h_\delta R_2 & 0 & 0 & 0 & 0 \\ * & * & * & * & -h_1 Z_1 & 0 & 0 & 0 \\ * & * & * & * & * & -h_1 Z_3 & 0 & 0 \\ * & * & * & * & * & * & -h_{12}Z_2 & 0 \\ * & * & * & * & * & * & * & -h_{12}Z_4 \end{bmatrix} < 0 \quad (9.50)$$

$$\begin{bmatrix} \Theta & \Gamma Y & \frac{h_1^2}{2}L & h_\delta H & h_1 N & h_1 \Upsilon_1 & h_{12}M & h_{12}\Upsilon_2 \\ * & -Y & 0 & 0 & 0 & 0 & 0 & 0 \\ * & * & -\frac{h_1^2}{2}R_1 & 0 & 0 & 0 & 0 & 0 \\ * & * & * & -h_\delta R_2 & 0 & 0 & 0 & 0 \\ * & * & * & * & -h_1 Z_1 & 0 & 0 & 0 \\ * & * & * & * & * & -h_1 Z_3 & 0 & 0 \\ * & * & * & * & * & * & -h_{12}Z_2 & 0 \\ * & * & * & * & * & * & * & -h_{12}Z_4 \end{bmatrix} < 0 \quad (9.51)$$

其中

$$\Theta = \begin{bmatrix} \Theta_{11} & \Theta_{12} & \Theta_{13} & P_{11}B & \Theta_{15} & \Theta_{16} & P_{12} & P_{13} \\ * & \Theta_{22} & 0 & KW_2 & S_2-N_2 & -M_2 & 0 & 0 \\ * & * & \Theta_{33} & \Lambda B & A^{\mathrm{T}}P_{12} & A^{\mathrm{T}}P_{13} & 0 & 0 \\ * & * & * & \Theta_{44} & B^{\mathrm{T}}P_{12} & B^{\mathrm{T}}P_{13} & 0 & 0 \\ * & * & * & * & \Theta_{55} & \Theta_{56} & P_{22} & P_{23} \\ * & * & * & * & * & \Theta_{66} & P_{23}^{\mathrm{T}} & P_{33} \\ * & * & * & * & * & * & Q_6-Q_5 & 0 \\ * & * & * & * & * & * & * & -Q_6 \end{bmatrix}$$

$$\Theta_{11} = -P_{11}C - C^{\mathrm{T}}P_{11} + Q_3 + h_1 Z_3 + h_{12} Z_4$$
$$+ N_1 + N_1^{\mathrm{T}} + h_1 L_1 + h_1 L_1^{\mathrm{T}} + h_{12} H_1 + h_{12} H_1^{\mathrm{T}}$$

$$\Theta_{12} = N_2^{\mathrm{T}} + M_1 - S_1 + h_1 L_2^{\mathrm{T}} + h_{12} H_2^{\mathrm{T}}$$

$$\Theta_{13} = P_{11}A - C^{\mathrm{T}}\Lambda + KW_1$$

$$\Theta_{15} = -C^{\mathrm{T}}P_{12} - P_{14} + P_{15} + P_{24}^{\mathrm{T}} - N_1 + S_1$$

$$\Theta_{16} = -C^{\mathrm{T}}P_{13} - P_{15} + P_{34}^{\mathrm{T}} - M_1$$

$$\Theta_{22} = -(1-\mu)Q_1 - S_2 - S_2^{\mathrm{T}} + M_2 + M_2^{\mathrm{T}}$$

$$\Theta_{33} = Q_2 - 2W_1 + \Lambda A + A^{\mathrm{T}}\Lambda^{\mathrm{T}}$$

$$\Theta_{44} = -(1-\mu)Q_2 - 2W_2$$

$$\Theta_{55} = -Q_3 + Q_1 + Q_4 - P_{24} - P_{24}^{\mathrm{T}} + P_{25} + P_{25}^{\mathrm{T}}$$

$$\Theta_{56} = -P_{25} - P_{34}^{\mathrm{T}} + P_{35}^{\mathrm{T}}$$

$$\Theta_{66} = -Q_4 - P_{35} - P_{35}^{\mathrm{T}}$$

$$Y = Q_5 + h_1 Z_1 + h_{12} Z_2 + \frac{h_1^2}{2} R_1 + h_\delta R_2$$

$$\Gamma = \begin{bmatrix} -C & 0 & A & B & 0 & 0 & 0 \end{bmatrix}^{\mathrm{T}}$$

$$N = \begin{bmatrix} N_1^{\mathrm{T}} & N_2^{\mathrm{T}} & 0 & 0 & 0 & 0 & 0 \end{bmatrix}^{\mathrm{T}}$$

$$S = \begin{bmatrix} S_1^{\mathrm{T}} & S_2^{\mathrm{T}} & 0 & 0 & 0 & 0 & 0 \end{bmatrix}^{\mathrm{T}}$$

$$M = \begin{bmatrix} M_1^{\mathrm{T}} & M_2^{\mathrm{T}} & 0 & 0 & 0 & 0 & 0 \end{bmatrix}^{\mathrm{T}}$$

$$\Upsilon_1 = \begin{bmatrix} P_{14}^{\mathrm{T}}C - P_{44} - L_1^{\mathrm{T}} & L_2^{\mathrm{T}} & -P_{14}^{\mathrm{T}}A & -P_{14}^{\mathrm{T}}B & P_{44} - P_{45} & P_{45} & -P_{24}^{\mathrm{T}} & -P_{34}^{\mathrm{T}} \end{bmatrix}$$

$$\Upsilon_2 = \begin{bmatrix} P_{15}^{\mathrm{T}}C - P_{45} - H_1^{\mathrm{T}} & H_2^{\mathrm{T}} & -P_{15}^{\mathrm{T}}A & -P_{15}^{\mathrm{T}}B & P_{55} - P_{45} & P_{55} & -P_{25}^{\mathrm{T}} & -P_{35}^{\mathrm{T}} \end{bmatrix}$$

$$K = \mathrm{diag}\{k_1, \ k_2, \cdots, \ k_n\}$$

$$h_\delta = (h_2^2 - h_1^2)/2$$

则对于任意满足式 (9.28) 和式 (9.29) 的时滞, 系统 (9.5) 渐近稳定.

证明　求 Lyapunov 泛函 (9.49) 沿系统 (9.5) 的导数:

$$\dot{V}_a(z_t) = 2\eta^{\mathrm{T}}(t)P\dot{\eta}(t) + 2\sum_{i=1}^{n}\lambda_i f_i(z_i(t))\dot{z}_i(t)$$
$$- (1 - \dot{\tau}(t))z^{\mathrm{T}}(t - \tau(t))Q_1 z(t - \tau(t)) + f^{\mathrm{T}}(z(t))Q_2 f(z(t))$$

$$- (1 - \dot{\tau}(t)) f^{\mathrm{T}}(z(t - \tau(t))) Q_2 f(z(t - \tau(t)))$$

$$+ z^{\mathrm{T}}(t) Q_3 z(t) - z^{\mathrm{T}}(t - h_1)(Q_3 - Q_1 - Q_4) z(t - h_1)$$

$$- z^{\mathrm{T}}(t - h_2) Q_4 z(t - h_2) - \dot{z}^{\mathrm{T}}(t - h_1)(Q_5 - Q_6) \dot{z}(t - h_1)$$

$$+ \dot{z}^{\mathrm{T}}(t) Q_5 \dot{z}(t) - \dot{z}^{\mathrm{T}}(t - h_2) Q_6 \dot{z}(t - h_2)$$

$$+ h_1 \dot{z}^{\mathrm{T}}(t) Z_1 \dot{z}(t) - \int_{t-h_1}^{t} \dot{z}^{\mathrm{T}}(s) Z_1 \dot{z}(s) \mathrm{d}s$$

$$+ h_{12} \dot{z}^{\mathrm{T}}(t) Z_2 \dot{z}(t) - \int_{t-h_2}^{t-h_1} \dot{z}^{\mathrm{T}}(s) Z_2 \dot{z}(s) \mathrm{d}s$$

$$+ h_1 z^{\mathrm{T}}(t) Z_3 z(t) - \int_{t-h_1}^{t} z^{\mathrm{T}}(s) Z_3 z(s) \mathrm{d}s$$

$$+ h_{12} z^{\mathrm{T}}(t) Z_4 z(t) - \int_{t-h_2}^{t-h_1} z^{\mathrm{T}}(s) Z_4 z(s) \mathrm{d}s$$

$$+ \frac{1}{2} h_1^2 \dot{z}^{\mathrm{T}}(t) R_1 \dot{z}(t) - \int_{-h_1}^{0} \int_{t+\theta}^{t} \dot{z}^{\mathrm{T}}(s) R_1 \dot{z}(s) \mathrm{d}s \mathrm{d}\theta$$

$$+ h_\delta \dot{z}^{\mathrm{T}}(t) R_2 \dot{z}(t) - \int_{-h_2}^{-h_1} \int_{t+\theta}^{t} \dot{z}^{\mathrm{T}}(s) R_2 \dot{z}(s) \mathrm{d}s \mathrm{d}\theta$$

$$\leqslant 2 \eta^{\mathrm{T}}(t) P \dot{\eta}(t) + 2 f^{\mathrm{T}}(z(t)) \varLambda \dot{z}(t)$$

$$- (1 - \mu) z^{\mathrm{T}}(t - \tau(t)) Q_1 z(t - \tau(t)) + f^{\mathrm{T}}(z(t)) Q_2 f(z(t))$$

$$- (1 - \mu) f^{\mathrm{T}}(z(t - \tau(t))) Q_2 f(z(t - \tau(t)))$$

$$+ z^{\mathrm{T}}(t) Q_3 z(t) - z^{\mathrm{T}}(t - h_1)(Q_3 - Q_1 - Q_4) z(t - h_1)$$

$$- z^{\mathrm{T}}(t - h_2) Q_4 z(t - h_2) - \dot{z}^{\mathrm{T}}(t - h_1)(Q_5 - Q_6) \dot{z}(t - h_1)$$

$$+ \dot{z}^{\mathrm{T}}(t) Q_5 \dot{z}(t) - \dot{z}^{\mathrm{T}}(t - h_2) Q_6 \dot{z}(t - h_2) + h_1 \dot{z}^{\mathrm{T}}(t) Z_1 \dot{z}(t)$$

$$- \int_{t-h_1}^{t} \dot{z}^{\mathrm{T}}(s) Z_1 \dot{z}(s) \mathrm{d}s + h_{12} \dot{z}^{\mathrm{T}}(t) Z_2 \dot{z}(t)$$

$$- \int_{t-\tau(t)}^{t-h_1} \dot{z}^{\mathrm{T}}(s) Z_2 \dot{z}(s) \mathrm{d}s - \int_{t-h_2}^{t-\tau(t)} \dot{z}^{\mathrm{T}}(s) Z_2 \dot{z}(s) \mathrm{d}s$$

$$+ h_1 z^{\mathrm{T}}(t) Z_3 z(t) - \int_{t-h_1}^{t} z^{\mathrm{T}}(s) Z_3 z(s) \mathrm{d}s$$

$$+ h_{12} z^{\mathrm{T}}(t) Z_4 z(t) - \int_{t-h_2}^{t-h_1} z^{\mathrm{T}}(s) Z_4 z(s) \mathrm{d}s$$

$$+ \frac{1}{2} h_1^2 \dot{z}^{\mathrm{T}}(t) R_1 \dot{z}(t) - \int_{-h_1}^{0} \int_{t+\theta}^{t} \dot{z}^{\mathrm{T}}(s) R_1 \dot{z}(s) \mathrm{d}s \mathrm{d}\theta$$

$$+ h_\delta \dot{z}^{\mathrm{T}}(t) R_2 \dot{z}(t) - \int_{-h_2}^{-h_1} \int_{t+\theta}^{t} \dot{z}^{\mathrm{T}}(s) R_2 \dot{z}(s) \mathrm{d}s \mathrm{d}\theta \tag{9.52}$$

为了处理 Lyapunov 泛函导数中的二重积分项，引入如下两个等式：

$$0 = 2\xi^{\mathrm{T}}(t) L \left[h_1 z(t) - \int_{t-h_1}^{t} z(s) \mathrm{d}s - \int_{-h_1}^{0} \int_{t+\theta}^{t} \dot{z}(s) \mathrm{d}s \mathrm{d}\theta \right] \tag{9.53}$$

$$0 = 2\xi^{\mathrm{T}}(t) H \left[h_{12} z(t) - \int_{t-h_2}^{t-\tau(t)} z(s) \mathrm{d}s - \int_{t-\tau(t)}^{t-h_1} z(s) \mathrm{d}s - \int_{-h_2}^{-h_1} \int_{t+\theta}^{t} \dot{z}(s) \mathrm{d}s \mathrm{d}\theta \right] \tag{9.54}$$

此外，如下不等式成立：

$$-2\xi^{\mathrm{T}}(t) L \int_{-h_1}^{0} \int_{t+\theta}^{t} \dot{z}(s) \mathrm{d}s \mathrm{d}\theta$$

$$\leqslant \frac{1}{2} h_1^2 \xi^{\mathrm{T}}(t) L R_1^{-1} L^{\mathrm{T}} \xi(t) + \int_{-h_1}^{0} \int_{t+\theta}^{t} \dot{z}(s) R_1 \dot{z}(s) \mathrm{d}s \mathrm{d}\theta \tag{9.55}$$

$$-2\xi^{\mathrm{T}}(t) H \int_{-h_2}^{-h_1} \int_{t+\theta}^{t} \dot{z}(s) \mathrm{d}s \mathrm{d}\theta$$

$$\leqslant h_\delta \xi^{\mathrm{T}}(t) H R_2^{-1} H^{\mathrm{T}} \xi(t) + \int_{-h_2}^{-h_1} \int_{t+\theta}^{t} \dot{z}(s) R_2 \dot{z}(s) \mathrm{d}s \mathrm{d}\theta \tag{9.56}$$

按照定理 9.1 的证明方法，定理便可得证。　　　　　　　　　　　□

类似地，定理 9.3 可以推广到时滞变化率 μ 未知的情况。

定理 9.4　对于给定标量 $h_2 > h_1 > 0$，如果存在适维矩阵 $P = [P_{ij}]_{5 \times 5} > 0$，$Q_j > 0 (j = 3, \cdots, 6)$，$Z_l > 0 (l = 1, \cdots, 4)$，$\Lambda = \mathrm{diag}\{\lambda_1, \lambda_2, \cdots, \lambda_n\} \geqslant 0$，$W_i = \mathrm{diag}\{W_{1i}, W_{2i}, \cdots, W_{ni}\} \geqslant 0 (i = 1, 2)$，以及任意适维矩阵 N_1、N_2、M_1、M_2、S_1、S_2，使线性矩阵不等式 (9.57) 和 (9.58) 成立：

$$\begin{bmatrix} \Theta & \Gamma Y & \dfrac{h_1^2}{2} L & h_\delta H & h_1 N & h_1 \Upsilon_1 & h_{12} S & h_{12} \Upsilon_2 \\ * & -Y & 0 & 0 & 0 & 0 & 0 & 0 \\ * & * & -\dfrac{h_1^2}{2} R_1 & 0 & 0 & 0 & 0 & 0 \\ * & * & * & -h_\delta R_2 & 0 & 0 & 0 & 0 \\ * & * & * & * & -h_1 Z_1 & 0 & 0 & 0 \\ * & * & * & * & * & -h_1 Z_3 & 0 & 0 \\ * & * & * & * & * & * & -h_{12} Z_2 & 0 \\ * & * & * & * & * & * & * & -h_{12} Z_4 \end{bmatrix} < 0 \tag{9.57}$$

$$
\begin{bmatrix}
\Theta & \varGamma Y & \dfrac{h_1^2}{2}L & h_\delta H & h_1 N & h_1 \varUpsilon_1 & h_{12}M & h_{12}\varUpsilon_2 \\
* & -Y & 0 & 0 & 0 & 0 & 0 & 0 \\
* & * & -\dfrac{h_1^2}{2}R_1 & 0 & 0 & 0 & 0 & 0 \\
* & * & * & -h_\delta R_2 & 0 & 0 & 0 & 0 \\
* & * & * & * & -h_1 Z_1 & 0 & 0 & 0 \\
* & * & * & * & * & -h_1 Z_3 & 0 & 0 \\
* & * & * & * & * & * & -h_{12}Z_2 & 0 \\
* & * & * & * & * & * & * & -h_{12}Z_4
\end{bmatrix} < 0 \qquad (9.58)
$$

其中

$$
\Theta =
\begin{bmatrix}
\Theta_{11} & \Theta_{12} & \Theta_{13} & P_{11}B & \Theta_{15} & \Theta_{16} & P_{12} & P_{13} \\
* & \Theta_{22} & 0 & KW_2 & S_2 - N_2 & -M_2 & 0 & 0 \\
* & * & \Theta_{33} & \varLambda B & A^{\mathrm{T}}P_{12} & A^{\mathrm{T}}P_{13} & 0 & 0 \\
* & * & * & \Theta_{44} & B^{\mathrm{T}}P_{12} & B^{\mathrm{T}}P_{13} & 0 & 0 \\
* & * & * & * & \Theta_{55} & \Theta_{56} & P_{22} & P_{23} \\
* & * & * & * & * & \Theta_{66} & P_{23}^{\mathrm{T}} & P_{33} \\
* & * & * & * & * & * & Q_6 - Q_5 & 0 \\
* & * & * & * & * & * & * & -Q_6
\end{bmatrix}
$$

$$
\begin{aligned}
\Theta_{11} &= -P_{11}C - C^{\mathrm{T}}P_{11} + Q_3 + h_1 Z_3 + h_{12}Z_4 \\
&\quad + N_1 + N_1^{\mathrm{T}} + h_1 L_1 + h_1 L_1^{\mathrm{T}} + h_{12}H_1 + h_{12}H_1^{\mathrm{T}}
\end{aligned}
$$

$$
\Theta_{12} = N_2^{\mathrm{T}} + M_1 - S_1 + h_1 L_2^{\mathrm{T}} + h_{12}H_2^{\mathrm{T}}
$$

$$
\Theta_{13} = P_{11}A - C^{\mathrm{T}}\varLambda + KW_1
$$

$$
\Theta_{15} = -C^{\mathrm{T}}P_{12} - P_{14} + P_{15} + P_{24}^{\mathrm{T}} - N_1 + S_1
$$

$$
\Theta_{16} = -C^{\mathrm{T}}P_{13} - P_{15} + P_{34}^{\mathrm{T}} - M_1
$$

$$
\Theta_{22} = -S_2 - S_2^{\mathrm{T}} + M_2 + M_2^{\mathrm{T}}
$$

$$
\Theta_{33} = -2W_1 + \varLambda A + A^{\mathrm{T}}\varLambda^{\mathrm{T}}
$$

$$
\Theta_{44} = -2W_2
$$

$$
\Theta_{55} = -Q_3 + Q_1 + Q_4 - P_{24} - P_{24}^{\mathrm{T}} + P_{25} + P_{25}^{\mathrm{T}}
$$

$$
\Theta_{56} = -P_{25} - P_{34}^{\mathrm{T}} + P_{35}^{\mathrm{T}}
$$

$$
\Theta_{66} = -Q_4 - P_{35} - P_{35}^{\mathrm{T}}
$$

其余符号均与定理 9.3 定义相同。则对于任意满足式 (9.28) 的时滞，系统 (9.5) 渐近稳定。

9.3.4　数值实例

例 9.3　考虑如下时滞神经网络:

$$C = \mathrm{diag}\{1.2769,\ 0.6231,\ 0.9230,\ 0.4480\}$$

$$A = \begin{bmatrix} -0.0373 & 0.4852 & -0.3351 & 0.2336 \\ -1.6033 & 0.5988 & -0.3224 & 1.2352 \\ 0.3394 & -0.0860 & -0.3824 & -0.5785 \\ -0.1311 & 0.3253 & -0.9634 & -0.5015 \end{bmatrix}$$

$$B = \begin{bmatrix} 0.8674 & -1.2405 & -0.5325 & 0.0220 \\ 0.0474 & -0.9164 & 0.0360 & 0.9816 \\ 1.8495 & 2.6117 & -0.3788 & 0.8428 \\ -2.0413 & 0.5179 & 1.1734 & -0.2775 \end{bmatrix}$$

$$k_1 = 0.1137,\quad k_2 = 0.1279,\quad k_3 = 0.7994,\quad k_4 = 0.2368$$

假设 $\dot{\tau}(t) \leqslant \mu$。当 μ 与 h_1 取不同值时,计算能保证系统渐近稳定的最大时滞上界。与文献 [173]、[176] 和 [177] 的比较结果见表 9.3。当时滞变化率 μ 未知时的比较结果也列在表 9.3 中。从表 9.3 可以看出,由于定理 9.2 更充分地利用了时滞的下界信息,故比文献 [173]、[176] 和 [177] 中的结果具有更小的保守性。而定理 9.3 又引入了三重积分项,故定理 9.3 的保守性进一步地降低。

表 9.3　h_1 与 μ 取不同值时的最大时滞上界

h_1	方法	$\mu = 0.5$	$\mu = 0.9$	未知 μ
1	文献 [173]	2.5802	2.2736	2.2393
	文献 [176]	1.8832	1.7657	1.7651
	文献 [177]	2.2958	1.9512	1.9224
	定理 9.2	2.5848	2.3111	2.2770
	定理 9.3	2.6869	2.3924	2.3540
2	文献 [173]	2.7500	2.6468	2.6299
	文献 [176]	2.4340	2.4003	2.4001
	文献 [177]	2.5778	2.4849	2.4712
	定理 9.2	2.7716	2.6670	2.6504
	定理 9.3	2.8475	2.7375	2.7190
3	文献 [173]	3.1733	3.1155	3.1042
	文献 [176]	3.0956	3.0682	3.0671
	文献 [177]	3.1321	3.0872	3.0786
	定理 9.2	3.1772	3.1186	3.1072
	定理 9.3	3.2429	3.1827	3.1711

例 9.4　考虑如下时滞神经网络：

$$C = \begin{bmatrix} 1 & 0 \\ 0 & 1 \end{bmatrix}, \quad A = \begin{bmatrix} -1 & 0.5 \\ 0.5 & -1.5 \end{bmatrix}$$

$$B = \begin{bmatrix} -2 & 0.5 \\ 0.5 & -2 \end{bmatrix}, \quad k_1 = 0.4, \quad k_2 = 0.8$$

当 μ 与 h_1 取不同值时，计算能保证系统渐近稳定的最大时滞上界。仿真结果见表
9.4。从表中可以看出，本节提出的方法具有更小的保守性，也就是应用本节提出的
定理可以求得更大的时滞上界。

表 9.4　h_1 与 μ 取不同值时的最大时滞上界

h_1	方法	$\mu = 0.8$	$\mu = 0.9$	未知 μ
	文献 [173]	1.3566	1.1689	1.0263
	文献 [176]	0.8262	0.8215	0.8183
0.5	文献 [177]	1.1217	0.9984	0.9037
	定理 9.2	1.3599	1.1786	1.0391
	定理 9.3	1.3600	1.1786	1.0437
	文献 [173]	1.3856	1.2110	1.0803
	文献 [176]	0.9669	0.9625	0.9592
0.75	文献 [177]	1.2213	1.1021	1.0102
	定理 9.2	1.3990	1.2240	1.0885
	定理 9.3	1.3990	1.2241	1.0972
	文献 [173]	1.4578	1.2887	1.1641
	文献 [176]	1.1152	1.1108	1.1075
1	文献 [177]	1.3432	1.2238	1.1318
	定理 9.2	1.4692	1.2944	1.1656
	定理 9.3	1.4692	1.2948	1.1774

9.4　小　　结

　　本章考虑了一类时滞神经网络的稳定性问题。对于时滞变化率下界已知的情
况，通过构造一种全新的 Lyapunov 泛函，应用自由权矩阵方法，得到了保守性较
小的时滞变化率范围相关稳定性条件。对于时滞变化率下界信息未知的情形，通过
构造新的 Lyapunov 泛函，结合自由权矩阵方法和凸组合方法得到了保守性较小的
时滞范围相关稳定性判据。分别通过仿真实例验证了本章提出方法的正确性与有
效性。

第10章 一类非线性网络化系统的状态反馈与输出反馈控制

10.1 引　言

随着科学技术日新月异的发展，尤其是近年来计算机技术与网络技术的飞速发展与广泛应用，控制系统的结构也正在发生变化。一种新型的控制结构 —— 网络化控制系统正逐渐取代原有的具有点对点结构的控制系统，并在工业生产、国防等领域中发挥越来越大的作用。

引入通信网络在给控制系统带来诸多好处的同时也给系统的分析与设计带来了诸多不便与困难。其中一个突出的问题就是由于信号传输而带来的延时。一般来讲，延时会降低系统的控制性能甚至引起系统不稳定。此外，网络中不可避免地存在阻塞和连接中断的情形，所以又会导致数据包丢失或时序错乱，而这又必然会影响到系统的控制性能。受网络中数据包大小的限制，测量和控制信号的采样数据可能需要通过多个数据包传送；或者控制节点空间上的分散，也会要求同一时刻的数据通过多个数据包传送。多个数据包在传输中可能通过不同的路径，因而不能保证同时到达目标节点。这些都会对系统的控制性能和稳定性造成影响。正是由于这些问题的存在，一些传统控制技术均不再适用于网络化控制系统。这些新问题的出现也迫使我们必须提出与网络化控制系统特点相适应的新方法、新理论。

目前关于网络化控制系统的研究还多集中于线性系统，对于非线性网络化控制系统的研究还不多见。本章将研究一类具有非线性扰动的网络化系统的状态反馈与输出反馈控制问题。这类非线性系统最初由文献 [178] 提出，但它并没有考虑网络对控制系统的影响[179]。本章则考虑了网络对系统的影响，分别设计了系统的状态反馈控制器和输出反馈控制器。利用 Lyapunov-Krasovskii 泛函方法，建立了这两种控制器存在的条件，提出了求解控制器增益的方法。特别是提出了两种求解输出反馈控制器增益的方法。最后，通过两个仿真例子验证了本章所提出方法的正确性与有效性。

10.2 系　统　描　述

考虑如下的非线性被控对象：

$$\begin{cases} \dot{x}(t) = Ax(t) + f(x(t)) + Bu(t) \\ y(t) = Cx(t) \end{cases} \tag{10.1}$$

其中, $x(t) \in \mathbb{R}^n$, $u(t) \in \mathbb{R}^m$, $y(t) \in \mathbb{R}^p$ 分别是系统的状态向量、控制输入向量和系统输出向量; A、B、C 是适维系统矩阵; $f : \mathbb{R}^n \to \mathbb{R}^n$ 是系统的非线性扰动且满足 $f(0) = 0$ 与下面的等式

$$\frac{\mathrm{d}f(x(t))}{\mathrm{d}x(t)} = \hbar(x(t)) = DF(x(t))E \tag{10.2}$$

这里 D、E 是适维恒定矩阵, $F(x(t))$ 是范数有界矩阵且满足 $F^{\mathrm{T}}(x(t))F(x(t)) \leqslant I$。

注 10.1   式 (10.2) 所描述的非线性扰动不包含对其范数的近似条件。因此可以减少结果的保守性并使控制器、观测器的设计依赖于系统中真实出现的非线性扰动[178]。

假设 (A, B) 完全能控, (A, C) 完全能观, 通过网络对上述非线性系统进行反馈控制。假设网络延时 $\tau(t)$ 满足 $\tau_{\mathrm{m}} \leqslant \tau(t) \leqslant \tau_{\mathrm{M}}$。其中, $\tau_{\mathrm{m}} \geqslant 0$ 与 $\tau_{\mathrm{M}} > 0$ 分别代表网络延时的下界与上界。

本章主要解决以下两个问题:

(1) 如果系统 (10.1) 的所有状态可测, 设计状态反馈控制器 $u(t) = Kx(t - \tau(t))$ 使系统渐近稳定, 其中, K 是待求的控制器增益。

(2) 如果系统 (10.1) 的状态不完全可测, 设计输出反馈控制器

$$\begin{cases} \dot{\hat{x}}(t) = A\hat{x}(t) + f(\hat{x}(t)) + Bu(t) + L\left[y(t - \tau(t)) - C\hat{x}(t - \tau(t))\right] \\ u(t) = K\hat{x}(t) \end{cases} \tag{10.3}$$

使系统渐近稳定。其中, K 是待求的控制器增益, L 是待求的观测器增益。

注 10.2   由文献 [69] 和 [70] 可知, 网络延时 $\tau(t)$ 是分段连续的, 除了有限个时刻外延时变化率均为 1。

10.3 状态反馈控制器设计

将状态反馈控制器 $u(t) = Kx(t - \tau(t))$ 代入系统 (10.1), 得到闭环系统的状态方程为

$$\dot{x}(t) = Ax(t) + f(x(t)) + BKx(t - \tau(t)) \tag{10.4}$$

定义 $\tau_{\mathrm{av}} = (\tau_{\mathrm{m}} + \tau_{\mathrm{M}})/2$, $\tau_{\delta} = (\tau_{\mathrm{M}} - \tau_{\mathrm{m}})/2$, 对于闭环系统 (10.4) 有如下稳定性定理。

定理 10.1   给定控制器增益 K 和常量 τ_{m}、τ_{M}, 如果存在标量 $\varepsilon > 0$, 适维矩阵 $P > 0$, $Q > 0$, $Z_1 > 0$, $Z_2 > 0$, M, N, W, Y, R, S, T, 使线性矩阵不等式

(10.5) 成立：

$$
\begin{bmatrix}
X_{11} & X_{12} & 0 & P+R-A^{\mathrm{T}}T^{\mathrm{T}} & \tau_{\mathrm{M}}M^{\mathrm{T}} & 0 & -RD \\
* & X_{22} & X_{23} & S-K^{\mathrm{T}}B^{\mathrm{T}}T^{\mathrm{T}} & \tau_{\mathrm{M}}N^{\mathrm{T}} & \tau_{\delta}W^{\mathrm{T}} & -SD \\
* & * & X_{33} & 0 & 0 & \tau_{\delta}Y^{\mathrm{T}} & 0 \\
* & * & * & X_{44} & 0 & 0 & -TD \\
* & * & * & * & -\tau_{\mathrm{M}}Z_1 & 0 & 0 \\
* & * & * & * & * & -\tau_{\delta}Z_2 & 0 \\
* & * & * & * & * & * & -\varepsilon I
\end{bmatrix} < 0
\qquad (10.5)
$$

其中

$$
X_{11} = M + M^{\mathrm{T}} + Q - RA - A^{\mathrm{T}}R^{\mathrm{T}} + \varepsilon E^{\mathrm{T}}E
$$
$$
X_{12} = -M^{\mathrm{T}} + N - A^{\mathrm{T}}S^{\mathrm{T}} - RBK
$$
$$
X_{22} = -N - N^{\mathrm{T}} + W + W^{\mathrm{T}} - SBK - K^{\mathrm{T}}B^{\mathrm{T}}S^{\mathrm{T}}
$$
$$
X_{23} = -W^{\mathrm{T}} + Y
$$
$$
X_{33} = -Y - Y^{\mathrm{T}} - Q
$$
$$
X_{44} = T + T^{\mathrm{T}} + \tau_{\mathrm{M}}Z_1 + 2\tau_{\delta}Z_2
$$

则闭环系统 (10.4) 渐近稳定。

证明　将式 (10.2) 代入式 (10.4) 可得

$$
\dot{x}(t) = Ax(t) + \int_0^1 \hbar(s)\big|_{s=(1-\lambda)x(t)}x(t)\mathrm{d}\lambda + BKx(t-\tau(t))
$$
$$
= \left(A + \int_0^1 \hbar(s)\big|_{s=(1-\lambda)x(t)}\mathrm{d}\lambda\right)x(t) + BKx(t-\tau(t)) \qquad (10.6)
$$

选择如下的 Lyapunov-Krasovskii 泛函：

$$
V(x_t) = x^{\mathrm{T}}(t)Px(t) + \int_{t-\tau_{\mathrm{av}}}^{t} x^{\mathrm{T}}(s)Qx(s)\mathrm{d}s
$$
$$
+ \int_{-\tau_{\mathrm{M}}}^{0}\int_{t+\theta}^{t} \dot{x}^{\mathrm{T}}(s)Z_1\dot{x}(s)\mathrm{d}s\mathrm{d}\theta
$$
$$
+ \int_{-\tau_{\mathrm{M}}}^{-\tau_{\mathrm{m}}}\int_{t+\theta}^{t} \dot{x}^{\mathrm{T}}(s)Z_2\dot{x}(s)\mathrm{d}s\mathrm{d}\theta \qquad (10.7)
$$

对 $V(x_t)$ 求导数得

$$
\dot{V}(x_t) = 2x^{\mathrm{T}}(t)P\dot{x}(t) + x^{\mathrm{T}}(t)Qx(t) - x^{\mathrm{T}}(t-\tau_{\mathrm{av}})Qx(t-\tau_{\mathrm{av}})
$$
$$
+ \tau_{\mathrm{M}}\dot{x}^{\mathrm{T}}(t)Z_1\dot{x}(t) - \int_{t-\tau_{\mathrm{M}}}^{t} \dot{x}^{\mathrm{T}}(s)Z_1\dot{x}(s)\mathrm{d}s
$$

$$+ 2\tau_\delta \dot{x}^{\mathrm{T}}(t)Z_2\dot{x}(t) - \int_{t-\tau_{\mathrm{M}}}^{t-\tau_{\mathrm{m}}} \dot{x}^{\mathrm{T}}(s)Z_2\dot{x}(s)\mathrm{d}s$$

$$+ 2\left[x^{\mathrm{T}}(t)R + x^{\mathrm{T}}(t-\tau(t))S + \dot{x}^{\mathrm{T}}(t)T\right]$$

$$\times \left[\dot{x}(t) - Ax(t) - \int_0^1 \hbar(s)\big|_{s=(1-\lambda)x(t)}x(t)\mathrm{d}\lambda - BKx(t-\tau(t))\right] \tag{10.8}$$

由引理 2.4 得

$$-\int_{t-\tau_{\mathrm{M}}}^{t} \dot{x}^{\mathrm{T}}(s)Z_1\dot{x}(s)\mathrm{d}s \leqslant -\int_{t-\tau(t)}^{t} \dot{x}^{\mathrm{T}}(s)Z_1\dot{x}(s)\mathrm{d}s$$

$$\leqslant \phi^{\mathrm{T}}(t)\begin{bmatrix} M^{\mathrm{T}}+M & -M^{\mathrm{T}}+N \\ * & -N^{\mathrm{T}}-N \end{bmatrix}\phi(t)$$

$$+ \tau(t)\phi^{\mathrm{T}}(t)\begin{bmatrix} M^{\mathrm{T}} \\ N^{\mathrm{T}} \end{bmatrix}Z_1^{-1}[M\ N]\phi(t)$$

$$\leqslant \phi^{\mathrm{T}}(t)\begin{bmatrix} M^{\mathrm{T}}+M & -M^{\mathrm{T}}+N \\ * & -N^{\mathrm{T}}-N \end{bmatrix}\phi(t)$$

$$+ \tau_M\phi^{\mathrm{T}}(t)\begin{bmatrix} M^{\mathrm{T}} \\ N^{\mathrm{T}} \end{bmatrix}Z_1^{-1}[M\ N]\phi(t) \tag{10.9}$$

$$-\int_{t-\tau_{\mathrm{M}}}^{t-\tau_{\mathrm{m}}} \dot{x}^{\mathrm{T}}(s)Z_2\dot{x}(s)\mathrm{d}s$$

$$\leqslant \begin{cases} -\int_{t-\tau_{\mathrm{av}}}^{t-\tau(t)} \dot{x}^{\mathrm{T}}(s)Z_2\dot{x}(s)\mathrm{d}s, & \tau_{\mathrm{av}} \geqslant \tau(t) \\ -\int_{t-\tau(t)}^{t-\tau_{\mathrm{av}}} \dot{x}^{\mathrm{T}}(s)Z_2\dot{x}(s)\mathrm{d}s, & \tau_{\mathrm{av}} < \tau(t) \end{cases}$$

$$\leqslant \zeta^{\mathrm{T}}(t)\begin{bmatrix} W^{\mathrm{T}}+W & -W^{\mathrm{T}}+Y \\ * & -Y^{\mathrm{T}}-Y \end{bmatrix}\zeta(t)$$

$$+ (\tau_{\mathrm{av}}-\tau(t))\zeta^{\mathrm{T}}(t)\begin{bmatrix} W^{\mathrm{T}} \\ Y^{\mathrm{T}} \end{bmatrix}Z_2^{-1}[W\ Y]\zeta(t)$$

$$\leqslant \zeta^{\mathrm{T}}(t)\begin{bmatrix} W^{\mathrm{T}}+W & -W^{\mathrm{T}}+Y \\ * & -Y^{\mathrm{T}}-Y \end{bmatrix}\zeta(t)$$

$$+ \tau_\delta\zeta^{\mathrm{T}}(t)\begin{bmatrix} W^{\mathrm{T}} \\ Y^{\mathrm{T}} \end{bmatrix}Z_2^{-1}[W\ Y]\zeta(t) \tag{10.10}$$

其中, $\phi(t) = \begin{bmatrix} x(t) \\ x(t-\tau(t)) \end{bmatrix}$, $\zeta(t) = \begin{bmatrix} x(t-\tau(t)) \\ x(t-\tau_{\mathrm{av}}) \end{bmatrix}$。

由式 (10.8)～ 式 (10.10) 可以得到

$$\dot{V}(x_t) \leqslant \eta^{\mathrm{T}}(t) \Xi \eta(t) \tag{10.11}$$

其中

$$\eta^{\mathrm{T}}(t) = \begin{bmatrix} x^{\mathrm{T}}(t) & x^{\mathrm{T}}(t-\tau(t)) & x^{\mathrm{T}}(t-\tau_{\mathrm{av}}) & \dot{x}^{\mathrm{T}}(t) \end{bmatrix}$$

$$\Xi = \begin{bmatrix} \Xi_{11} & \Xi_{12} & 0 & P + R - \hat{A}^{\mathrm{T}}T^{\mathrm{T}} \\ * & \Xi_{22} & \Xi_{23} & S - K^{\mathrm{T}}B^{\mathrm{T}}T^{\mathrm{T}} \\ * & * & \Xi_{33} & 0 \\ * & * & * & T + T^{\mathrm{T}} + \tau_{\mathrm{M}}Z_1 + 2\tau_\delta Z_2 \end{bmatrix}$$

$$\hat{A} = A + \int_0^1 \hbar(s)\big|_{s=(1-\lambda)x(t)}\mathrm{d}\lambda$$

$$\Xi_{11} = M + M^{\mathrm{T}} + Q - R\hat{A} - \hat{A}^{\mathrm{T}}R^{\mathrm{T}} + \tau_{\mathrm{M}}M^{\mathrm{T}}Z_1^{-1}M$$

$$\Xi_{12} = -M^{\mathrm{T}} + N - RBK + \tau_{\mathrm{M}}M^{\mathrm{T}}Z_1^{-1}N - \hat{A}^{\mathrm{T}}S^{\mathrm{T}}$$

$$\Xi_{22} = -N - N^{\mathrm{T}} - SBK - K^{\mathrm{T}}B^{\mathrm{T}}S^{\mathrm{T}} + W + W^{\mathrm{T}}$$
$$\quad + \tau_{\mathrm{M}}N^{\mathrm{T}}Z_1^{-1}N + \tau_\delta W^{\mathrm{T}}Z_2^{-1}W$$

$$\Xi_{23} = -W^{\mathrm{T}} + Y + \tau_\delta W^{\mathrm{T}}Z_2^{-1}Y$$

$$\Xi_{33} = -Y - Y^{\mathrm{T}} - Q + \tau_\delta Y^{\mathrm{T}}Z_2^{-1}Y$$

可以看出

$$\Xi = \begin{bmatrix} \bar{\Xi}_{11} & \bar{\Xi}_{12} & 0 & P + R - A^{\mathrm{T}}T^{\mathrm{T}} \\ * & \bar{\Xi}_{22} & \Xi_{23} & S - K^{\mathrm{T}}B^{\mathrm{T}}T^{\mathrm{T}} \\ * & * & \Xi_{33} & 0 \\ * & * & * & T + T^{\mathrm{T}} + \tau_{\mathrm{M}}Z_1 + 2\tau_\delta Z_2 \end{bmatrix}$$
$$+ \begin{bmatrix} -D^{\mathrm{T}}R^{\mathrm{T}} & -D^{\mathrm{T}}S^{\mathrm{T}} & 0 & -D^{\mathrm{T}}T^{\mathrm{T}} \end{bmatrix}^{\mathrm{T}} \int_0^1 F(s)\big|_{s=(1-\lambda)x(t)}\,\mathrm{d}\lambda\begin{bmatrix} E & 0 & 0 & 0 \end{bmatrix}$$
$$+ \begin{bmatrix} E & 0 & 0 & 0 \end{bmatrix}^{\mathrm{T}} \int_0^1 F^{\mathrm{T}}(s)\big|_{s=(1-\lambda)x(t)}\,\mathrm{d}\lambda\begin{bmatrix} -D^{\mathrm{T}}R^{\mathrm{T}} & -D^{\mathrm{T}}S^{\mathrm{T}} & 0 & -D^{\mathrm{T}}T^{\mathrm{T}} \end{bmatrix}$$

其中，$\bar{\Xi}_{11} = M + M^{\mathrm{T}} + Q - RA - A^{\mathrm{T}}R^{\mathrm{T}} + \tau_{\mathrm{M}}M^{\mathrm{T}}Z_1^{-1}M$，$\bar{\Xi}_{12} = -M^{\mathrm{T}} + N - RBK - A^{\mathrm{T}}S^{\mathrm{T}} + \tau_{\mathrm{M}}M^{\mathrm{T}}Z_1^{-1}N$，$\bar{\Xi}_{22} = -N - N^{\mathrm{T}} - SBK - K^{\mathrm{T}}B^{\mathrm{T}}S^{\mathrm{T}} + W + W^{\mathrm{T}} + \tau_{\mathrm{M}}N^{\mathrm{T}}Z_1^{-1}N + \tau_\delta W^{\mathrm{T}}Z_2^{-1}W$。

对于任何 $\varepsilon > 0$ 有

$$\begin{bmatrix} -D^{\mathrm{T}}R^{\mathrm{T}} & -D^{\mathrm{T}}S^{\mathrm{T}} & 0 & -D^{\mathrm{T}}T^{\mathrm{T}} \end{bmatrix}^{\mathrm{T}} \int_0^1 F(s)\big|_{s=(1-\lambda)x(t)}\,\mathrm{d}\lambda\begin{bmatrix} E & 0 & 0 \end{bmatrix}$$

$$+\ [E\ \ 0\ \ 0\ \ 0]^{\mathrm{T}}\int_0^1 F^{\mathrm{T}}(s)\big|_{s=(1-\lambda)x(t)}\,\mathrm{d}\lambda\ [-D^{\mathrm{T}}R^{\mathrm{T}}\ \ -D^{\mathrm{T}}S^{\mathrm{T}}\ \ 0\ \ -D^{\mathrm{T}}T^{\mathrm{T}}]$$

$$\leqslant \frac{1}{\varepsilon}\ [-D^{\mathrm{T}}R^{\mathrm{T}}\ \ -D^{\mathrm{T}}S^{\mathrm{T}}\ \ 0\ \ -D^{\mathrm{T}}T^{\mathrm{T}}]^{\mathrm{T}}\ [-D^{\mathrm{T}}R^{\mathrm{T}}\ \ -D^{\mathrm{T}}S^{\mathrm{T}}\ \ 0\ \ -D^{\mathrm{T}}T^{\mathrm{T}}]$$

$$+\ \varepsilon\ [E\ \ 0\ \ 0\ \ 0]^{\mathrm{T}}\ [E\ \ 0\ \ 0\ \ 0]$$

由 Schur 补引理可知, 如果式 (10.5) 成立, 则 $\varXi < 0$, 即 $\dot{V}(t) < 0$。由 Lyapunov 稳定性理论可知系统 (10.4) 渐近稳定。　　　　　　　　　　　　　　　　　　□

在定理 10.1 的基础上, 给出求取状态反馈控制器增益 K 的方法。

定理 10.2　给定标量 λ_1、λ_2、τ_{m}、τ_{M}, 如果存在标量 $\delta > 0$, 适维矩阵 $\bar{P} > 0$, $\bar{Q} > 0$, $\bar{Z}_1 > 0$, $\bar{Z}_2 > 0$, $\bar{M}$, $\bar{N}$, $\bar{W}$, $\bar{Y}$, H, $\bar{K}$, 使线性矩阵不等式 (10.12) 成立:

$$\left.\begin{bmatrix} \varOmega_{11} & \varOmega_{12} & 0 & \varOmega_{14} & \tau_{\mathrm{M}}\bar{M}^{\mathrm{T}} & 0 & HE^{\mathrm{T}} \\ * & \varOmega_{22} & -\bar{W}^{\mathrm{T}}+\bar{Y} & \varOmega_{24} & \tau_{\mathrm{M}}\bar{N}^{\mathrm{T}} & \tau_\delta\bar{W}^{\mathrm{T}} & 0 \\ * & * & -\bar{Y}-\bar{Y}^{\mathrm{T}}-\bar{Q} & 0 & 0 & \tau_\delta\bar{Y}^{\mathrm{T}} & 0 \\ * & * & * & \varOmega_{44} & 0 & 0 & 0 \\ * & * & * & * & -\tau_{\mathrm{M}}\bar{Z}_1 & 0 & 0 \\ * & * & * & * & * & -\tau_\delta\bar{Z}_2 & 0 \\ * & * & * & * & * & * & -\delta I \end{bmatrix}\right\} < 0 \qquad (10.12)$$

其中

$$\varOmega_{11} = \bar{M} + \bar{M}^{\mathrm{T}} + \bar{Q} - AH^{\mathrm{T}} - HA^{\mathrm{T}} + \delta DD^{\mathrm{T}}$$

$$\varOmega_{12} = -\bar{M}^{\mathrm{T}} + \bar{N} - \lambda_1 HA^{\mathrm{T}} - B\bar{K} + \lambda_1\delta DD^{\mathrm{T}}$$

$$\varOmega_{14} = \bar{P} + H^{\mathrm{T}} - \lambda_2 HA^{\mathrm{T}} + \lambda_2\delta DD^{\mathrm{T}}$$

$$\varOmega_{22} = -\bar{N} - \bar{N}^{\mathrm{T}} + \bar{W} + \bar{W}^{\mathrm{T}} - \lambda_1 B\bar{K} - \lambda_1\bar{K}^{\mathrm{T}}B^{\mathrm{T}} + \delta\lambda_1^2 DD^{\mathrm{T}}$$

$$\varOmega_{24} = \lambda_1 H^{\mathrm{T}} - \lambda_2\bar{K}^{\mathrm{T}}B^{\mathrm{T}} + \lambda_1\lambda_2\delta DD^{\mathrm{T}}$$

$$\varOmega_{44} = \lambda_2 H + \lambda_2 H^{\mathrm{T}} + \tau_{\mathrm{M}}\bar{Z}_1 + 2\tau_\delta\bar{Z}_2 + \lambda_2^2\delta DD^{\mathrm{T}}$$

则闭环系统 (10.4) 渐近稳定且状态反馈控制器增益为 $K = \bar{K}H^{-\mathrm{T}}$。

证明　设 $S = \lambda_1 R$, $T = \lambda_2 R$。由式 (10.5) 的可行性可知 R 可逆, 故设 $H = R^{-1}$。在式 (10.5) 的两侧分别左乘、右乘 $\mathrm{diag}\{H,\ H,\ H,\ H,\ H,\ H,\ I\}$ 及其转置, 引入新变量 $\bar{M} = HMH^{\mathrm{T}}$, $\bar{N} = HNH^{\mathrm{T}}$, $\bar{W} = HWH^{\mathrm{T}}$, $\bar{Y} = HYH^{\mathrm{T}}$, $\bar{P} = HPH^{\mathrm{T}}$, $\bar{Q} = HQH^{\mathrm{T}}$, $\bar{Z}_1 = HZ_1H^{\mathrm{T}}$, $\bar{Z}_2 = HZ_2H^{\mathrm{T}}$, $\bar{K} = KH^{\mathrm{T}}$, $\delta = 1/\varepsilon$, 应用 Schur 补引理便可得到式 (10.12)。　　　　　　　　　　　　　　□

10.4　输出反馈控制器设计

当系统状态不完全可测时，状态反馈控制器不再适用。为此，本节将给出输出反馈控制器的设计方法。

由式 (10.1) 和式 (10.3) 可知，闭环系统的状态方程为

$$\dot{x}(t) = (A + BK)x(t) + \int_0^1 \hbar(s)\big|_{s=(1-\lambda)x(t)}x(t)\mathrm{d}\lambda - BKe(t) \tag{10.13}$$

定义估计误差向量 $e(t) = x(t) - \hat{x}(t)$，由式 (10.1) 式 (10.3) 可得

$$\dot{e}(t) = Ae(t) + \int_0^1 \hbar(s)\big|_{s=x(t)-\lambda e(t)}e(t)\mathrm{d}\lambda - LCe(t-\tau(t)) \tag{10.14}$$

定义增广向量 $z^{\mathrm{T}}(t) = \begin{bmatrix} x^{\mathrm{T}}(t) & e^{\mathrm{T}}(t) \end{bmatrix}$，由式 (10.13) 和式 (10.14) 可得

$$\dot{z}(t) = A_z z(t) + A_\mathrm{d} z(t - \tau(t)) \tag{10.15}$$

其中

$$A_\mathrm{z} = \begin{bmatrix} A + BK + \int_0^1 \hbar(s)\big|_{s=(1-\lambda)x(t)}\mathrm{d}\lambda & -BK \\ 0 & A + \int_0^1 \hbar(s)\big|_{s=x(t)-\lambda e(t)}\mathrm{d}\lambda \end{bmatrix}$$

$$\overset{\text{def}}{=\!=\!=} A_{\mathrm{zn}} + f(z(t))$$

$$A_{\mathrm{zn}} = \begin{bmatrix} A+BK & -BK \\ 0 & A \end{bmatrix}$$

$$f(z(t)) = \begin{bmatrix} \int_0^1 \hbar(s)\big|_{s=(1-\lambda)x(t)}\mathrm{d}\lambda & 0 \\ 0 & \int_0^1 \hbar(s)\big|_{s=x(t)-\lambda e(t)}\mathrm{d}\lambda \end{bmatrix}$$

$$\overset{\text{def}}{=\!=\!=} D_\mathrm{z} \int_0^1 F_\mathrm{z}(\lambda, t)\mathrm{d}\lambda\, E_\mathrm{z}$$

$$D_\mathrm{z} = \begin{bmatrix} D & 0 \\ 0 & D \end{bmatrix}, \quad E_\mathrm{z} = \begin{bmatrix} E & 0 \\ 0 & E \end{bmatrix}$$

$$A_\mathrm{d} = \begin{bmatrix} 0 & 0 \\ 0 & -LC \end{bmatrix}$$

$$\int_0^1 F_\mathrm{z}(\lambda, t)\mathrm{d}\lambda = \begin{bmatrix} \int_0^1 F(s)\big|_{s=(1-\lambda)x(t)}\mathrm{d}\lambda & 0 \\ 0 & \int_0^1 F(s)\big|_{s=x(t)-\lambda e(t)}\mathrm{d}\lambda \end{bmatrix}$$

下面的定理给出了闭环系统 (10.15) 渐近稳定的充分条件。

定理 10.3   给定控制器增益 K、观测器增益 L 以及常量 τ_{m}、τ_{M}，如果存在标量 $\varepsilon_1 > 0$，$\varepsilon_2 > 0$，适维矩阵 $P > 0$，$Q > 0$，$Z_1 > 0$，$Z_2 > 0$，M, N, W, Y, R, S, T，使线性矩阵不等式 (10.16) 成立：

$$
\begin{bmatrix}
\Sigma_{11} & \Sigma_{12} & 0 & P + R - A_{\mathrm{zn}}^{\mathrm{T}} T^{\mathrm{T}} & \tau_{\mathrm{M}} M^{\mathrm{T}} & 0 & RD_{\mathrm{z}} \\
* & \Sigma_{22} & -W^{\mathrm{T}} + Y & S - A_{\mathrm{d}}^{\mathrm{T}} T^{\mathrm{T}} & \tau_{\mathrm{M}} N^{\mathrm{T}} & \tau_\delta W^{\mathrm{T}} & SD_{\mathrm{z}} \\
* & * & -Y - Y^{\mathrm{T}} - Q & 0 & 0 & \tau_\delta Y^{\mathrm{T}} & 0 \\
* & * & * & \Sigma_{44} & 0 & 0 & TD_{\mathrm{z}} \\
* & * & * & * & -\tau_{\mathrm{M}} Z_1 & 0 & 0 \\
* & * & * & * & * & -\tau_\delta Z_2 & 0 \\
* & * & * & * & * & * & -E_{\mathrm{I}}
\end{bmatrix} < 0
$$

$$(10.16)$$

其中

$$\Sigma_{11} = M + M^{\mathrm{T}} + Q - RA_{\mathrm{zn}} - A_{\mathrm{zn}}^{\mathrm{T}} R^{\mathrm{T}} + E_{\mathrm{z}}^{\mathrm{T}} E_{\mathrm{I}} E_{\mathrm{z}}$$

$$\Sigma_{12} = -M^{\mathrm{T}} + N - A_{\mathrm{zn}}^{\mathrm{T}} S^{\mathrm{T}} - RA_{\mathrm{d}}$$

$$\Sigma_{22} = -N - N^{\mathrm{T}} + W + W^{\mathrm{T}} - SA_{\mathrm{d}} - A_{\mathrm{d}}^{\mathrm{T}} S^{\mathrm{T}}$$

$$\Sigma_{44} = T + T^{\mathrm{T}} + \tau_{\mathrm{M}} Z_1 + 2\tau_\delta Z_2$$

$$E_{\mathrm{I}} = \begin{bmatrix} \varepsilon_1 I & 0 \\ 0 & \varepsilon_2 I \end{bmatrix}$$

则闭环系统 (10.15) 渐近稳定。

证明   此证明与定理 10.1 的证明类似，故略去。   □

在定理 10.3 的基础上，本节给出两种计算控制器与观测器增益的方法，即下面的定理 10.4 和定理 10.5 及相应算法。

定理 10.4   给定常量 λ_1、λ_2、τ_{m}、τ_{M}，如果存在标量 $\varepsilon_1 > 0$，$\varepsilon_2 > 0$，适维矩阵 $\bar{P} > 0$，$\bar{Q} > 0$，$\bar{Z}_1 > 0$，$\bar{Z}_2 > 0$，$\bar{M}, \bar{N}, \bar{W}, \bar{Y}, R_1 = U \begin{bmatrix} R_{11} & 0 \\ 0 & R_{12} \end{bmatrix} U^{\mathrm{T}}, R_2, \bar{K}, \bar{L}$，使线性矩阵不等式 (10.17) 成立：

$$
\begin{bmatrix}
\Omega_{11} & \Omega_{12} & 0 & \Omega_{14} & \tau_{\mathrm{M}} M^{\mathrm{T}} & 0 & R_{\mathrm{D}} \\
* & \Omega_{22} & -W^{\mathrm{T}} + Y & \Omega_{24} & \tau_{\mathrm{M}} N^{\mathrm{T}} & \tau_\delta W^{\mathrm{T}} & \lambda_1 R_{\mathrm{D}} \\
* & * & -Y - Y^{\mathrm{T}} - Q & 0 & 0 & \tau_\delta Y^{\mathrm{T}} & 0 \\
* & * & * & \Omega_{44} & 0 & 0 & \lambda_2 R_{\mathrm{D}} \\
* & * & * & * & -\tau_{\mathrm{M}} Z_1 & 0 & 0 \\
* & * & * & * & * & -\tau_\delta Z_2 & 0 \\
* & * & * & * & * & * & -E_{\mathrm{I}}
\end{bmatrix} < 0 \quad (10.17)
$$

其中

$$R_{\mathrm{D}} = \begin{bmatrix} R_1 D & 0 \\ 0 & R_2 D \end{bmatrix}$$

$$\Omega_{11} = M + M^{\mathrm{T}} + Q + \begin{bmatrix} \varepsilon_1 E^{\mathrm{T}} E & 0 \\ 0 & \varepsilon_2 E^{\mathrm{T}} E \end{bmatrix}$$
$$- \begin{bmatrix} R_1 A + B\bar{K} + A^{\mathrm{T}} R_1^{\mathrm{T}} + \bar{K}^{\mathrm{T}} B^{\mathrm{T}} & -B\bar{K} \\ -\bar{K}^{\mathrm{T}} B^{\mathrm{T}} & R_2 A + A^{\mathrm{T}} R_2^{\mathrm{T}} \end{bmatrix}$$

$$\Omega_{12} = -M^{\mathrm{T}} + N - \begin{bmatrix} 0 & 0 \\ 0 & -\bar{L}C \end{bmatrix} - \lambda_1 \begin{bmatrix} A^{\mathrm{T}} R_1^{\mathrm{T}} + \bar{K}^{\mathrm{T}} B^{\mathrm{T}} & 0 \\ -\bar{K}^{\mathrm{T}} B^{\mathrm{T}} & A^{\mathrm{T}} R_2^{\mathrm{T}} \end{bmatrix}$$

$$\Omega_{14} = P + \begin{bmatrix} R_1 & 0 \\ 0 & R_2 \end{bmatrix} - \lambda_2 \begin{bmatrix} A^{\mathrm{T}} R_1^{\mathrm{T}} + \bar{K}^{\mathrm{T}} B^{\mathrm{T}} & 0 \\ -\bar{K}^{\mathrm{T}} B^{\mathrm{T}} & A^{\mathrm{T}} R_2^{\mathrm{T}} \end{bmatrix}$$

$$\Omega_{22} = -N - N^{\mathrm{T}} + W + W^{\mathrm{T}} - \lambda_1 \begin{bmatrix} 0 & 0 \\ 0 & -\bar{L}C - C^{\mathrm{T}} \bar{L}^{\mathrm{T}} \end{bmatrix}$$

$$\Omega_{24} = \lambda_1 \begin{bmatrix} R_1 & 0 \\ 0 & R_2 \end{bmatrix} - \lambda_2 \begin{bmatrix} 0 & 0 \\ 0 & -C^{\mathrm{T}} \bar{L}^{\mathrm{T}} \end{bmatrix}$$

$$\Omega_{44} = \tau_{\mathrm{M}} Z_1 + 2\tau_\delta Z_2 + \lambda_2 \begin{bmatrix} R_1 + R_1^{\mathrm{T}} & 0 \\ 0 & R_2 + R_2^{\mathrm{T}} \end{bmatrix}$$

则闭环系统 (10.15) 渐近稳定，控制器增益 $K = V\Sigma^{-1} R_{11}^{-1} \Sigma V^{\mathrm{T}} \bar{K}$，观测器增益 $L = R_2^{-1} \bar{L}$。其中，Σ、U 和 V 参见引理 2.4。

证明　设 $R = \begin{bmatrix} R_1 & 0 \\ 0 & R_2 \end{bmatrix}$，$S = \lambda_1 R$，$T = \lambda_2 R$，$\bar{L} = R_2 L$。由于

$$R_1 = U \begin{bmatrix} R_{11} & 0 \\ 0 & R_{12} \end{bmatrix} U^{\mathrm{T}}$$

由引理 2.4 可知，必存在一个矩阵 X 使 $R_1 B = BX$。将上面的变量代入式 (10.16)，经过简单的计算便可得到式 (10.17)。由 $R_1 B = BX$ 且 $B = U \begin{bmatrix} \Sigma \\ 0 \end{bmatrix} V^{\mathrm{T}}$ 可得

$$R_1 U \begin{bmatrix} \Sigma \\ 0 \end{bmatrix} V^{\mathrm{T}} = U \begin{bmatrix} \Sigma \\ 0 \end{bmatrix} V^{\mathrm{T}} X$$

即

$$U \begin{bmatrix} R_{11} & 0 \\ 0 & R_{12} \end{bmatrix} U^{\mathrm{T}} U \begin{bmatrix} \Sigma \\ 0 \end{bmatrix} V^{\mathrm{T}} = U \begin{bmatrix} \Sigma \\ 0 \end{bmatrix} V^{\mathrm{T}} X$$

从上式可得, $R_{11}\Sigma V^{\mathrm{T}}=\Sigma V^{\mathrm{T}}X$, 即 $X=V\Sigma^{-1}R_{11}\Sigma V^{\mathrm{T}}$, 可得 $K=V\Sigma^{-1}R_{11}^{-1}\Sigma V^{\mathrm{T}}\bar{K}$.

$\square$

注 10.3　为了将定理 10.3 中的条件变为线性矩阵不等式, R_1 被限制成特殊的结构, 这在一定程度上增加了定理 10.4 的保守性。但定理 10.4 的条件为严格的线性矩阵不等式, 所以可以很方便地应用 MATLAB 中的 LMI 工具箱进行求解。

为了进一步降低定理 10.4 的保守性, 下面提出另一种求解控制器与观测器增益的方法。首先将定理 10.3 变换为如下的定理。虽然该定理的条件仍然不是线性矩阵不等式, 但可以通过一种迭代方法进行求解。

定理 10.5　给定常量 λ_1、λ_2、τ_{m}、τ_{M}, 如果存在标量 $\delta_1>0$, $\delta_2>0$, 适维矩阵 $\bar{P}>0$, $\bar{Q}>0$, $\bar{Z}_1>0$, $\bar{Z}_2>0$, $\bar{M}$, $\bar{N}$, $\bar{W}$, $\bar{Y}$, H, K, R_2, $\bar{K}$, $\bar{L}$, 使不等式 (10.18) 成立:

$$\begin{bmatrix} \Omega_{11} & \Omega_{12} & 0 & \Omega_{14} & \tau_{\mathrm{M}}\bar{M}^{\mathrm{T}} & 0 & \Omega_{17} \\ * & \Omega_{22} & -\bar{W}^{\mathrm{T}}+\bar{Y} & \Omega_{24} & \tau_{\mathrm{M}}\bar{N}^{\mathrm{T}} & \tau_\delta\bar{W}^{\mathrm{T}} & \Omega_{27} \\ * & * & -\bar{Y}-\bar{Y}^{\mathrm{T}}-\bar{Q} & 0 & 0 & \tau_\delta\bar{Y}^{\mathrm{T}} & 0 \\ * & * & * & \Omega_{44} & 0 & 0 & \Omega_{47} \\ * & * & * & * & -\tau_{\mathrm{M}}\bar{Z}_1 & 0 & 0 \\ * & * & * & * & * & -\tau_\delta\bar{Z}_2 & 0 \\ * & * & * & * & * & * & -D_{\mathrm{I}} \end{bmatrix}<0 \quad (10.18)$$

其中

$$\Omega_{11}=\bar{M}+\bar{M}^{\mathrm{T}}+\bar{Q}+\begin{bmatrix} \delta_1 DD^{\mathrm{T}} & 0 \\ 0 & \delta_2 E^{\mathrm{T}}E \end{bmatrix}$$
$$-\begin{bmatrix} AH^{\mathrm{T}}+B\bar{K}+HA^{\mathrm{T}}+\bar{K}^{\mathrm{T}}B^{\mathrm{T}} & -BK \\ -K^{\mathrm{T}}B^{\mathrm{T}} & R_2A+A^{\mathrm{T}}R_2^{\mathrm{T}} \end{bmatrix}$$

$$\Omega_{12}=-\bar{M}^{\mathrm{T}}+\bar{N}-\begin{bmatrix} 0 & 0 \\ 0 & -\bar{L}C \end{bmatrix}-\lambda_1\begin{bmatrix} HA^{\mathrm{T}}+\bar{K}^{\mathrm{T}}B^{\mathrm{T}} & 0 \\ -K^{\mathrm{T}}B^{\mathrm{T}} & A^{\mathrm{T}}R_2^{\mathrm{T}} \end{bmatrix}$$
$$+\begin{bmatrix} \delta_1\lambda_1 DD^{\mathrm{T}} & 0 \\ 0 & 0 \end{bmatrix}$$

$$\Omega_{14}=\bar{P}+\begin{bmatrix} H^{\mathrm{T}} & 0 \\ 0 & R_2 \end{bmatrix}-\lambda_2\begin{bmatrix} HA^{\mathrm{T}}+\bar{K}^{\mathrm{T}}B^{\mathrm{T}} & 0 \\ -K^{\mathrm{T}}B^{\mathrm{T}} & A^{\mathrm{T}}R_2^{\mathrm{T}} \end{bmatrix}$$
$$+\begin{bmatrix} \delta_1\lambda_2 DD^{\mathrm{T}} & 0 \\ 0 & 0 \end{bmatrix}$$

$$\Omega_{22} = -\bar{N} - \bar{N}^{\mathrm{T}} + \bar{W} + \bar{W}^{\mathrm{T}} - \lambda_1 \begin{bmatrix} 0 & 0 \\ 0 & -\bar{L}C - C^{\mathrm{T}}\bar{L}^{\mathrm{T}} \end{bmatrix}$$
$$+ \begin{bmatrix} \delta_1 \lambda_1^2 DD^{\mathrm{T}} & 0 \\ 0 & 0 \end{bmatrix}$$

$$\Omega_{24} = \lambda_1 \begin{bmatrix} H^{\mathrm{T}} & 0 \\ 0 & R_2 \end{bmatrix} - \lambda_2 \begin{bmatrix} 0 & 0 \\ 0 & -C^{\mathrm{T}}\bar{L}^{\mathrm{T}} \end{bmatrix} + \begin{bmatrix} \delta_1 \lambda_1 \lambda_2 DD^{\mathrm{T}} & 0 \\ 0 & 0 \end{bmatrix}$$

$$\Omega_{44} = \tau_{\mathrm{M}} \bar{Z}_1 + 2\tau_\delta \bar{Z}_2 + \lambda_2 \begin{bmatrix} H + H^{\mathrm{T}} & 0 \\ 0 & R_2 + R_2^{\mathrm{T}} \end{bmatrix} + \begin{bmatrix} \delta_1 \lambda_2^2 DD^{\mathrm{T}} & 0 \\ 0 & 0 \end{bmatrix}$$

$$\Omega_{17} = \begin{bmatrix} HE^{\mathrm{T}} & 0 \\ 0 & R_2 D \end{bmatrix}$$

$$\Omega_{27} = \begin{bmatrix} 0 & 0 \\ 0 & \lambda_2 R_2 D \end{bmatrix}$$

$$D_{\mathrm{I}} = \begin{bmatrix} \delta_1 I & 0 \\ 0 & \delta_2 I \end{bmatrix}$$

则闭环系统 (10.15) 渐近稳定。

证明　设 $R = \begin{bmatrix} R_1 & 0 \\ 0 & R_2 \end{bmatrix}$，$S = \lambda_1 R$，$T = \lambda_2 R$，$H = R_1^{-1}$ 且 $\bar{H} = \begin{bmatrix} H & 0 \\ 0 & I \end{bmatrix}$。在式 (10.16) 的两侧分别左乘、右乘 $\mathrm{diag}\{\bar{H}, \bar{H}, \bar{H}, \bar{H}, \bar{H}, \bar{H}, I\}$ 及其转置，定义新的变量 $\bar{K} = KH^{\mathrm{T}}$，$\bar{L} = R_2 L$，$\bar{M} = \bar{H}M\bar{H}^{\mathrm{T}}$，$\bar{N} = \bar{H}N\bar{H}^{\mathrm{T}}$，$\bar{W} = \bar{H}W\bar{H}^{\mathrm{T}}$，$\bar{Y} = \bar{H}Y\bar{H}^{\mathrm{T}}$，$\bar{P} = \bar{H}P\bar{H}^{\mathrm{T}}$，$\bar{Q} = \bar{H}Q\bar{H}^{\mathrm{T}}$，$\bar{Z}_1 = \bar{H}Z_1\bar{H}^{\mathrm{T}}$，$\bar{Z}_2 = \bar{H}Z_2\bar{H}^{\mathrm{T}}$，$\delta_1 = 1/\varepsilon_1$，$\delta_2 = \varepsilon_2$，经过简单运算便可得到式 (10.18)。　　　　□

由于同时存在 KH^{T} 和 K，式 (10.18) 仍然不是线性矩阵不等式。但是式 (10.18) 可以应用下面的算法求得一个可行解。

算法 10.1

Step 1：选取 λ_1 与 λ_2，设置 K 的初始值为 K^0 且令 $i = 0$。

Step 2：将 $K = K^i$ 代入式 (10.18) 并利用 LMI 工具箱求出可行解，由 $K^* = \bar{K}H^{-\mathrm{T}}$ 计算出 K^*。

Step 3：计算 K^* 与 K^i 之间的距离 $d = \|K^i - K^*\|$。

Step 4：如果 d 小于一个预先设定的充分小的数 δ，则 K^* 即为所求的控制器增益。然后计算观测器增益 $L = R_2^{-1}\bar{L}$ 并退出迭代。

Step 5: 如果 $d > \delta$，则令 $i = i + 1$ 且 $K^i = K^*$，然后回到 Step 2。如果迭代次数超过预先设置的最大迭代次数，则退出。

注 10.4   与定理 10.4 相比，定理 10.5 中并没有限制 R_1 的形式，所以定理 10.5 要比定理 10.4 具有更小的保守性。

注 10.5   虽然我们不能证明上面算法的收敛性，但数值实验表明：在通常情况下，上面的算法只需要经过有限步迭代便可找到可行解。

10.5   数 值 实 例

例 10.1   考虑下面的非线性被控对象：

$$\begin{cases} \dot{x}(t) = Ax(t) + f(x(t)) + Bu(t) \\ y(t) = Cx(t) \end{cases}$$

其中

$$A = \begin{bmatrix} 0.5 & 2 \\ 0 & 0.1 \end{bmatrix}, \quad f(x(t)) = \begin{bmatrix} 0.2\sin(x_2(t)) \\ 0.5\sin(x_1(t)) \end{bmatrix}$$

$$B = \begin{bmatrix} 1 \\ 1 \end{bmatrix}, \quad C = [1 \quad 0]$$

假设网络延时满足 $0 \leqslant \tau(t) \leqslant 0.342$。

容易得到

$$\hbar(x(t)) = \frac{\mathrm{d}f(x(t))}{\mathrm{d}x(t)} = D \begin{bmatrix} \cos(x_1(t)) & 0 \\ 0 & \cos(x_2(t)) \end{bmatrix} E$$

其中

$$D = \begin{bmatrix} 0 & \sqrt{0.2} \\ \sqrt{0.5} & 0 \end{bmatrix}, \quad E = \begin{bmatrix} \sqrt{0.5} & 0 \\ 0 & \sqrt{0.2} \end{bmatrix}$$

考虑系统的状态反馈控制器。令 $\lambda_1 = 0.1$，$\lambda_2 = 1$，求解定理 10.2 可以得到 $K = [-0.9529 \quad -1.4325]$。假设系统初始条件为 $x(0) = [-5 \quad 10]^{\mathrm{T}}$，系统的状态响应曲线如图 10.1 所示。

考虑系统的输出反馈控制。首先，令 $\lambda_1 = 0.1$，$\lambda_2 = 1$，求解定理 10.4 可以得到

$$K = [-2.3899 \quad -2.8467], \quad L = \begin{bmatrix} 2.7938 \\ 0.7583 \end{bmatrix}$$

假设系统初始状态为 $x(0) = [-5 \quad 10]^{\mathrm{T}}$，$\hat{x}(0) = [0 \quad 0]^{\mathrm{T}}$，系统的状态响应曲线如图 10.2 所示。

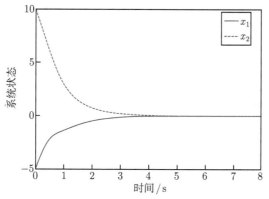

图 10.1 状态反馈控制响应曲线

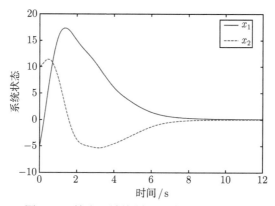

图 10.2 输出反馈控制响应曲线 (定理 10.4)

其次,利用定理 10.5 及相应的迭代算法求解输出反馈控制器,令 $\lambda_1 = 0.1$, $\lambda_2 = 1$, $K^0 = [0 \ 0]$, $\delta = 10^{-6}$,仅经过三次迭代便可得到一组可行解:

$$K = [-1.5019 \ \ -2.0500], \qquad L = \left[\begin{array}{c} 2.7935 \\ 0.7578 \end{array} \right]$$

在相同初始条件下,系统的状态响应曲线如图 10.3 所示。

例 10.2 考虑如下的机器人系统[180]:

$$\left\{ \begin{array}{l} \dot{x}(t) = Ax(t) + f(x(t)) + Bu(t) \\ y(t) = Cx(t) \end{array} \right.$$

其中

$$A = \left[\begin{array}{cccc} 0 & 1 & 0 & 0 \\ -48.6 & -1.25 & 48.6 & 0 \\ 0 & 0 & 0 & 1 \\ 19.5 & 0 & -19.5 & 0 \end{array} \right], \qquad B = \left[\begin{array}{c} 0 \\ 21.6 \\ 0 \\ 0 \end{array} \right]$$

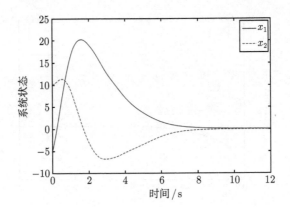

图 10.3 输出反馈控制响应曲线 (定理 10.5)

$$f(x(t)) = \begin{bmatrix} 0 \\ 0 \\ 0 \\ -3.33\sin(x_3(t)) \end{bmatrix}, \quad C = \begin{bmatrix} 1 & 0 & 0 & 0 \\ 0 & 1 & 0 & 0 \end{bmatrix}$$

假设网络延时满足 $0 \leqslant \tau(t) \leqslant 0.264$。

容易得到

$$\hbar(x(t)) = \frac{\mathrm{d}f(x(t))}{\mathrm{d}x(t)} = D \begin{bmatrix} 0 & 0 & 0 & 0 \\ 0 & 0 & 0 & 0 \\ 0 & 0 & \cos(x_3(t)) & 0 \\ 0 & 0 & 0 & 0 \end{bmatrix} E$$

其中

$$D = \begin{bmatrix} 0 & 0 & 0 & 0 \\ 0 & 0 & 0 & 0 \\ 0 & 0 & 0 & 0 \\ 0 & 0 & \sqrt{3.33} & 0 \end{bmatrix}, \quad E = \begin{bmatrix} 0 & 0 & 0 & 0 \\ 0 & 0 & 0 & 0 \\ 0 & 0 & -\sqrt{3.33} & 0 \\ 0 & 0 & 0 & 0 \end{bmatrix}$$

考虑系统的状态反馈控制。令 $\lambda_1 = 0.01$，$\lambda_2 = 0.5$，求解定理 10.2 可以得到 $K = [-0.2962 \ -0.1380 \ -0.3800 \ -0.3344]$。假设系统初始状态为 $x(0) = [0 \ 1 \ 0 \ -1]^{\mathrm{T}}$，系统的状态响应曲线如图 10.4 所示。

考虑系统的输出反馈控制。可以发现：当用定理 10.4 求解控制器增益时，并不能找到可行解。应用定理 10.5 且令 $\lambda_1 = 0.01$，$\lambda_2 = 0.5$，$K^0 = [0 \ 0 \ 0 \ 0]$，$\delta = 10^{-6}$，仅经过四次迭代便可得到一组可行解：

$$K = [0.4950 \quad -0.3869 \quad -0.9431 \quad 0.0296]\,, \qquad L = \begin{bmatrix} 3.6418 & 0.1183 \\ 0.0483 & 0.0084 \\ 3.1660 & 0.1031 \\ 2.7410 & 0.0902 \end{bmatrix}$$

假设系统初始状态为 $x(0) = [0 \ \ 1 \ \ 0 \ \ -1]^{\mathrm{T}}$，$\hat{x}(0) = [0 \ \ 0 \ \ 0 \ \ 0]^{\mathrm{T}}$，系统的状态响应曲线如图 10.5 所示。通过这个例子我们可以看出：定理 10.5 及其相应的迭代算法比定理 10.4 具有更小的保守性。

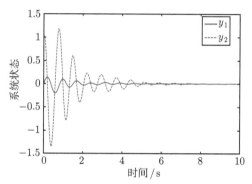

图 10.4　状态反馈控制响应曲线

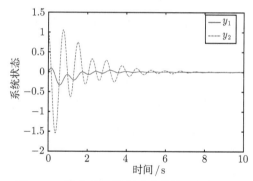

图 10.5　输出反馈控制响应曲线 (定理 10.5)

10.6　小　　结

本章考虑了一类具有非线性扰动的网络化系统的状态反馈和输出反馈控制问题。通过构造 Lyapunov-Krasovskii 泛函，应用积分不等式方法，建立了这两种控制器存在的充分性条件。在此基础上提出了一种计算状态反馈控制器增益的方法和两种计算输出反馈控制器增益的方法。两个仿真实例验证了本章提出方法的正确性和有效性。

第11章　网络化预测控制系统的设计与分析

11.1　引　　言

近年来，网络化控制系统的分析与综合问题得到了广泛了关注。为了克服网络化控制系统中存在的网络延时、丢包等问题，研究人员提出了许多方法。例如，随机最优控制、混杂系统方法、时滞系统方法、跳变系统方法、鲁棒控制、各种先进控制策略等。

Ray 等[181, 182] 建立了网络化控制系统的离散增广模型，并在此模型的基础上展开了一系列的研究工作。Nilsson 等[61, 67] 研究了网络延时小于一个采样周期时系统随机最优控制器设计以及状态最优估计问题，指出分离定理依然成立。朱其新[183] 则将 Nilsson 的方法推广到网络延时大于一个采样周期的情形。Zhang[184] 将网络化控制系统建模成混杂系统，用混杂系统的方法分析了系统的稳定性。Zhivoglyadov 与 Middleton[185] 研究了不确定网络化控制系统切换控制器的设计问题，给出了在近乎完美传输、基于数据包传输、周期性传输和随机传输情况下，观测器与控制器的设计方法。Lin 等[186] 在综合考虑网络延时和数据包丢失的基础上，将网络化控制系统建模成离散切换系统，在此基础上分析了系统的稳定性及 H_∞ 干扰衰减特性。Zhang 等[153] 也将网络化控制系统建模成切换系统，应用平均驻留时间方法建立了丢包率与系统稳定性的联系，并设计了输出反馈控制器。Li 等[187] 将网络化控制系统建模成离散切换系统，并应用分布估计算法 (EDA) 确定最优控制器增益。网络延时是对网络化控制系统影响最大的因素之一，因此将网络化控制系统看成一种特殊的时滞系统是合理的。Yue 等[69, 70] 在综合考虑网络延时与数据包丢失的基础上，应用连续时滞系统模型设计网络化系统的状态反馈控制器以及 H_∞ 控制器。利用该方法得到的最大允许延时具有较小的保守性。Lam 等[188] 提出了一种新的网络化控制系统模型，将传感器到控制器的延时和控制器到执行器的延时看做是两个可加的延时组成部分。Gao 等[189] 提出了一种新的延时刻画方法，这种方法充分考虑了不同数值的延时的出现概率，建立了系统随机稳定的充分性条件。假设网络延时服从 Markov 链，Xiao 等[68] 将网络化控制系统建模成一个 Markov 跳变系统，根据已有的 Markov 跳变系统的稳定性条件，运用 V-K 迭代的方法设计了切换型和非切换型控制器。鉴于文献 [68] 只考虑了传感器到控制器的延时，Zhang 等[190] 将传感器到控制器以及控制器到执行器的延时建模成两个模式的 Markov 链。假设当前采样周期的传感器到控制器的延时和上一个采样周期的控制器到执行器的延时可知, 给出了控制器存在的充要条件。由于上一个采样周期的控制器到执行器的延时在一般情况下不容易得到, 文献 [191] 又将上述方法进行了推广, 使得系统稳定性不再依赖于上一个采样周期的控制器到执行器的延时。Montestruque 与 Antsaklis[192] 提出了一种基于模型的网络化控制方法。应用模型状态计算控制量, 然后定期地用被控对象的真实状态值更新模型的状态, 从而降低网络中的信息流量。Georgiev 与 Tilbury[193] 提出了一种基于数据包的网络化控制方法。将传感器多次采样的数据封装在一个数据包内发送到控制器端, 并利用这些数据来计算控制量。这种情况下的网络化控制问题可以应用多速率采样控制的相关理论求解。Jiang 等[194] 用 T-S 模糊模型来近似非线性网络化系统, 给出了镇定控制器的设计方法。

　　上述的控制方法大多没有考虑如何主动补偿网络延时以及数据丢失对系统的影响, 更多地是出于保证系统稳定性的考虑, 而忽略了系统所能达到的控制效果。为此, 本章应用网络化预测控制方法主动补偿网络延时及数据丢失对系统的不利影响。应用时滞系统和切换系统的理论分析闭环系统的稳定性。最后通过仿真与实验验证本章提出算法的有效性。

11.2　网络化预测控制系统设计

　　网络延时及丢包会对控制系统的性能产生不良影响。如何补偿网络延时及丢包给系统带来的不良影响, 是设计网络化控制系统应该考虑的主要问题之一。最近, 刘国平教授提出了一种网络化预测控制方法[195~199], 如图 11.1 所示。这种方法充分考虑了网络环境中数据是以包的形式传输的特点, 可以有效地补偿网络延时及丢包对系统的影响。网络化预测控制器主要由两部分组成: 预测控制序列发生器和网络延时补偿器。其中, 预测控制序列发生器主要用于产生未来的控制量, 网络延时补偿器用于补偿网络延时及数据丢包。

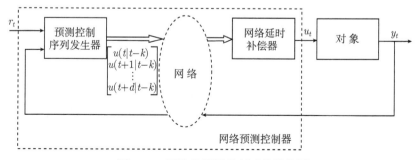

图 11.1　网络化预测控制系统结构图

为了简单起见, 本节作如下假设:

(1) 控制器节点到执行器节点 (前向通道) 的网络延时 τ_{ca} 有界且满足 $n_0 \leqslant \tau_{\mathrm{ca}} \leqslant n_f$;

(2) 传感器节点到控制器节点 (反向通道) 的网络延时 τ_{sc} 有界且满足 $n_1 \leqslant \tau_{\mathrm{sc}} \leqslant n_b$;

(3) 前向通道及反向通道的连续丢包数均满足 $n_2 \leqslant n_d$;

(4) 网络中传输的数据均带有时间戳;

(5) 网络中各个节点时钟同步。

考虑如下的离散被控对象:

$$\begin{cases} x_{k+1} = Ax_k + Bu_k \\ y_k = Cx_k \end{cases} \tag{11.1}$$

其中, $x_k \in \mathbb{R}^n$ 为状态变量; $u_k \in \mathbb{R}^m$ 为控制输入; $y_k \in \mathbb{R}^p$ 为输出变量; $A \in \mathbb{R}^{n \times n}$, $B \in \mathbb{R}^{n \times m}$, $C \in \mathbb{R}^{p \times n}$ 为适维系统矩阵。

令前向通道的延时为 j, 反向通道的延时为 l。同时, 令 $d_1 = n_f + n_d$, $d_2 = n_b + n_d$, $d = d_1 + d_2$, $h = n_0 + n_1$。由前面的假设可知 $j \in \{n_0, n_0 + 1, \cdots, d_1\}$, $l \in \{n_1, n_1 + 1, \cdots, d_2\}$。

假设系统的状态不完全可测, 为了获得系统的状态, 设计如下的状态观测器:

$$\begin{cases} x_{k-l+1|k-l} = Ax_{k-l|k-l-1} + Bu_{k-l|k-l-1} + L(y_{k-l} - y_{k-l|k-l-1}) \\ y_{k-l|k-l-1} = Cx_{k-l|k-l-1} \end{cases} \tag{11.2}$$

其中, $x_{k-i|k-l}$ $(i < l)$ 表示由 $k - l$ 时刻的系统信息计算得到的 $k - i$ 时刻的系统状态的估计值, $y_{k-l|k-l-1}$ 为观测器的输出。观测器增益 L 可由标准的观测器设计方法得到。

由于存在网络延时, 系统的输出 y 会存在 l 步延时。虽然上面的观测器已经作出了一步预测, 得到了 $k - l + 1$ 时刻系统的状态, 但 $k - l + 2$, $k - l + 3$, $\cdots$, $k + d_1$ 时刻的系统状态信息仍然未知。为此, 采取如下的预测策略:

$$x_{k-l+i|k-l} = Ax_{k-l+i-1|k-l} + Bu_{k-l+i-1|k-l} \tag{11.3}$$

其中, $i = 2, 3, \cdots, l + d_1$。

由式 (11.2) 和式 (11.3) 可以估计得到系统当前及未来的状态信息, 利用这些信息可以设计合适的控制器使系统具有良好的控制性能。为了更好地说明网络化预测控制方法, 采取如下简单的基于状态观测器的反馈控制策略:

$$u_{k-l+i|k-l} = Kx_{k-l+i|k-l} \tag{11.4}$$

其中, $i = 1, 2, \cdots, l + d_1$。

在当前时刻 k，控制器节点无法知道未来前向通道的网络延时及丢包。由假设 1 与假设 3 可知，系统前向通道延时及连续丢包数存在一个上界 d_1。因此可以利用式 (11.4) 在控制器端计算得到一系列的预测控制序列 $[U_{k|k-l} \quad U_{k+1|k-l} \quad \cdots \quad U_{k+d_1|k-l}]$。将这些预测控制序列封装在一个数据包内发送到执行器端。这个数据包内包含了延时及丢包所有可能情况的控制量。如果网络延时的下界 n_0 可以得到，那么数据包内封装的控制序列为 $[U_{k+n_0|k-l} \quad U_{k+1|k-l} \quad \cdots \quad U_{k+d_1|k-l}]$。执行器节点接收到此数据包后，根据数据包实际的网络延时从该数据包中挑选合适的控制量执行，从而实现了对网络延时及丢包的补偿。实验表明，这种方法对于补偿网络延时及丢包具有良好的效果。

为了克服传感器节点到控制器节点可能存在的丢包，假设传感器节点在 k 时刻向控制器节点发送如下的数据包：$[y_k \quad y_{k-1} \quad \cdots \quad y_{k-n_d}]$。此数据包中包含了当前时刻的系统输出，也包含了系统前 n_d 个时刻的输出。由于假设系统的连续丢包数小于 n_d，因此上述策略可以保证所有时刻的系统输出 y 均可到达控制器节点。

为了克服数据时序错乱给系统带来的不利影响，在执行器节点设置一个寄存器用来存储最新的数据。如果执行器节点接收到的数据比存储在寄存器中的数据"旧"，则抛弃新接收到的数据，否则替换寄存器中的数据。通过这样的比较，寄存器中的数据时刻保持是最新的数据。

11.3　稳定性分析

稳定性分析是系统控制器设计中非常重要的组成部分。本节将分析闭环网络化预测控制系统的稳定性。

记 $\tau = l + j$ 为时变的网络环路延时，由式 (11.2) 与式 (11.4) 可得

$$
\begin{aligned}
x_{k-\tau+1|k-\tau} &= Ax_{k-\tau|k-\tau-1} + Bu_{k-\tau|k-\tau-1} + L(y_{k-\tau} - y_{k-\tau|k-\tau-1}) \\
&= Ax_{k-\tau|k-\tau-1} + BKx_{k-\tau|k-\tau-1} + L(Cx_{k-\tau} - Cx_{k-\tau|k-\tau-1}) \\
&= (A + BK - LC)x_{k-\tau|k-\tau-1} + LCx_{k-\tau}
\end{aligned} \tag{11.5}
$$

易见，系统 (11.5) 等价于

$$
x_{k+1|k} = (A + BK - LC)x_{k|k-1} + LCx_k \tag{11.6}
$$

由式 (11.2)～式 (11.4) 可得

$$
\begin{aligned}
x_{k-\tau+i|k-\tau} &= Ax_{k-\tau+i-1|k-\tau} + BKx_{k-\tau+i-1|k-\tau} \\
&= (A + BK)^{i-1}(A + BK - LC)x_{k-\tau|k-\tau-1} \\
&\quad + (A + BK)^{i-1}LCx_{k-\tau}
\end{aligned} \tag{11.7}
$$

式 (11.4) 可改写为

$$
\begin{aligned}
u_k &= Kx_{k|k-\tau} \\
&= K(A+BK)^{\tau-1}(A+BK-LC)x_{k-\tau|k-\tau-1} \\
&\quad + K(A+BK)^{\tau-1}LCx_{k-\tau}
\end{aligned}
\tag{11.8}
$$

将式 (11.8) 代入被控制对象 (11.1) 可得

$$
\begin{aligned}
x_{k+1} &= Ax_k + Bu_k \\
&= Ax_k + BK(A+BK)^{\tau-1}LCx_{k-\tau} \\
&\quad + BK(A+BK)^{\tau-1}(A+BK-LC)x_{k-\tau|k-\tau-1}
\end{aligned}
\tag{11.9}
$$

令

$$
\begin{aligned}
M_1^\tau &= BK(A+BK)^{\tau-1}LC \\
M_2^\tau &= BK(A+BK)^{\tau-1}(A+BK-LC) \\
M_3 &= LC \\
M_4 &= A+BK-LC
\end{aligned}
$$

设 $X_k^{\mathrm{T}} = \begin{bmatrix} x_k^{\mathrm{T}} & x_{k-1}^{\mathrm{T}} \cdots x_{k-d}^{\mathrm{T}} & x_{k|k-1}^{\mathrm{T}} & x_{k-1|k-2}^{\mathrm{T}} \cdots x_{k-d|k-d-1}^{\mathrm{T}} \end{bmatrix}$，由式 (11.6) 及式 (11.9) 可得网络化预测控制系统的闭环方程为

$$
X_{k+1} = A(\tau)X_k
\tag{11.10}
$$

其中

$$
A(\tau) = \begin{bmatrix} A(\tau)_1 & A(\tau)_2 \\ A(\tau)_3 & A(\tau)_4 \end{bmatrix}
$$

且

$$
A(\tau)_1 = \begin{bmatrix} A & 0 & \cdots & 0 & M_1^\tau & 0 & \cdots & 0 \\ & & & & & & & 0 \\ & & I_{nd \times nd} & & & & & \vdots \\ & & & & & & & 0 \end{bmatrix}
$$

$$
A(\tau)_2 = \begin{bmatrix} 0 & \cdots & M_2^\tau & 0 & & \cdots & 0 \\ & & & 0_{nd \times n(d+1)} & & & \end{bmatrix}
$$

$$A(\tau)_3 = \begin{bmatrix} M_3 & 0 & \cdots & 0 \\ & & & \\ & 0_{nd \times n(d+1)} & & \\ & & & \end{bmatrix}$$

$$A(\tau)_4 = \begin{bmatrix} M_4 & 0 & \cdots & 0 \\ & & & 0 \\ & I_{nd \times nd} & & \vdots \\ & & & 0 \end{bmatrix}$$

若网络延时 τ 为恒定值,则 $A(\tau)$ 为恒定矩阵,此时系统 (11.10) 渐近稳定的充分必要条件为: $A(\tau)$ 的所有特征根均在单位圆内。

一般情况下,网络延时 τ 均是时变的。由于 $h \leqslant \tau \leqslant d$,系统 (11.10) 可看成具有 $d - h + 1$ 个子系统的切换系统。因此,可以应用切换系统的相关理论分析网络化预测控制系统的稳定性。有如下稳定性定理。

定理 11.1　如果存在适维矩阵 $P_i > 0$, $i \in \mathcal{I}$, $\mathcal{I} = \{1, 2, \cdots, d-h+1\}$,使线性矩阵不等式 (11.11) 对于所有 $(i, j) \in \mathcal{L}$, $\mathcal{L} = \{(i, j) | i \in \mathcal{I}, j \in \mathcal{I}, j \leqslant i+1\}$ 成立:

$$\begin{bmatrix} -P_i & A(i)^{\mathrm{T}} P_j \\ P_j A(i) & -P_j \end{bmatrix} < 0 \tag{11.11}$$

则网络化预测控制系统渐近稳定。

证明　按照文献 [152] 的方法,可以得到网络化预测控制系统渐近稳定的条件

$$\begin{bmatrix} -P_i & A(i)^{\mathrm{T}} P_j \\ P_j A(i) & -P_j \end{bmatrix} < 0, \quad \forall (i, j) \in \mathcal{I} \times \mathcal{I}$$

上面的稳定性条件是在切换系统中的各个子系统可以任意切换的假设条件下得到的。在网络化预测控制系统中,执行器节点寄存器中保存的是一系列的预测序列,如 $[U_{k+n_0|k-l} \ U_{k+1|k-l} \cdots U_{k+d_1|k-l}]$。如果当前时刻的网络环路延时为 χ,则执行器节点选取控制量 $U_{k-l+\chi|k-l}$ 执行。如果下一采样周期寄存器中的预测序列没有更新,则执行器选取控制量 $U_{k-l+\chi+1|k-l}$ 执行。可见,网络延时在每个采样周期至多增加 1 步,也就是说,如果当前时刻的网络延时为 i,则下一个采样周期的网络延时最多为 $i+1$。因此,各个子系统之间不再是任意切换,应满足 $j \leqslant i+1$,其中, i 为系统当前模式, j 为系统下一个采样周期的模式。　　□

应用切换 Lyapunov 函数方法,得到了如定理 11.1 所示的闭环网络化预测控制系统的稳定性条件。下面将从切换时滞系统的角度分析闭环网络化预测控制系统的稳定性。

定义 $Z_k^{\mathrm{T}} = \begin{bmatrix} x_k^{\mathrm{T}} & x_{k|k-1}^{\mathrm{T}} \end{bmatrix}$，由式 (11.6) 及式 (11.9) 可得网络化预测控制系统的闭环方程为

$$Z_{k+1} = \mathcal{A}Z_k + B_\tau Z_{k-\tau} \tag{11.12}$$

其中

$$\mathcal{A} = \begin{bmatrix} A & 0 \\ M_3 & M_4 \end{bmatrix}, \quad B_\tau = \begin{bmatrix} M_1^\tau & M_2^\tau \\ 0 & 0 \end{bmatrix}$$

由于 $h \leqslant \tau \leqslant d$，系统 (11.12) 可以看成如下的切换时滞系统：

$$Z_{k+1} = \mathcal{A}Z_k + B_{\sigma_k} Z_{k-\tau_{\sigma_k}} \tag{11.13}$$

其中，$\sigma_k \in \mathcal{I}$ 为切换模式，$\tau_{\sigma_k} = h + \sigma_k - 1$ 为与切换模式相关的时滞。

因此，对于网络化预测控制系统有如下稳定性定理。

定理 11.2　如果存在适维矩阵 $P_i > 0$, $Q_i > 0$, $R_i > 0$, $i \in \mathcal{I}$，使矩阵不等式 (11.14) 对于所有 $(i, j) \in \mathcal{L}$, $\mathcal{L} = \{(i, j)|i \in \mathcal{I}, j \in \mathcal{I}, j \leqslant i+1\}$ 成立：

$$\begin{bmatrix} \varXi_{11} & \varXi_{12} \\ * & \varXi_{22} \end{bmatrix} + \varUpsilon_i^{\mathrm{T}} P_j \varUpsilon_i + \varPsi_i^{\mathrm{T}} \sum_{i=1}^{d-h+1} (i+h-1)R_i \ \varPsi_i < 0 \tag{11.14}$$

其中

$$\varXi_{11} = -P_i + \sum_{i=1}^{d-h+1} Q_i - \sum_{i=1}^{d-h+1} \frac{1}{i+h-1} R_i$$

$$\varXi_{12} = \begin{bmatrix} \dfrac{1}{h}R_1 & \dfrac{1}{h+1}R_2 & \dfrac{1}{h+2}R_3 & \cdots & \dfrac{1}{d}R_{d-h+1} \end{bmatrix}$$

$$\varXi_{22} = \mathrm{diag}\left\{ -Q_1 - \frac{1}{h}R_1, \ -Q_2 - \frac{1}{h+1}R_2, \cdots, \ -Q_{d-h+1} - \frac{1}{d}R_{d-h+1} \right\}$$

$$\varUpsilon_i = \begin{bmatrix} \mathcal{A} & \overbrace{0\cdots0}^{i-1} & B_i & 0 & \cdots & 0 \end{bmatrix}$$

$$\varPsi_i = \begin{bmatrix} \mathcal{A} - I & \overbrace{0\cdots0}^{i-1} & B_i & 0 & \cdots & 0 \end{bmatrix}$$

则网络化预测控制系统渐近稳定。

证明　构造如下切换 Lyapunov 函数：

$$V_k = Z_k^{\mathrm{T}} P_{\sigma_k} Z_k + \sum_{i=1}^{d-h+1} \sum_{j=k-h+1-i}^{k-1} Z_j^{\mathrm{T}} Q_i Z_j$$

$$+ \sum_{i=1}^{d-h+1} \sum_{j=-h+1-i}^{-1} \sum_{m=k+j}^{k-1} \eta_m^{\mathrm{T}} R_i \eta_m \tag{11.15}$$

其中, $\eta_i = Z_{i+1} - Z_i$。

可得

$$
\begin{aligned}
\Delta V = {} & Z_{k+1}^{\mathrm{T}} P_j Z_{k+1} - Z_k^{\mathrm{T}} P_i Z_k + \sum_{i=1}^{d-h+1} Z_k^{\mathrm{T}} Q_i Z_k \\
& - \sum_{i=k-d}^{k-h} Z_i^{\mathrm{T}} Q_{k-i-h+1} Z_i + \sum_{i=1}^{d-h+1} (i+h-1) \eta_k^{\mathrm{T}} R_i \eta_k \\
& - \sum_{i=1}^{d-h+1} \sum_{j=k-h-i+1}^{k-1} \eta_j^{\mathrm{T}} R_i \eta_j
\end{aligned}
\tag{11.16}
$$

对于上式中的 $-\sum_{i=1}^{d-h+1} \sum_{j=k-h-i+1}^{k-1} \eta_j^{\mathrm{T}} R_i \eta_j$, 可以应用引理 2.7 进行处理。定理便可得证。 □

注 11.1　定理 11.1 和定理 11.2 分别给出了网络化预测控制系统稳定的充分条件。一般情况下, 定理 11.1 要比定理 11.2 具有更小的保守性, 但定理 11.1 包含的决策变数要比定理 11.2 多, 特别是系统维数较高的情况。

11.4　网络化预测控制系统实现

为了实现网络化预测控制系统, 英国 Glamrogan 大学刘国平教授领导的研究小组开发了一套网络化控制实验平台 ——NetCon 系统。NetCon 系统将计算机技术、网络技术与控制技术相结合, 通过采用以太网/因特网连接技术, 实现了控制系统快速原型开发和网络化控制的无缝集成。应用 NetCon 系统可以快速搭建网络化控制平台, 研究各种先进的网络化控制算法。

NetCon 系统主要由网络化控制器、网络化可视控制组态平台和网络化可视监控组态平台三部分组成, 如图 11.2 所示。各种控制方法和策略经过网络化可视控制组态平台后, 自动生成可执行代码, 并通过以太网/因特网自动下载到网络化控制器中运行, 实现对被控对象的实时控制, 同时由网络化可视监控组态平台进行管理。

11.4.1　网络化控制器

网络化控制器 (图 11.3) 为 NetCon 系统的执行单元。它使用高性能、低功耗的 32 位 ARM 微处理器建立硬件平台, 运行嵌入式实时操作系统, 主要用于控制算法的具体实现, 完成对被控对象的实时控制。它通过以太网接口接收监控组态平台的控制参数与控制命令, 并将控制对象的运行状态实时上传至监控组态平台。

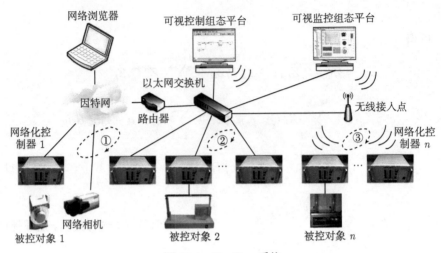

图 11.2　NetCon 系统

11.4.2　网络化可视控制组态平台

网络化可视控制组态平台 (图 11.4) 基于 MATLAB、Simulink 和 Real-Time Workshop，能够实现和 Simulink 的无缝结合。利用 Simulink 提供的各种模块及用户自己开发的 S-function，可以快速地建立控制器及被控对象模型，并对整个控制系统进行多次的离线及在线实验来验证控制策略的可行性；同时结合 Real-Time Workshop，可自动完成代码的生成、编译和链接，并且下载到网络化控制器中执行。

图 11.3　网络化控制器

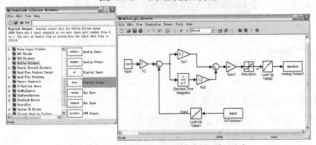

图 11.4　网络化可视控制组态平台

11.4.3　网络化可视监控组态平台

网络化可视监控组态平台 (图 11.5) 基于 Windows 操作系统,是用于快速构造和生成上位机图形化监控程序的组态软件系统。它能够完成现场数据采集、实时和历史数据处理、报警机制、流程控制、动画显示、趋势曲线等功能,可实现实时远程监视、远程控制和远程调试。

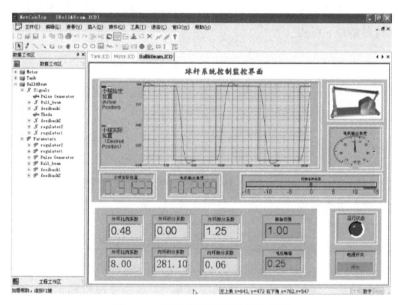

图 11.5　网络化可视监控组态平台

11.5　仿真与实验结果

本节将通过仿真与实验来验证网络化预测控制方法的正确性和有效性。

11.5.1　仿真结果

考虑某直流伺服控制系统,其传递函数为

$$G(s) = \frac{7.572}{s(0.0003834s^2 + 0.06732s + 1)}$$

取采样周期为 0.04s,将上述直流伺服控制系统离散化可得离散域状态空间模型为

$$\begin{cases} x(k+1) = Ax(k) + Bu(k) \\ y(k) = Cx(k) \end{cases} \tag{11.17}$$

其中

$$A = \begin{bmatrix} -0.0577 & -0.1477 & 0 \\ 0.2319 & 0.5786 & 0 \\ 0.0103 & 0.0320 & 1 \end{bmatrix}, \quad B = \begin{bmatrix} 0.0580 \\ 0.1654 \\ 0.0031 \end{bmatrix}, \quad C = [0 \quad 0 \quad 19.2870]$$

在不考虑网络存在的情况下,应用极点配置方法设计系统的状态反馈控制器和状态观测器增益,可得

$$K = [-9.8968 \quad -0.3171 \quad -14.2170]$$

$$L = \begin{bmatrix} -0.1224 \\ 0.4780 \\ 0.0789 \end{bmatrix}$$

应用 MATLAB/Simulink 对上面的直流伺服控制系统进行网络化预测控制的仿真研究。考虑两类网络延时,一类是恒定延时,另一类是时变网络延时。

1) 恒定网络延时

当网络延时分别为 2 个、5 个、8 个采样周期时,系统的阶跃响应曲线分别如图 11.6~ 图 11.8 所示。从图中可以看出,随着网络延时的增大,系统的控制效果逐渐恶化。尤其是当网络延时为 8 个采样周期时,系统变得不稳定。对于网络延时为 8 个采样周期的情形,应用网络化预测控制方法对网络延时进行补偿,控制效果如图 11.9 所示。从图中可以看出,如果系统的模型完全准确,网络化预测控制方法可以完全补偿网络延时,也就是网络化预测控制方法的控制效果与本地控制效果一致。

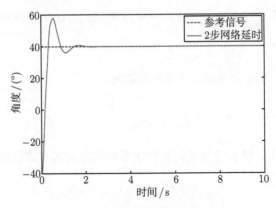

图 11.6　2 步网络延时系统阶跃响应

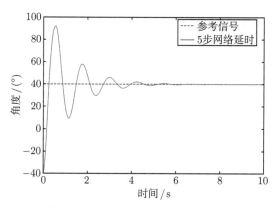

图 11.7　5 步网络延时系统阶跃响应

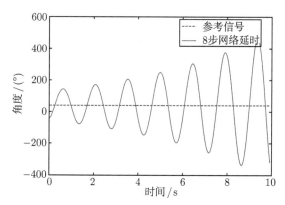

图 11.8　8 步网络延时系统阶跃响应

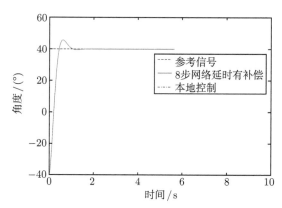

图 11.9　8 步网络延时有补偿及本地控制阶跃响应

2) 时变网络延时

假设网络延时在 $[4, 6]$ 内变化, 如图 11.10 所示。系统的阶跃响应曲线如

图 11.11 所示。图中实线表示采取网络化预测控制方法补偿网络延时系统的阶跃响应，虚线表示没有任何补偿策略时系统的阶跃响应。从图中可以看出，网络化预测控制方法可以有效地提高系统的控制性能。

11.5.2 实验结果

为了验证网络化预测控制方法的有效性，我们应用 NetCon 系统搭建网络化预测控制实验平台。在这个实验平台中包含两个网络化控制器：一个网络化控制器位于控制器节点，用于实现网络化预测控制算法；另一个网络化控制器位于执行器节点，用于选择合适的控制量以补偿网络延时对系统的影响。整个系统通过因特网相连，网络协议采用 UDP 协议。被控制对象为伺服系统，其中包括直流伺服电动机、负载盘、角度传感器等，如图 11.12 所示。该伺服系统的数学模型如式 (11.17) 所示。控制的目标是驱动负载盘指向某一指定角度。

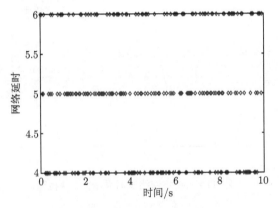

图 11.10　随机网络延时

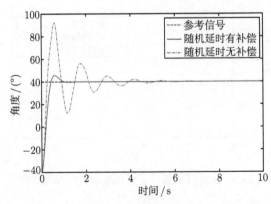

图 11.11　随机网络延时有补偿及本地控制阶跃响应

图 11.12　直流伺服控制系统

　　在本实验中，两个网络化控制器分别处于英国 Glamorgan 大学和中国科学院自动化研究所。它们的 IP 地址分别为 193.63.131.219 和 159.226.20.109。经实测网络的环路延时在 0.28~0.36s 内变化，也就是在 7~9 个采样周期内变化。图 11.13 列出了 250 个采样周期的实测网络延时。如果不加任何延时补偿措施，系统的阶跃响应如图 11.14 所示。从图中可知，系统不稳定。应用网络化预测控制方法对网

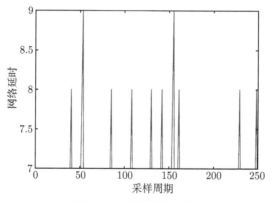

图 11.13　随机网络延时

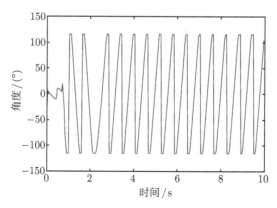

图 11.14　没有延时补偿的阶跃响应

络延时进行补偿，系统的阶跃响应如图 11.15 所示。图中同时也给出本地控制的效果。从图中可以看出，网络化预测控制方法的控制效果与本地控制的控制效果相似。这也证明网络化预测控制具有良好的控制效果，可以对网络延时及丢包进行很好的补偿。从图中还可以看到，网络化预测控制方法的控制效果与本地控制的控制效果还有一些不同。之所以会产生这些不同之处，主要有以下原因：① 系统建模存在误差；② 系统中存在一些非线性环节，如死区、间隙和摩擦等；③ 网络延时的测量存在误差。

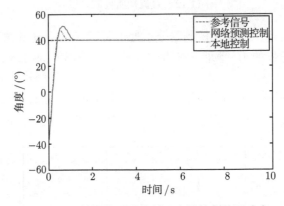

图 11.15   网络化预测控制及本地控制阶跃响应

11.6   小   结

本章考虑了网络化预测控制系统的设计、实现与分析问题。充分考虑网络环境中数据是以包的形式传输的特点，将未来的控制量打包发送至执行器端，执行器节点根据网络延时而选择应该执行的控制量，从而实现对网络延时及丢包的主动补偿。将闭环网络化预测控制系统建模成切换系统或与模式相关的切换时滞系统，应用切换系统和时滞系统的相关理论对闭环系统的稳定性进行了分析，提出了两种稳定性判据。最后通过仿真研究和实验验证了网络化预测控制方法的正确性和有效性。

参 考 文 献

[1] 孙一康. 带钢冷轧计算机控制. 北京: 冶金工业出版社, 2002.

[2] 邓燕妮. 氧化铝碳分过程多重时滞非线性分散鲁棒控制方法与应用研究. 长沙: 中南大学博士学位论文, 2009.

[3] 秦元勋, 刘永清, 王联等. 带有时滞的动力系统的运动稳定性. 北京: 科学出版社, 1989.

[4] Hale J K, Lunel S M V. Introduction to Functional Differential Equations. New York: Springer, 1993.

[5] Kolmanovskii V B, Myshkis A. Introduction to the Theory and Applications of Functional Differential Equations. Dordrecht: Kluwer Academic Publishers, 1999.

[6] Niculescu S I. Delay Effects on Stability—A Robust Control Approach. London: Springer, 2001.

[7] Gu K, Kharitonov V L, Chen J. Stability of Time-Delay Systems. Boston: Birkhäuser, 2003.

[8] Zhong Q C. Robust Control of Time-Delay Systems. London: Springer, 2006.

[9] Kolmanovskii V B, Nosov V R. Stability of Functional Differential Equations. Mathematics in Science and Engineering. New York: Academic Press, 1986.

[10] Kamen E W. On the relationship between zero criteria for two variable polynomials and asymptotic stability of delay differential equations. IEEE Transactions on Automatic Control, 1980, 25(5): 983–984.

[11] Kamen E W. Linear systems with commensurate time delays: Stability and stabilization independent of delay. IEEE Transactions on Automatic Control, 1982, 27(2): 367–375.

[12] Kamen E W. Correction to 'Linear systems with commensurate time delays: Stability and stabilization independent of delay'. IEEE Transactions on Automatic Control, 1983, 28(2): 248–249.

[13] Brierley S D, Chiasson J N, Lee E B, et al. On stability independent of delay for linear systems. IEEE Transactions on Automatic Control, 1982, 27(1): 252–254.

[14] Chiasson J N, Brierley S D, Lee E B. A simplified derivation of the Zeheb-Walach 2-D stability test with application to time-delay systems. IEEE Transactions on Automatic Control, 1985, 30(4): 411–414.

[15] Walton K, Marshall J E. Direct method for TDS stability analysis. IEE Control Theory and Applications, 1987, 134(2): 101–107.

[16] Gu G, Lee E B. Stability testing of time delay systems. Automatica, 1989, 35(5): 777–780.

[17] Huang Y P, Zhou K. Robust stability of uncertain time-delay systems. IEEE Transactions on Automatic Control, 2000, 45: 2169–2173.

[18] Zhang J, Knopse C R, Tsiotras P. Stability of time-delay systems: Equivalence be-

tween Lyapunov and scaled small-gain conditions. IEEE Transactions on Automatic Control, 2001, 46: 482–486.

[19] Kao C Y, Lincoln B. Simple stability criteria for systems with time-varying delays. Automatica, 2004, 40(8): 1429–1434.

[20] Mirkin L. Some remarks on the use of time-varying delay to model sample-and-hold circuits. IEEE Transactions on Automatic Control, 2007, 52(6): 1109–1112.

[21] Megretski A, Rantzer A. System analysis via integral quadratic constraints. IEEE Transactions on Automatic Control, 1997, 42(6): 819–830.

[22] Fu M, Li H, Niculescu S I. Robust Stability and Stabilization of Time-Delay Systems via Integral Quadratic Constraint Approach, Stability and Control of Time-Delay Systems. Berlin: Springer, 1998.

[23] Jun M, Safonov M G. Rational multiplier IQCS for uncertain time-delays and LMI stability conditions. IEEE Transactions on Automatic Control, 2002, 47(11): 1871–1875.

[24] Kao C Y, Ranzter A. Stability analysis with uncertain time-varying delays. Automatica, 2007, 43(6): 959–970.

[25] Stepan G. Retarded Dynamical Systems: Stability and Characteristic Function, Research Notes in Math. New York: John Wiley & Sons, 1989.

[26] Rekasius Z V. A Stability test for systems with delays. Proceedings of Joint Automatic Control Conference, San Francisco, 1980.

[27] Olgac N, Sipahi R. An exact method for the stability analysis of time-delayed LTI systems. IEEE Transactions on Automatic Control, 2002, 47(5): 793–797.

[28] Chen J, Gu C, Nett C N. A new method for computing delay margins for stability of linear delay systems. Proceedings of 33rd IEEE Conference on Decision and Control, Lake Buena Vista, 1994: 433–437.

[29] Chen J. On computing the maximal delay intervals for stability of linear delay systems. IEEE Transactions on Automatic Control, 1995, 40: 1087–1093.

[30] Niculescu S I, Ionescu V. On delay-independent asymptotic stability: A matrix pencil approach. IMA Journal of Mathematical Control and Information, 1997, 14: 299–306.

[31] Niculescu S I. Stability and hyperbolicity of linear systems with delayed state: A matrix pencil approach. IMA Journal of Mathematical Control and Information, 1998, 15: 331–347.

[32] Gu K, Niculescu S I. Survey on recent results in the stability and control of time-delay systems. Journal of Dynamic Systems, Measurement, and Control, 2003, 125(2): 158–165.

[33] Fridman E, Shaked U. Delay-dependent stability and H_∞ control: Constant and time-varying delays. International Journal of Control, 2003, 76: 48–60.

[34] Gu K, Niculescu S I. Additional dynamics in transformed time-delay systems. IEEE

Transactions on Automatic Control, 2000, 45: 572–575.

[35]　Niculescu S I. On delay-dependent stability under model transformations of some neutral linear systems. International Journal of Control, 2001, 74: 609–617.

[36]　Park P. A delay-dependent stability criterion for systems with uncertain time-invariant delays. IEEE Transactions on Automatic Control, 1999, 44: 876–877.

[37]　Moon Y S, Park P, Kwon W H, et al. Delay-dependent robust stabilization of uncertain state-delayed systems. International Journal of Control, 2001, 74: 1447–1455.

[38]　Fridman E. New Lyapunov-Krasovskii functional for stability of linear retarded and neutral type systems. Systems & Control Letters, 2001, 43: 309–319.

[39]　Fridman E, Shaked U. A descriptor system approach to H_∞ control of time-delay systems. IEEE Transactions on Automatic Control, 2002, 47: 253–270.

[40]　Fridman E, Shaked U. An improved stabilization method for linear systems with time-delay. IEEE Transactions on Automatic Control, 2002, 47: 1931–1937.

[41]　吴敏, 何勇. 时滞系统鲁棒控制 —— 自由权矩阵方法. 北京: 科学出版社, 2008.

[42]　何勇. 基于自由权矩阵的时滞相关鲁棒稳定与镇定. 长沙: 中南大学博士学位论文, 2004.

[43]　He Y, Wu M, She J H, et al. Delay-dependent robust stability criteria for uncertain neutral systems with mixed delays. Systems & Control Letters, 2004, 51: 57–65.

[44]　He Y, Wu M, She J H, et al. Parameter-dependent Lyapunov functional for stability of time-delay systems with polytopic-type uncertainties. IEEE Transactions on Automatic Control, 2004, 49: 828–832.

[45]　He Y, Wang Q G, Lin C, et al. Augmented Lyapunov functional and delay dependent stability criteria for neutral systems. International Journal of Robust and Nonlinear Control, 2005, 15: 923–933.

[46]　He Y, Wang Q G, Lin C, et al. Delay-dependent stability for systems with time-varying delay. Automatica, 2007, 43: 371–376.

[47]　He Y, Wang Q G, Xie L, et al. Further improvement of free-weighting matrices technique for systems with time-varying delay. IEEE Transactions on Automatic Control, 2007, 52: 293–299.

[48]　Gu K. Discretized LMI set in the stability problem of linear uncertain time-delay systems. International Journal of Control, 1997, 68(4): 923–934.

[49]　Gu K, Han Q L, Luo A C J, et al. Discretized Lyapunov functional for systems with distributed delay and piecewise constant coefficients. International Journal of Control, 2001, 74: 737–744.

[50]　Gu K. An improved stability criterion for systems with distributed delays. International Journal of Robust and Nonlinear Control, 2003, 13: 819–831.

[51]　Fridman E. Descriptor discretized Lyapunov functional method: Analysis and design. IEEE Transactions on Automatic Control, 2006, 51: 890–897.

[52]　Gahinet P, Apkarian P. A linear matrix inequality approach to H_∞ control. Interna-

tional Journal of Robust and Nonlinear Control, 1994, 4: 421–448.

[53] Zhang X M, Wu M, She J H, et al. Delay-dependent stabilization of linear systems with time-varying state and input delays. Automatica, 2005, 41: 1405–1412.

[54] Gouaisbaut F, Peaucelle D. A note on stability of time delay systems. IFAC Symposium on Robust Control Design, Toulouse, 2006.

[55] Gouaisbaut F, Peaucelle D. Delay-dependent robust stability of time delay systems. IFAC Symposium on Robust Control Design, Toulouse, 2006.

[56] Park P, Ko J W. Stability and robust stability for systems with a time-varying delay. Automatica, 2007, 43: 1855–1858.

[57] 黄琳. 稳定性与鲁棒性的理论基础. 北京: 科学出版社, 2003.

[58] Ray A. Introduction to networking for integrated control systems. IEEE Control System Magazine, 1989, 9: 76–79.

[59] Murray R M. Control in an information-rich world. Report of Panel on Future Directions in Control, Dynamics, and Systems, 2000.

[60] 王万良, 蒋一波, 李祖欣等. 网络控制与调度方法及其应用. 北京: 科学出版社, 2009.

[61] Nilsson J, Bernhardsson B, Wittenmark B. Stochastic analysis and control of real-time systems with random time delays. Automatica, 1998, 34: 57–64.

[62] 吴迎年, 张建华, 侯国莲等. 网络控制系统的研究综述 (I). 现代电力, 2003, 20: 74–81.

[63] Lian F L, Moyne J R, Tibury D M. Time delay modeling and sampling time selection for networked control systems. Proceedings of the ASME-DSC International Mechanical Engineering Congress and Exposition, 2001: 313–320.

[64] Lian F L. Analysis, design, modeling and control of networked control systems [Ph. D. Dissertation]. Ann Arbor: University of Michigan, 2001.

[65] Moyne J R, Tibury D M. Network design consideration for distributed control systems. IEEE Transactions on Control System Technology, 2002, 10: 297–307.

[66] Luck R, Ray A. An observer-based compensator for distributed delays. Automatica, 1990, 26: 903–908.

[67] Nilsson J. Real-time control systems with delays [Ph. D. Dissertation]. Lund: Lund Institute of Technology, 1998.

[68] Xiao L, Hassibi A, How J P. Control with random communication delays via a discrete-time jump system approach. Proceedings of the American Control Conference, Chicago, 2000: 2199–2204.

[69] Yue D, Han Q L, Peng C. State feedback controller design of networked control systems. IEEE Transactions on Circuits and Systems—II: Express Briefs 2004, 41: 640–644.

[70] Yue D, Han Q L, Lam J. Network-based robust H_∞ control of systems with uncertainty. Automatica, 2005, 41: 999–1007.

[71] Branicky M S, Phillips S M, Zhang W. Scheduling and feedback co-design for net-

worked control systems. Proceedings of the 41st IEEE Conference on Decision and Control, Las Vegas, 2002: 1211–1217.

[72] Wang Z, Ho D W, Liu X H. Variance-constrained filtering for uncertain stochastic systems with missing measurements. IEEE Transactions on Automatic Control, 2003, 48(7): 1254–1258.

[73] Xiong J L, Lam J. Stabilization of linear systems over networks with bounded packet loss. Automatica, 2007, 43(1): 80–87.

[74] You K Y, Xie L H. Minimum data rate for mean square stabilization of discrete LTI systems over lossy channels. IEEE Transactions on Automatic Control, 2010, 55(10): 2373–2375.

[75] You K Y, Xie L H. Minimum data rate for mean square stabilizability of linear systems with markovian packet losses. IEEE Transactions on Automatic Control, 2011, 56(4): 772–785.

[76] Xie L. Output feedback H_∞ control of systems with parameter uncertainty. International Journal of Control, 1996, 63: 741–750.

[77] Ho D W C, Lu G. Robust stabilization for a class of discrete-time non-linear systems via output feedback: The united LMI approach. International Journal of Control, 2003, 76: 105–115.

[78] Gu K. An integral inequality in the stability problem of time-delay systems. Proceedings of the 39th IEEE Conference on Decision and Control, Sydney, 2000: 2805–2810.

[79] Kolmanovskii V B, Myshkis A. Applied Theory of Functional Differential Equations. Boston: Kluwer Academic Publishers, 1992.

[80] Kuang Y. Delay Differential Equations with Applications in Population Dynamics. Boston: Academic Press, 1993.

[81] Hu G D, Hu G D. Some simple stability criteria of neutral delay-differential systems. Applied Mathematics and Computation, 1996, 80: 257–271.

[82] Mahmoud M S. Robust H_∞ control of linear neutral systems. Automatica, 2000, 36: 757–764.

[83] Wang Z, Lam J, Burnham K J. Stability analysis and observer design for neutral delay systems. IEEE Transactions on Automatic Control, 2002, 47: 478–483.

[84] Chen J D, Lien C H, Fan K K, et al. Delay-dependent stability criterion for neutral time-delay systems. Electronics Letters, 2000, 22: 1897–1898.

[85] Xu S, Lam J, Zou Y. Further results on delay-dependent robust stability conditions of uncertain neutral systems. International Journal of Robust and Nonlinear Control, 2005, 15: 233–246.

[86] Park J H. Design of a dynamic output feedback controller for a class of neutral systems with discrete and distributed delays. IEE Proceedings of Control Theory and Application, 2004, 151: 610–614.

[87] Lien C H. Delay-dependent stability criteria for uncertain neutral systems with multiple time-varying delays via LMI approach. IEE Proceedings of Control Theory and Application, 2005, 152: 707–714.

[88] Parlak M N A. Robust stability of uncertain neutral systems: A novel augmented Lyapunov functional approach. IET Control Theory & Applications, 2007, 1: 802–809.

[89] Han Q L. On robust stability of neutral systems with time-varying discrete delay and norm-bounded uncertainty. Automatica, 2004, 40: 1087–1092.

[90] Sun J, Liu G P, Chen J. Delay-dependent stability and stabilization of neutral time-delay systems. International Journal of Robust and Nonlinear Control, 2009, 19(12): 1364–1375.

[91] Sun J, Liu G P. A new delay-dependent stability criterion for time-delay systems. Asian Journal of Control, 2009, 11(4): 427–431.

[92] Sun J, Liu G P. On improved delay-dependent stability criteria for neutral time-delay systems. European Journal of Control, 2009, 15(6): 613–623.

[93] Elts L E, Norkin S B. Introduction to the Theory and Applications of Differential Equations with Deviating Arguments. Mathematics in Science and Engineering. New York: Academic Press, 1973.

[94] Gao H, Wang C. Comments and further results on "A descriptor system approach to H_∞ control of linear time-delay systems". IEEE Transactions on Automatic Control, 2003, 48: 520–525.

[95] Ghaoui L E, Oustry F, Aitrami M. A cone complementarity linearization algorithm for static output feedback and related problems. IEEE Transactions on Automatic Control, 1997, 42: 1171–1176.

[96] Han Q L. Robust stability of uncertain delay-differential systems of neutral type. Automatica, 2002, 38: 719–723.

[97] Wu M, He Y, She J H. New delay-dependent stability criteria and stabilising method for neutral systems. IEEE Transactions on Automatic Control, 2004, 49: 2266–2271.

[98] Parlakci M N A. Improved robust stability criteria and design of robust stabilising controller for uncertain linear time-delay systems. International Journal of Robust and Nonlinear Control, 2006, 16: 599–636.

[99] Yue D, Han Q L. A delay-dependent stability criterion of neutral systems and its application to a partial element equivalent circuit model. IEEE Transaction on Circuits and Systems—II: Express Brief, 2004, 51: 685–689.

[100] Xu S, Lam J. Improved delay-dependent stability criteria for time-delay systems. IEEE Transactions on Automatic Control, 2005, 50: 384–387.

[101] Suplin V, Fridman E, Shaked U. H_∞ control of linear uncertain time-delay systems—A projection approach. IEEE Transactions on Automatic Control, 2006, 51: 680–685.

[102] Wu M, He Y, She J H, et al. New delay-dependent stability criteria for robust stability of time-varying delay systems. Automatica, 2004, 40: 1435–1439.

[103] Li X, de Souza C E. Delay-dependent robust stability and stabilisation of uncertain linear delay systems: A linear matrix inequality approach. IEEE Transactions on Automatic Control, 1997, 42: 1144–1148.

[104] Han Q L. A descriptor system approach to robust stability of uncertain neutral systems with discrete and distributed delays. Automatica, 2004, 40: 1791–1796.

[105] Jiang X, Han Q L. On H_∞ control for linear systems with interval time-varying delay. Automatica, 2005, 41: 2099–2106.

[106] Shao H Y. New delay-dependent stability criteria for systems with interval delay. Automatica, 2009, 45: 744–749.

[107] Sun J, Liu G P, Chen J, et al. Improved delay-range-dependent stability criteria for linear systems with time-varying delays. Automatica, 2010, 46(2): 466–470.

[108] Sun J, Liu G P, Chen J, et al. Improved stability criteria for linear systems with time-varying delay. IET Control Theory & Application, 2010, 4(4): 683–689.

[109] Sun J, Chen J, Liu G P, et al. Delay-range-dependent and rate-range-dependent stability criteria for linear systems with time-varying delays. IEEE Conference on Decision and Control, Shanghai, 2009: 251–256.

[110] Zhang X M, Han Q L. Robust H_∞ filtering for a class of uncertain linear systems with time-varying delay. Automatica, 2008, 44: 157–166.

[111] Shao H Y. Improved delay-dependent stability criteria for systems with a delay varying in a range. Automatica, 2008, 44: 3215–3218.

[112] Jiang X, Han Q L. Delay-dependent robust stability for uncertain linear systems with interval time-varying delay. Automatica, 2006, 42: 1059–1065.

[113] Fiagbedzi Y A, Pearson A E. A multistage reduction technique for feedback stabilizing distributed time-lag systems. Automatica, 1987, 23: 311–326.

[114] Zheng F, Frank P M. Robust control of uncertain distributed delay systems with application to the stabilization of combustion in rocket motor chambers. Automatica, 2002, 38: 487–497.

[115] Souza F O, Palhares R M, Valter J S. Improved robust H_∞ control for neutral systems via discretised Lyapunov-Krasovskii functional. International Journal of Control, 2008, 81: 1462–1474.

[116] Chen W H, Zheng W X. Delay-dependent robust stabilization for uncertain neutral systems with distributed delays. Automatica, 2007, 43: 95–104.

[117] Li X G, Zhu X J. Stability analysis of neutral systems with distributed delays. Automatica, 2008, 44: 2197–2201.

[118] Sun J, Chen J, Liu G P, et al. On robust stability of uncertain neutral systems with discrete and distributed delays. American Control Conference, 2009: 5469–5473.

[119] Wiener N. Extrapolation, Interpolation, and Smoothing of Stationary Time Series. Cambridge: MIT Press, 1949.

[120] Kalman R. A new approach to linear filtering and prediction problems. ASME Journal of Basic Engineering, 1960, 82: 35–45.

[121] de Souza C E, Palhares R M, Peres P L D. Robust H_∞ filter design for uncertain linear systems with multiple time-varying state delays. IEEE Transactions on Signal Processing, 2001, 49: 569–576.

[122] Fridman E, Shaked U. An improved delay-dependent H_∞ filtering of linear neutral systems. IEEE Transactions on Signal Processing, 2004, 52: 668–673.

[123] Fridman E, Shaked U, Xie L. Robust H_∞ filtering of linear systems with time-varying delay. IEEE Transactions on Automatic Control, 2003, 48: 159–165.

[124] Gao H, Wang C. Delay-dependent robust H_∞ and L_2-L_∞ filtering for a class of uncertain nonlinear time-delay systems. IEEE Transactions on Automatic Control, 2003, 48: 1661–1666.

[125] Gao H, Wang C. A delay-dependent approach to robust H_∞ filtering for uncertain discrete-time state-delayed systems. IEEE Transactions on Signal Processing, 2004, 52: 1631–1640.

[126] He Y, Wu M, She J H. An improved H_∞ filter design for systems with time-varying interval delay. IEEE Transactions on Signal Processing, 2006, 53: 1235–1239.

[127] Jiang X, Han Q L. Delay-dependent H_∞ filtering design for linear systems with interval time-varying delay. IET Control Theory & Application, 2007, 1: 1131–1140.

[128] Li Y H, Lam J, Luo X L. Convex optimization approached to robust $\mathcal{L}_1$ fixed-order filtering for polytopic systems with multiple delays. Circuit Systems and Signal Processing, 2008, 27: 1–22.

[129] Mahmoud M S. Resilient L_2-L_∞ filtering of polytopic systems with state delays. IET Control Theory & Application, 2007, 1: 141–154.

[130] Wang Z, Huang B, Unbehauen H. Robust H_∞ observer design of linear state delayed systems with parametric uncertainties: The discrete-time case. Automatica, 1999, 35: 1161–1167.

[131] Wang Z, Huang B, Unbehauen H. Robust H_∞ observer design of linear time-delay systems with parametric uncertainty. Systems & Control Letters, 2001, 42: 303–312.

[132] Xu S, Chen T W. An LMI approach to the H_∞ filter design for uncertain systems with distributed delays. IEEE Transactions on Circuits and System—II: Express Briefs, 2004, 51: 195–201.

[133] Xu S, Lam J, Chen T W, et al. An delay-dependent approach to robust H_∞ filter for uncertain distributed delay systems. IEEE Transactions on Signal Processing, 2005, 53: 3764–3772.

[134] Yue D, Han Q L. Robust H_∞ design of uncertain descriptor systems with discrete

and distributed delay. IEEE Transactions on Signal Processing, 2004, 52: 3200–3212.

[135] Sun J, Chen J, Liu G P, et al. Delay-dependent robust H_∞ filter design for uncertain linear systems with time-varying delay. Circuits, Systems, and Signal Processing, 2009, 28(5): 763–775.

[136] Gao H, Lam J, Wang C, et al. Delay-dependent output feedback stabilization of discrete-time systems with time-varying state delay. IEE Control Theory & Applications, 2004, 151: 691–698.

[137] Fridman E, Shaked U. Stability and guaranteed cost control of uncertain discrete delay systems. International Journal of Control, 2005, 78: 235–246.

[138] Gao H, Chen T. New results on stability of discrete-time systems with time-varying state delay. IEEE Transactions on Automatic Control, 2007, 52(2): 328–334.

[139] He Y, Wu M, Liu G P, et al. Output feedback stabilization for a discrete-time systems with a time-varying delay. IEEE Transactions on Automatic Control, 2008, 53(10): 2372–2377.

[140] Sun J, Liu G P, Rees D, et al. Further results on robust stability of discrete-time systems with time-varying delay, The 14th International Conference on Automation & Computing, London, 2008: 7–11.

[141] Song S H, Kim J K, Yim C H, et al. H_∞ control of discrete-time linear systems with time-varying delays in state. Automatica, 1999, 35: 1587–1591.

[142] Xu S, Lam V, Zou Y. Improved conditions for delay-dependent robust stability and stabilization of uncertain discrete time-delay systems. Asian Journal of Control, 2005, 7: 344–348.

[143] Zhang X M, Han Q L. Delay-dependent robust H_∞ filtering for uncertain discrete-time systems with time-varying delay based on a finite sum inequality. IEEE Transactions on Circuits System—II: Brief Express, 2006, 53: 1466–1470.

[144] Xia Y Q, Liu G P, Shi P, et al. New stability and stabilization conditions for systems with time-delay. International Journal of Systems Science, 2007, 38: 17–24.

[145] Hetel L, Daafouz V, Iung C. Equivalence between the Lyapunov-Krasovskii functionals approach for discrete delay systems and that of the stability conditions for switched systems. Nonlinear Analysis: Hybrid Systems, 2008, 2: 697–705.

[146] Sun X M, Liu G P, Rees D, et al. Delay-dependent stability for discrete systems with large delay sequence based on switching techniques. Automatica, 2008, 44: 2902–2908.

[147] Sun J, Chen J, Liu G P, et al. Stability and stabilization for discrete systems with time-varying delays based on the average dwell-time method. IEEE International Conference on Systems, Man, and Cybernetics, 2009: 4786–4790.

[148] Lin H, Antsaklis P J. Stability and stabilizability of switched linear systems: A survey of recent results. IEEE Transactions on Automatic Control, 2008, 54: 308–322.

[149] Sichitiu M L, Bauer P H. Stability of discrete time-variant linear delay systems and

applications to network control. IEEE Conference on Decision and Control, 2001: 985–989.

[150] Tsitsiklis J N, Blondeland V D. Lyapunov exponent and joint spectral radius of pairs of matrices are hard—when not impossible—to compute and to approximate. Mathematics of Control, Signals, and Systems, 1997, 10(1): 31–40.

[151] Fang L, Lin H, Antsaklis P J. Stabilization and performance analysis for a class of switched systems. Proceedings of 43rd IEEE Control Conference on Decision and Control, Atlantis, 2004: 3265–3270.

[152] Daafouz J, Riedinger P, Iung C. Stability analysis and control synthesis for switched systems: A switched Lyapunov function approach. IEEE Transactions on Automatic Control, 2002, 47(11): 1883–1887.

[153] Zhang W A, Yu L. Output feedback stabilization of networked control systems with packet dropouts. IEEE Transactions on Automatic Control, 2007, 52: 1705–1710.

[154] Liberzon D. Switching in Systems and Control. Boston: Brikhauser, 2003.

[155] Zhai G S, Hu B, Yasuda K, et al. Qualitative analysis of discrete-time switched systems. Proceedings of the American Control Conference, Anchorage, 2002: 1880–1885.

[156] Arik S. An analysis of global asymptotic stability of delayed cellular neural networks. IEEE Transactions on Neural Network, 2002, 13(5): 1239–1242.

[157] Arik S. An analysis of exponential stability of delayed neural networks with time-varying delays. Neural Network, 2004, 17: 1027–1031.

[158] Cao J D, Wang L. Exponential stability and periodic oscillatory solution in BAM networks with delays. IEEE Transactions on Neural Network, 2002, 13: 457–463.

[159] Cao J D, Wang J. Exponential stability and periodicity of recurrent neural networks with time delays. IEEE Transactions on Circuits and Systems—I: Regular Papers, 2005, 52(5): 920–931.

[160] Singh V. A generalized LMI-based approach to the global asymptotic stability of delayed cellular neural networks. IEEE Transactions on Neural Network, 2004, 15(1): 223–225.

[161] He Y, Wu M, She J H. An improved global asymptotic stability criterion for delayed cellular neural networks. IEEE Transactions on Neural Network, 2006, 17(1): 250–252.

[162] He Y, Wu M, She J H. Delay-dependent exponential stability of delayed neural networks with time-varying delay. IEEE Transactions on Circuits and Systems—II: Express Briefs, 2006, 53(7): 553–557.

[163] He Y, Liu G P, Rees D. New delay-dependent stability criteria for neural networks with time-varying delay. IEEE Transactions on Neural Network, 2007, 18(1): 310–314.

[164] Hua C C, Long C N, Guan X P. New results on stability analysis of neural networks with time-varying delays. Physics Letters A, 2006, 352: 335–340.

[165] Li H, Chen B, Zhou Q, et al. Robust exponential stability for uncertain stochastic

neural networks with discrete and distributed time-varying delays. Physics Letters A, 2008, 372: 3385–3394.

[166] Lien C H, Chung L Y. Global asymptotic stability for cellular neural networks with discrete and distributed time-varying delays. Chaos, Solitons Fractals, 2007, 34: 1213–1219.

[167] Liu Y R, Wang Z, Liu X H. Robust stability of discrete-time stochastic neural networks with time-varying delays: Neurocomputing, 2008, 71: 823–833.

[168] Ozcan N, Arik S. Global robust stability analysis of neural networks with multiple time delays. IEEE Transactions on Circuits and Systems—I: Regular Papers, 2006, 53(1): 166–176.

[169] Park J H, Cho H J. A delay-dependent asymptotic stability criterion of cellular neural networks with time-varying discrete and distributed delays. Chaos, Solitons Fractals, 2007, 33: 436–442.

[170] Wang Z, Liu Y, Liu X. On global asymptotic stability of neural networks with discrete and distributed delays. Physics Letters A, 2005, 345: 299–308.

[171] Xu S, Lam J, Ho D W C, et al. Improved global robust asymptotic stability criteria for delayed cellular neural networks. IEEE Transactions on Systems, Man and Cybernetics—Part B, 2005, 35(6): 1317–1321.

[172] Chen W H, Lu X M, Guan Z H, et al. Delay-dependent exponential stability of neural networks with variable delay: An LMI approach. IEEE Transactions on Circuits and Systems—II: Express Briefs, 2006, 53(9): 837–842.

[173] He Y, Liu G P, Rees D, et al. Stability analysis for neural networks with time-varying interval delay. IEEE Transactions on Neural Network, 2007, 18(6): 1850–1854.

[174] Sun J, Liu G P, Chen J, et al. Improved stability criteria for neural networks with time-varying delay. Physics Letters A, 2009, 373(3): 342–348.

[175] Chen J, Sun J, Liu G P, et al. New delay-dependent stability criteria for neural networks with time-varying interval delay. Physics Letters A, 2010, 374(43): 4397–4405.

[176] Qiu J, Yang H, Zhang J, et al. New robust stability criteria for uncertain neural networks with interval time-varying delays. Chaos, solitons and Fractals, 2009, 39: 579–585.

[177] Kwon O M, Park J H, Lee S M. On robust stability for uncertain neural networks with interval time-varying delays. IET Control Theory & Application, 2008, 2(7): 625–634.

[178] Ibrir S, Xie W F, Su C. Observer-based control of discrete-time lipschitzian non-linear systems: Application to one-link flexible joint robot. International Journal of Control, 2005, 78: 385–395.

[179] Sun J, Liu G P. State feedback and output feedback control of a class of nonlinear systems with delayed measurements. Nonlinear Analysis—Theory Methods & Appli-

cations, 2007, 67(5): 1623–1636.

[180] Raghavan S, Hedrick J K. Observer design for a class of nonlinear systems. International Journal of Control, 1994, 59: 515–528.

[181] Halevi Y, Ray A. Integrated communication and control systems: Part I—Analysis. ASME Journal of Dynamic Systems, Measurement and Control, 1988, 110: 367–373.

[182] Ray A, Halevi Y. Integrated communication and control systems: Part II—Design considerations. ASME Journal of Dynamic Systems, Measurement and Control, 1988, 110: 374–381.

[183] 朱其新. 网络控制系统的建模、分析与控制. 南京: 南京航空航天大学博士学位论文, 2003.

[184] Zhang W. Stability analysis of networked control systems. [Ph.D. Dissertation]. Cleveland: Case Western Reserve University, 2001.

[185] Zhivoglyadov P V, Middleton R H. Networked control design for linear systems. Automatica, 2003, 39: 743–750.

[186] Lin H, Zhai G, Antsaklis P J. Robust stability and disturbance attenuation analysis of a class of networked control systems. Proceedings of the 42nd IEEE Conference on Decision and Control, Mani, 2003: 1182–1187.

[187] Li H, Chow M Y, Sun Z. Optimal stabilizing gain selection for networked control systems with time delays and packet losses. IEEE Transactions on Control Systems Technology, 2009, 17: 1154–1162.

[188] Lam J, Gao H, Wang C. Stability analysis for continuous systems with two additive time-varying delay components. Systems & Control Letters, 2006, 19: 139–149.

[189] Gao H, Meng X, Chen T. Stabilization of networked control systems with a new delay characterization. IEEE Transactions on Automatic Control, 2008, 53: 2142–2148.

[190] Zhang L, Shi Y, Chen T, et al. A new method for stabilization of networked control systems with random delays. IEEE Transactions on Automatic Control, 2005, 50: 1177–1181.

[191] Shi Y, Yu B. Output feedback stabilization of networked control systems with random delays modeled by Markov chain. IEEE Transactions on Automatic Control, 2009, 54: 1668–1674.

[192] Montestruque L A, Antsaklis P J. On the model-based control of networked systems. Automatica, 2003, 39: 1837–1843.

[193] Georgiev D, Tilbury D M. Packet-based control: The H_2-optimal solution. Automatica, 2006, 42: 137–144.

[194] Jiang X, Han Q L. On designing fuzzy controllers for a class of nonlinear networked control systems. IEEE Transactions on Fuzzy Systems, 2008, 16(4): 1050–1060.

[195] Liu G P, Mu J, Rees D. Networked predictive control of systems with random communication delays. Proceedings of UKACC International Conference on Control, Bath,

2004.

[196]   Liu G P, Rees D. Stability criteria of networked predictive control systems with ran-
        dom network delays. Proceedings of the 44th IEEE Conference on Decision and Control
        and the European Control Conference, Seville, 2005: 203–208.

[197]   Liu G P, Rees D, Chai S C, et al. Design, simulation and implementation of networked
        predictive control systems. Measurement & Control, 2005, 38: 17–21.

[198]   Liu G P, Mu J, Rees D. Design and stability analysis of networked control systems with
        random communication time delay using the modified MPC. International Journal of
        Control, 2006, 79: 288–297.

[199]   Liu G P, Xia Y, Rees D, et al. Design and stability criteria of networked predictive
        control systems with random network delay in the feedback channel. IEEE Transac-
        tions on Systems, Man and Cybernetics—Part C, 2007, 37(2): 173–184.